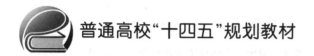
普通高校"十四五"规划教材

U0167951

物联网实时操作系统 原理与实战

罗 西 编著

北京航空航天大学出版社

内 容 简 介

本书以 RT‑Thread 操作系统为例,系统地阐述了物联网项目开发中,实时操作系统的作用、内核原理、组件技术以及如何利用其组件化开发平台搭建实际的物联网项目。

全书内容分为两大部分,共17章,其中,第1~8章为原理部分,第9~17章为实战部分。原理部分按照物联网体系、嵌入式系统、实时内核的逐层递进关系,系统地介绍了 RT‑Thread 作为物联网实时操作系统在物联网项目体系中的作用,以及其自身的内核原理、组件技术等相关知识。实战部分基于 RT‑Thread 操作系统,选取有物联网特色的实战案例,由浅入深地介绍了7个项目的开发过程。项目涉及物联网开发中感知层、网络层以及应用层的实现方法。各章节均有配套示例,便于读者更好地理解原理知识和提升物联网项目开发能力。读者可以登录北京航空航天大学出版社官网获取源码资源。

本书适合希望进入物联网行业的技术人员参考学习。

图书在版编目(CIP)数据

物联网实时操作系统原理与实战 / 罗西编著. ‑‑ 北京 : 北京航空航天大学出版社,2023.3
ISBN 978‑7‑5124‑4041‑8

Ⅰ.①物… Ⅱ.①罗… Ⅲ.①物联网—研究 Ⅳ.①TP393.4 ②TP18

中国国家版本馆 CIP 数据核字(2023)第 019695 号

物联网实时操作系统原理与实战
罗 西 编著
策划编辑 董立娟 责任编辑 王 瑛 刘桂艳
*
北京航空航天大学出版社出版发行

北京市海淀区学院路 37 号(邮编 100191) http://www.buaapress.com.cn
发行部电话:(010)82317024 传真:(010)82328026
读者信箱:emsbook@buaacm.com.cn 邮购电话:(010)82316936
涿州市新华印刷有限公司印装 各地书店经销
*
开本:710×1 000 1/16 印张:25.25 字数:538 千字
2023 年 3 月第 1 版 2023 年 3 月第 1 次印刷 印数:2 000 册
ISBN 978‑7‑5124‑4041‑8 定价:89.00 元

前　　言

如何学习本书

本书理论与实践并重,通过原理和实战两个部分系统地介绍了 RT-Thread 操作系统的内核知识以及实际应用。为了更好地理解本书内容,建议读者先学习一定的基础知识,包括 C 语言、数据结构和面向对象编程等。

如果读者已经学习过其他 RTOS 的相关知识,那么本书的原理部分则可以通过对比的方式,重点关注 RT-Thread 特有的处理方式即可。

本书大多数章节都有配套的应用示例,其中原理部分采用仿真环境运行示例程序,这里读者只需要按照章节要求准备好软件环境即可;而实战部分需要软硬件联合运行,所以需要读者提前准备好指定的硬件设备。学习过程中建议读者一边阅读一边调试示例程序,通过实践加深理解,提升工程实践能力。

本书分为两大部分,共 17 章:第 1～8 章为原理部分,第 9～17 章为实战部分。

第 1 章的目的在于为初学者梳理本书涉及内容的层次关系。按照物联网体系、嵌入式系统、实时内核的逐层递进关系,介绍了 RT-Thread 作为物联网实时操作系统,在物联网项目体系中的作用。

第 2 章介绍仿真环境搭建,参考本章内容可以完成 MDK 仿真环境以及基础工程的准备,为原理部分章节的示例程序开发做好准备。

第 3～8 章对 RT-Thread 进行总体介绍,各章中分别介绍 RT-Thread 的线程管理、线程同步、线程通信、中断与时钟管理、内存管理、组件应用等内容,每章都有配套的示例代码,这部分示例可运行在 MDK 模拟器环境,而不需要任何硬件。

第 9 章介绍实践环境搭建以及 RT-Thread 内核移植,参考本章内容可以完成实践环境搭建,为实战部分章节的项目开发做好准备。

第 10～17 章基于战舰 V3 开发板结合 RT-Thread 操作系统,选取有物联网特色的实战案例,由浅入深地介绍了七个项目的开发过程。项目涉及物联网开发中感知层、网络层以及应用层的实现方法。

读者可以访问北京航空航天大学出版社的官方网站,下载本书配套的示例程序资料以及软件工具。

本书读者对象

- 高校物联网等工科类专业的学生、老师;
- 物联网、嵌入式系统等行业的工程师及从业人员;
- 各类社会、企业培训课程的学员;
- 其他对物联网、嵌入式系统感兴趣的读者。

配套硬件

本书配套硬件为正点原子的战舰 V3 开发板,基于 STM32F103 主芯片,本书实战部分配套的示例代码都基于战舰 V3 开发板(见图 0-1)。

图 0-1　战舰 V3 开发板

另外,实战部分的部分项目,需要用到其他辅助模块,例如 DHT11 温湿度传感器、ESP8266 通信模块等(见图 0-2)。

致　谢

本书的成书过程得到了多方的关注和支持,RT-Thread 大学计划负责人罗齐熙先生提供了支持与指引,RT-Thread 工程师张丙儒先生在实战项目设计方面给予了技术支持。纪国帅、丁文婷等参与了本书的编写和校对工作。感谢大家为本书的出版所做出的努力和贡献。

(a) DHT11温湿度传感器　　　　　(b) ESP8266通信模块

图 0 - 2　辅助模块

编　者

2022 年 10 月

目 录

第二部分　实战篇

第一部分 原理篇

第一部分　爱野篇

第1章

物联网与嵌入式

1.1 物联网发展历程

连接设备的概念可以追溯到 1832 年,当时第一台电磁电报机被设计出来。电报机通过电信号的传送使两台机器之间的直接通信成为可能。然而,真正的物联网历史始于 20 世纪 60 年代末互联网的发明——互联网是一个非常重要的组成部分,随后在接下来的几十年里迅速发展。期间关键节点如图 1-1 所示。

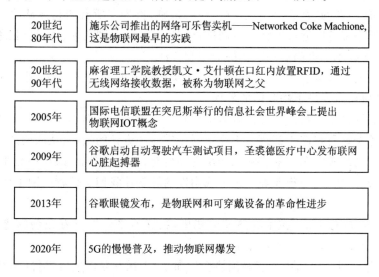

20世纪80年代	施乐公司推出的网络可乐售卖机——Networked Coke Machione,这是物联网最早的实践
20世纪90年代	麻省理工学院教授凯文·艾什顿在口红内放置RFID,通过无线网络接收数据,被称为物联网之父
2005年	国际电信联盟在突尼斯举行的信息社会世界峰会上提出物联网IOT概念
2009年	谷歌启动自动驾驶汽车测试项目,圣裘德医疗中心发布联网心脏起搏器
2013年	谷歌眼镜发布,是物联网和可穿戴设备的革命性进步
2020年	5G的慢慢普及,推动物联网爆发

图 1-1 物联网发展历程关键节点

20 世纪 80 年代,第一台联网的设备是位于卡内基梅隆大学的可口可乐自动售货机,由当地程序员操作。他们将微型开关集成到机器中,并使用早期形式的互联网来查看冷却装置是否能使饮料保持足够冷,以及是否有可用的可乐罐。这项发明促进了这一领域的进一步研究和全世界互联机器的发展。

1990 年,John Romkey 第一次用 TCP/IP 协议将烤面包机连接到互联网上。一年后,剑桥大学的科学家们想出了一个主意,用第一个网络摄像机原型来监控他们当地计算机实验室咖啡壶里的咖啡量。他们对网络摄像头进行编程,每分钟拍摄三次咖啡壶的照片,然后将图像发送到本地电脑,这样每个人都可以看到咖啡壶里是否有咖啡。

1998 年,美国麻省理工学院创造性地提出了当时被称作 EPC 系统的"物联网"的构想。

1999 年视为物联网历史上最重要的一年,凯文·阿什顿创造了"物联网"一词。作为一位富有远见的技术专家,阿什顿在为宝洁公司作演讲时,他将物联网描述为一种借助于 RFID(射频识别技术)标签实现供应链管理的技术,将多个设备连接起来。他在演讲的标题中特别使用了"互联网"一词,以吸引听众的注意,因为当时互联网正成为一件大事。虽然他对基于 RFID 的设备连接性的想法不同于今天基于 IP 的物联网,但阿什顿的突破在物联网历史和整体技术发展中起到了至关重要的作用。

2003 年,美国《技术评论》提出传感网络技术将是未来改变人们生活的十大技术之首。

2005 年 11 月 17 日,在突尼斯举行的信息社会世界峰会(WSIS)上,国际电信联盟(ITU)发布了《ITU 互联网报告 2005:物联网》,正式提出了"物联网"的概念。报告指出,无所不在的"物联网"通信时代即将来临,世界上所有的物体从轮胎到牙刷、从房屋到纸巾都可以通过因特网主动进行交换。射频识别技术、传感器技术、纳米技术、智能嵌入技术将得到更加广泛的应用和关注。

物联网的繁荣得益于 2011 年 Gartner 新兴技术曲线收录了物联网。而同年发布的 IPv6 协议也促进了物联网的发展。

从此联网设备在我们的日常生活中变得广泛而普遍。苹果、三星、谷歌、思科和通用汽车等全球科技巨头都致力于物联网传感器和设备的生产,从联网的恒温器、智能眼镜到自动驾驶汽车。物联网几乎渗透到所有行业:制造业、医疗保健业、运输业、石油和能源业、农业、零售业等。这个戏剧性的转变让我们确信物联网革命就在此时此地。

2018 年,在 Gartner 技术成熟度曲线中,物联网平台保持着强劲的势头。这项技术将在 5~10 年内达到生产率的顶峰。

2021 年 7 月 13 日,中国互联网协会发布了《中国互联网发展报告(2021 年)》,物联网市场规模达 1.7 万亿元,人工智能市场规模达 3 031 亿元。

2021 年 9 月,工业和信息化部等八部门印发《物联网新型基础设施建设三年行动计划(2021—2023 年)》,明确到 2023 年年底,在国内主要城市初步建成物联网新型基础设施,社会现代化治理、产业数字化转型和民生消费升级的基础更加稳固。

可见,物联网概念从提出到蓬勃发展的今天,虽然只有短短的 30 多年,但是随着互联网、传感器、通信组网、云计算等相关技术的突飞猛进,物联网的时代已经到来,也势必成为未来发展的大趋势。

1.2 物联网架构

物联网(The Internet of Things,简称 IoT)其核心组成就是物联设备、网关和云平台。从物联网系统架构角度来看,一般从下到上依次划分为终端层、网络层、平台层、应用层四个层次。架构示意图如图 1-2 所示。

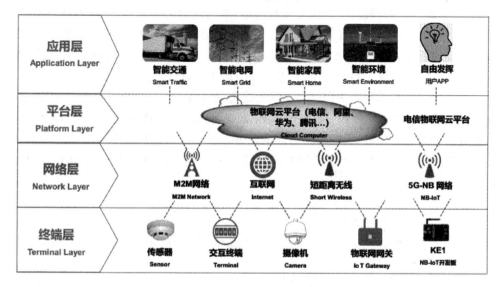

图 1-2 物联网系统架构

其中,终端层的主要作用是物智能化,也就是通过搭载多种传感器,实现物体识别、信息采集等。

网络层的主要作用是依赖多种网络通信技术实现数据的双向传输,其中可以大致分为底层组网技术和跨层通信技术。

平台层的主要作用是依托各种主流的物联网云平台实现设备接入、管理、信息存储、信息处理等功能。平台层的角色类似于传统的计算机分布式控制系统中的服务器。但是主要区别在于,传统系统更倾向于由开发人员在本地服务器上搭建数据库和后台服务,而物联网云平台是基于软件服务化(Software as a Service,SaaS)或者平台服务化(Platform as a Service,PaaS)架构的一种服务模式,物联网系统是以用户角色购买云平台的服务,无需从头搭建服务器。平台层的出现,不仅提高了物联网项目的开发效率,而且提高了物联网项目的稳定性和专业性。

应用层,作为物联网系统的最上层,主要作用是为终端用户提供各种形式丰富的应用,包括手机 App、微信小程序、Web 应用、数据可视化、控制配置等功能。

1.3 物联网核心技术

物联网就是万物互联,感知世界,那么物联网的关键技术是什么呢？物联网不是对现有技术的颠覆性革命,而是通过对现有技术的综合运用,实现全新的通信模式转变;同时,通过这样的融合也必定会对现有技术提出改进和提升的要求,以及催生出一些新的技术。

物联网的结构大致可以分为四个层次:首先是传感网络,以二维码、RFID 传感器为主,实现"物"的智能化;其次是传输网络,通过现有的互联网、广电网络、通信网络或者未来的 NGN(下一代网络),实现数据的传输;第三是云端平台,通过主流的物联网云平台服务,实现设备的接入、管理、升级,数据的处理、存储、可视化等。第四是应用终端,即输入/输出控制终端,可基于现有的手机,PC 等终端进行。

物联网核心技术包括 RFID、WSN(无线传感网络)、红外感应器、GPS(全球定位系统)、Internet 与移动网络、网络服务、行业应用软件。在这些技术中,又以底层嵌入式设备开发作为基础,引领整个行业的发展。以下从物联网的传感技术、网络技术以及网络平台等方面来介绍其相关的核心技术。涉及的部分物联网核心技术如图 1-3 所示。

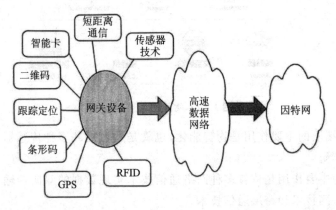

图 1-3 物联网系统核心技术

1. 智能标签

二维码及 RFID 是目前主流的智能标签技术,其主要应用于需要对标的物(即货物)的特征属性进行描述的领域。

二维码是一维码的升级,是用某种特定的几何形体按一定规律在平面上分布(黑白相间)的图形来记录信息的应用技术。目前,二维码技术即将或正在广泛应用于海关/税务征管管理、文件图书流转管理(我国国务院正在推行机关的公文管理);已经普遍应用于车辆管理、票证管理(几乎包含所有行业)、支付应用(如电子回执)、资产管理及工业生产流程管理等多个领域。

RFID 是一项利用射频信号通过空间耦合(交变磁场或电磁场)实现无接触信息传递并通过所传递的信息达到识别目的的技术。和传统的条形码相比,RFID 可以突破条形码需人工扫描、一次读一个的限制,实现非接触性和大批量数据采集,具有不怕灰尘、油污的特性;也可以在恶劣环境下作业,实现长距离的读取,同时读取多个卷;还具有实时追踪、重复读写及高速读取的优势,此特性使其具有极其广泛的应用范围。

2. 传感器

传感器作为现代科技的前沿技术,被认为是现代信息技术的三大支柱之一。MEMS(MicroElectro Mechanical Systems)即微机电系统,是由微传感器、微执行器、信号处理和控制电路、通信接口和电源等部件组成的一体化的微型器件系统。MEMS 传感器能够将信息的获取、处理和执行集成在一起,组成具有多功能的微型系统,从而大幅度地提高系统的自动化、智能化和可靠性水平。传感器的类型多样,从某种意义上说,是否可以选择到合适的传感器,是物联网项目成功的关键一步。常见的传感器及其应用领域如下所列。

① 温度传感器:隧道消防、电力电缆、石油石化;
② 应变传感器:桥梁隧道、边坡地基、大型结构;
③ 微振动传感器:周界安全、地震检波、地质物探;
④ 压力、水声、空气声等传感器。

3. 无线传感器网络(WSN)

WSN 是由许多在空间上分布的自动装置组成的一种计算机网络,这些装置使用传感器协作地监控不同位置的物理或环境状况(比如温度、声音、振动、压力、运动或污染物)。传感器网络的每个节点除配备了一个或多个传感器之外,如果还装备了一个无线电收发器、一个很小的微控制器和一个能源装置(通常为电池),那么这就构成了一个 WSN(无线传感器网络,Wireless Sensor Network)。WSN 是一种自组织网络,通过大量低成本、资源受限的传感节点设备协同工作实现某一特定任务。WSN 的构想最初是由美国军方提出的,WSN 是由大量传感节点组成,能够实现数据的采集量化、处理融合和传输。它综合了微电子技术、嵌入式计算技术、现代网络及无线通信技术、分布式信息处理技术等先进技术,能够协同地实时监测、感知和采集网络覆盖区域中各种环境或监测对象的信息,并对其进行处理;处理后的信息通过无线方式发送,并以自组多跳的网络方式传送给观察者。它的特点主要体现在以下方面。

① 能量有限:能量是限制传感节点能力、寿命的最主要的约束性条件,现有的传感节点都是通过标准的 AAA 或 AA 电池进行供电,并且不能重新充电。

② 计算能力有限：传感节点 CPU 一般只具有 8 bit,4~8 MHz 的处理能力。

③ 存储能力有限：传感节点一般包括 3 种形式的存储器,即 RAM、程序存储器和工作存储器。

④ 通信范围有限：为了节约信号传输时的能量消耗,传感节点的射频模块的传输能量一般为 10~100 mW,传输的范围也局限于 100 m~1 km。

⑤ 防篡改性：传感节点是一种价格低廉、结构松散、开放的网络设备,攻击者一旦获取传感节点就很容易获得和修改存储在传感节点中的密钥信息以及程序代码等。

⑥ 大多数传感器网络在进行部署前,其网络拓扑是无法预知的。

4. 短距离通信

短距离无线通信技术的范围比较广,只要通信收发双方通过无线电波传输信息,并且传输距离限制在较短的范围内,通常是几十米以内,就可以称为短距离无线通信。它支持各种高速率的多媒体应用、高质量声像配送、多兆字节音乐和图像文档传送等。低成本、低功耗和对等通信,是短距离无线通信技术的三个重要特征和优势。

5. 无线网络

常用的无线网络主要包括 Wi-Fi(无线局域网)、ZigBee 无线局域网(无线局域网)、WiMAX(全球微波接入网)、3G/4G/5G(无线广域网)等无线接入技术。常见的物联网通信技术优缺点如表 1-1 所列。

表 1-1　常见物联网通信技术优缺点

通信技术	优点	缺点	通信距离/m	安全性	应用场景
蓝牙	低功率、便宜、低延时	传输距离远、传送速率一半、不同设备间协议不兼容	10~300	高	手机、智能家居、可穿戴
ZigBee	低功耗、低成本、短延时网络容量大、近距离	穿墙能力弱、成本偏高、自组网能力差	20~350	中	工业、汽车、农业、医疗、智能家具
Wi-Fi	覆盖范围广、使用方便、成本低	安全隐患大、稳定性差、功耗高	20~300	低	智慧公交、地铁、公园、智能家居
L1F1	使用方便、安全系数高、环保节能	环境干扰大、标准不统一	距离不定	高	智能家居、酒吧、灯光控制可见光场所
GPRS	速度快、传输距离远、方便	成本高、稳定性待提升	无距离限制	中	智能家居、工业、医疗物联网等
Z-wave	技术稳定、功耗低、抗干扰强、支持设备联动	传输距离短、成本高	0~200	高	智能家居、酒店、工业

续表1－1

通信技术	优 点	缺 点	通信距离/m	安全性	应用场景
射频433	速度快、传输距离远	不支持组网、设备不兼容、抗干扰性差	0～500	中	智能家居、农业、局部物联网
NFC	安全系数高、低功耗	成本高、技术难度大、功耗高	0～20	超高	交通、智能卡、金融
UVB	兼容性好、安全系数高、智能	传输滞后、成本高	0～50	高	工业、汽车、医疗
Modbus	兼容性好、安全系数高、智能	传输滞后、成本高	0～1000	极高	工业、汽车、智能家居、无人机

6.感知无线电

感知无线电技术是软件无线电技术的演化,是一种新的智能无线通信技术,它具有智能型的特点,感知无线电与软件无线电之间的差异可由下式表达:

软件无线电平台＋可管理＝自适应无线系统

自适应无线系统＋学习能力＝感知无线电网络

7.云平台技术

云平台,也叫云计算平台,是基于硬件资源和软件资源的服务,提供计算、网络和存储能力。云平台根据功能可以划分为三类:以数据存储为主的存储型云平台,以数据处理为主的计算型云平台及计算和数据存储处理兼顾的综合云平台。

云计算的核心技术、云计算系统的组建运用了许多技术,其中最为重要的是编程模型、数据分布存储技术、数据管理技术、虚拟化技术和云计算平台管理技术。

编程模型:Google公司推出的基于Java、Python、C＋＋等计算机语言的编程模型MapReduce,这是一种简单化的分布式编程模型。它一般用于大规模的数据集(大于1 TB)并行运算。编程模型使处于云计算环境下的程序编辑变得十分简单。

数据分布存储技术:计算系统由大量的服务器构成,它能够同时为大量的用户提供计算服务,因此,云计算系统多采用分布式存储的方式来存储数据,在存储过程中,会存入大量的冗余数据来保证数据的可靠性。

数据管理技术:云计算需要对分布在网络中的海量数据进行处理与分析,因此,数据管理技术必须能够有效地管理这些数据。

虚拟化技术:虚拟化技术可以让软件系统和硬件系统隔离,它包括两种模式:一种是将单个资源划分为多个虚拟资源的裂分模式;另一种是将多个资源结合成一个虚拟资源的聚合模式。

云计算平台管理技术:整个云计算系统的资源规模巨大,服务器数量众多且这些服务器会分布在不同地点,同时运行着几百种的应用。此时,如何有效准确地管理这些服务器就成为云计算系统首要解决的问题。云平台管理技术可解决这一问题,可

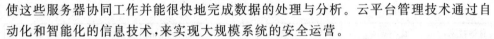

使这些服务器协同工作并能很快地完成数据的处理与分析。云平台管理技术通过自动化和智能化的信息技术,来实现大规模系统的安全运营。

那么基于云计算的一个典型应用就是"云物联",云物联可以用来很好地解决数据存储、数据检索、数据使用等一系列关键问题。它可以将物联网感知层识别设备产生的大量信息整合起来,从而使这些信息得到有效的利用。"云计算"和"物联网"之间有一个生动而又形象的比喻,这个比喻可以充分阐述"云计算"与"物联网"之间的关系:"云计算"相当于"互联网"的神经系统,而"物联网"则是"互联网"刚刚出现的神经系统的末梢。"云计算"与"物联网"相辅相成,成就物物相连的互联网。

8. 全 IP 方式(IPv6)

由于物联网要求"一物一地址,万物皆互联",为解决物联网地址容量有限问题,应尽快推动 IPv6 的普及应用。

9. 嵌入式技术

嵌入式系统也包括硬件和软件两部分。硬件部分包括处理器/微处理器(MCU)、存储器及外设器件和输入/输出端口、图形控制器等。软件部分包括操作系统软件和专门解决某类问题的应用软件,应用程序控制着系统的运作和行为,而嵌入式系统控制着应用程序编写与硬件的交互作用。

1.4 嵌入式系统

通过上述内容的介绍,不难发现嵌入式技术在物联网系统中的感知终端部分以及组网通信部分都起到了举足轻重的作用。可以说嵌入式技术结合传感器技术奠定了物联网系统的基石,也使得万物互联的理念得以实现。在这里梳理一下嵌入式系统相关的概念。

1.4.1 嵌入式系统概念

嵌入式系统是以应用为中心,以计算机技术为基础,软件硬件功能可裁剪,而且对可靠性、功耗、成本、体积有严格要求的专用计算机系统。相比于通用计算机系统,嵌入式系统是看不见的计算机,它的形式多样,应用领域广泛。例如我们日常生活中用的各式各样的家用电器、移动便携设备、工业生产线、汽车电子控制系统,等等,可以说除了我们传统上理解的由键盘、显示器、主机构成的计算机系统以外,绝大多数隐藏在我们现实世界中的、具备计算能力的电子设备都可以划分到嵌入式系统范畴中。这也不难看出,无处不在的嵌入式系统正是万物互联实现的基础。

1.4.2 嵌入式系统体系

嵌入式系统是由硬件系统和软件系统组成的,如图 1 - 4(a)所示。其中硬件系统以包含微处理器的 SoC 为核心集成存储器和系统专用的输入/输出设备,包括嵌入式处理器和嵌入式外围设备两个部分。而软件系统则包括嵌入式应用软件和嵌入式操作系统两个部分。如图 1-4(b)所示,嵌入式软件系统由下到上包含的层次包括硬件驱动层、操作系统层、中间件层和应用层等四个层次。如图 1-4(c)所示,硬件系统由内到外展开的层次包括内核、处理器、芯片和系统等四个层次。最后,如图 1-4(d)所示,操作系统层作为嵌入式软件系统的基础部分,其核心功能便是操作系统的内核。

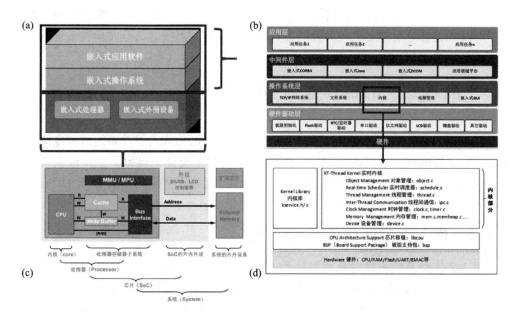

图 1-4 嵌入式系统体系层次

嵌入式系统是一个软硬结合的系统,其中硬件部分是整个系统的基础。嵌入式系统的硬件有别于一般计算机系统,最鲜明的特点就是采用了 SoC(System on Chip)的结构。这是由于嵌入式系统应用的场景往往空间比较局促,不能像一般计算机系统那样,有主机可以存放主板、硬盘的空间。所以嵌入式系统的硬件部分主体都是内置在芯片上的。也就是图 1-4(c)中的 SoC 包含的部分,其中最为核心的部分是 CPU 内核架构,目前这方面在嵌入式领域占据统治地位的是大家所熟知的 ARM 架构,除此之外嵌入式领域比较经典的内核架构还有 MIPS、8051 等。这里对于初学者要提示两点,一个是内核架构是嵌入式系统最为核心的基础,采用了哪种内核架构决定了整个系统的诸多方面,例如中断管理、系统移植等。有兴趣了解更为底层原理的读者,建议学习一下 ARM 架构的相关知识,这更有利于对嵌入式系统整体的理解和学习。另外一个就是初学者常常将内核架构和芯片名称混为一谈,例如 ARM 和 STM32 有什么区别呢? 这里我们要明确,芯片是基于某种内核架构结合片内总线和

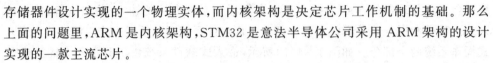

存储器件设计实现的一个物理实体,而内核架构是决定芯片工作机制的基础。那么上面的问题里,ARM 是内核架构,STM32 是意法半导体公司采用 ARM 架构的设计实现的一款主流芯片。

在硬件系统的基础上,是嵌入式的软件部分。而本书介绍的 RT - Thread 物联网操作系统,则是属于软件部分的操作系统软件。作为操作系统软件,介于硬件驱动层和应用软件之间,起到承上启下的作用。其核心在于内核调度的能力,也就是我们时常听到的多线程调度和管理。那么在众多的嵌入式操作系统中,根据内核调度方式的不同,又大致可以分为实时操作系统和分时操作系统。其中实时操作系统主要用于对线程任务时效性要求较高的场景,例如,车载控制系统。而分时操作系统则主要追求运算能力等性能需求,例如手机控制系统。

1.5 嵌入式实时操作系统(RTOS)

在上述的内容中,我们提到了嵌入式实时操作系统,而实时操作系统的调度原则是基于优先级的可抢占式调度,也就是说在多个线程中会优先确保紧急线程获得系统资源得到优先执行,从而在设计的时效内完成线程任务。本书介绍的 RT - Thread 操作系统就属于嵌入式实时操作系统的范畴。

1.5.1 嵌入式实时操作系统介绍

嵌入式实时系统能够对外部事件给予及时响应。对外部事件的响应有三个步骤:对外部事件的识别,必要的处理,以及结果的输出。实时系统又分为硬实时和软实时两种。在软实时系统中,系统的宗旨是使各个任务运行得越快越好,对响应时间的界定有一定的灵活性;在硬实时系统中,各任务不仅要执行无误而且要做到准时,一旦不能在确定的时间内完成,有可能导致灾难性后果。RTOS 以及时的方式进行任务调度、系统资源的管理以及为应用开发提供一个稳固的平台。RTOS 既可以是一个小而简单的系统,也可以是一个大而全的系统,具体要视实际应用而定。目前流行的许多 RTOS 都是用户可裁剪定制的。

1.5.2 嵌入式实时操作系统的重要性能指标

成熟度:一个操作系统从研发成功到能稳定、可靠运行的过程是需要较长时间的,只有经过广泛使用才能逐步走向成熟,成熟度是综合评价操作系统稳定性和可靠性的重要指标。

稳定性:稳定性是反映嵌入式实时操作系统在长时间运行过程中不会出现异常情况,保证应用系统能够稳定、可靠地工作的指标。

可靠性:可靠性是反映嵌入式实时操作系统能够保持正常运行而不受外界影响的能力,通常以系统连续并且可靠运行时间来度量。

安全性:安全性是反映嵌入式实时操作系统能够抵御外部攻击和应用软件自身缺陷的能力。

开放性:开放性是反映嵌入式实时操作系统符合国际和国家标准水平以及能否得到众多第三方(主要包括:驱动程序、开发工具、其他功能软件等)广泛支持的基本条件。

实时性:实时性是反映嵌入式实时操作系统快速响应外部事件的能力。通常包括:系统调用时间、任务切换时间、中断响应和延迟时间、信号量混洗时间、数据包吞吐率等。

1.5.3　几种常用的嵌入式实时操作系统

目前,典型的嵌入式实时操作系统有 μCOS、FreeRTOS、VxWorks 等。不同的嵌入式实时操作系统整体上在其内核调度方面都遵循线程任务的实时性,但各自具备不同的特点。

1. Vxworks

Vxworks 是美国 Windriver 公司于 1983 年设计开发的高性能、可扩展的实时操作系统,具有嵌入式实时应用中最新一代的开发和执行环境,支持市场上几乎所有的处理器,以其良好的可靠性和卓越的实时性被广泛地应用在通信、军事、航空、航天等高精尖技术及实时性要求极高的领域中,如卫星通信、军事演习、弹道制导、飞机导航等。

2. Nucleus

Nucleus 是美国 Accelerated Technology Incorporated 公司研发的产品,是世界上最受欢迎的嵌入式操作系统之一,其特点是约 95% 的代码用 ANSIC 编写,因此非常便于移植并能够支持大多数类型的处理器,同时可提供网络、图形用户界面、文件系统等模块支持。

3. QNX

QNX 是加拿大 QNX 公司出品的一种商用的、遵从 POSIX 标准规范的类 UNIX 实时操作系统。QNX 是最成功的微内核操作系统之一,在汽车领域得到了极为广泛的应用,如保时捷跑车的音乐和媒体控制系统及美国陆军无人驾驶 Crusher 坦克的控制系统,还有 RIM 公司的 Blackberry Playbook 平板电脑。其具有独一无二的微内核实时平台,实时、稳定、可靠、运行速度极快。

4. Windows CE

Windows CE 是美国 Microsoft 公司推出的嵌入式操作系统,支持众多的硬件平台,其最主要特点是拥有与桌上型 Windows 家族一致的程序开发界面,因此,桌面操作系统 Windows 家族开发的程序可以直接在 Windows Ce 上运行,其主要应用于

PDA(个人数字助理)、平板电脑、智能手机等消费类电子产品。但嵌入式操作系统追求高效、节省，Windows Ce 在这方面是笨拙的，它占用内存过大，应用程序庞大。

5. RT–Linux

RT–Linux 是美国墨西哥理工学院开发的基于 Linux 的嵌入式实时操作系统，是一款提供源代码、开放式的自由软件。RT–Linux 使用了精巧的内核，并把标准的 Linux 核心作为实时核心的一个进程，同用户的实时进程一起调度。这样对 Linux 内核的改动非常小，并且可以充分利用 Linux 下现有的丰富的软件资源。

6. μC/OS-Ⅱ

μC/OS-Ⅱ前身是 μC/OS，最早于 1992 年由美国嵌入式系统专家设计开发，目前 μC/OS-Ⅲ也已面世。μC/OS-Ⅱ具有执行效率高、占用空间小、实时性能优良和可扩展性强等特点，最小内核可以编译至 2 KB。μC/OS-Ⅱ已经移植到了几乎所有知名的 CPU 上，μC/OS-Ⅱ也是在国内研究最为广泛的嵌入式实时操作系统之一。

7. FreeRTOS

FreeRTOS 是一个使用迷你内核的小型嵌入式实时操作系统。由于嵌入式实时操作系统需占用一定的系统资源（尤其是 RAM 资源），只有 QNX、μC/OS–Ⅱ、FreeRTOS 等少数实时操作系统能在小 RAM 单片机上运行。相对 QNX、μC/OS–Ⅱ等商业操作系统，FreeRTOS 操作系统是完全开源的操作系统，具有代码公开、可移植、可裁剪、调度策略灵活的特点，可以方便地移植到各种单片机上运行。

1.6　RT–Thread 概述

有别于上述嵌入式实时操作系统，RT–Thread 操作系统不仅包含一个实时操作系统内核，更有完整的应用生态体系，包含了与嵌入式实时操作系统相关的各个组件：TCP/IP 协议栈、文件系统、Libc 接口、图形用户界面等，具有相当大的发展潜力。而且 RT–Thread 操作系统针对物联网以及人工智能领域，都进行了有针对性的设计。可以说从设计思想上与 μC/OS、FreeRTOS 这一类侧重于实时内核的操作系统有了本质的不同。

1.6.1　RT–Thread 简介

RT–Thread，全称是 Real Time–Thread，顾名思义，它是一个嵌入式实时多线程操作系统，基本属性之一是支持多任务，允许多个任务同时运行并不意味着处理器在同一时刻真的执行了多个任务。事实上，一个处理器核心在某一时刻只能运行一个任务，由于每次对一个任务的执行时间很短，任务与任务之间通过任务调度器进行非常快速的切换（调度器根据优先级决定此刻该执行的任务），给人造成多个任务在同一时刻同时运行的错觉。在 RT – Thread 系统中,任务是通过线程实现的,RT – Thread 中的线程调度器也就是以上提到的任务调度器。

　　RT – Thread 主要采用 C 语言编写,浅显易懂,方便移植。它把面向对象的设计方法应用到实时系统设计中,使得代码风格优雅、架构清晰、系统模块化并且可裁剪性非常好。针对资源受限的微控制器(MCU)系统,可通过方便易用的工具,裁剪出仅需要 3 KB FLASH、1.2 KB RAM 内存资源的 NANO 版本(NANO 是 RT – Thread 官方于 2017 年 7 月发布的一个极简版内核);而对于资源丰富的物联网设备,RT – Thread 又能使用在线的软件包管理工具,配合系统配置工具实现直观快速的模块化裁剪,无缝地导入丰富的软件功能包,实现类似 Android 的图形界面及触摸滑动效果、智能语音交互效果等复杂功能。

　　相较于 Linux 操作系统,RT – Thread 体积小,成本低,功耗低,启动快速,此外 RT – Thread 还具有实时性强、占用资源少等特点,非常适用于各种资源受限(如成本、功耗限制等)的场合。虽然 32 位 MCU 是它的主要运行平台,但实际上很多带有 MMU、基于 ARM9、ARM11 甚至 Cortex – A 系列级别 CPU 的应用处理器在特定应用场合也适合使用 RT – Thread。

1.6.2　RT – Thread 架构体系

　　随着物联网市场发展迅猛,嵌入式设备的联网已是大势所趋。终端联网使得软件复杂性大幅增加,传统的 RTOS 内核已经越来越难满足市场的需求,在这种情况下,物联网操作系统(IoT OS)的概念应运而生。物联网操作系统是指以操作系统内核(可以是 RTOS、Linux 等)为基础,包括如文件系统、图形库等较为完整的中间件组件,具备低功耗、安全、通信协议支持和云端连接能力的软件平台,RT – Thread 就是一个 IoT OS。RT – Thread 与其他 RTOS 如 FreeRTOS、μC/OS 的主要区别之一是,它不仅仅是一个实时内核,还具备丰富的中间层组件,如图 1 – 5 所示。RT – Thread 操作系统架构体系具体包括以下部分:

1. 内核层

　　RT – Thread 内核,是 RT – Thread 的核心部分,包括内核系统中对象的实现,例如多线程及其调度、信号量、邮箱、消息队列、内存管理、定时器等;Libcpu/BSP(芯片移植相关文件 / 板级支持包)与硬件密切相关,由外设驱动和 CPU 移植构成。

2. 组件与服务层

　　组件是基于 RT – Thread 内核之上的上层软件,例如虚拟文件系统、FinSH 命令行界面、网络框架、设备框架等,采用模块化设计,做到组件内部高内聚,组件之间低耦合。

3. RT – Thread 软件包

　　运行于 RT – Thread 物联网操作系统平台上,面向不同应用领域的通用软件组

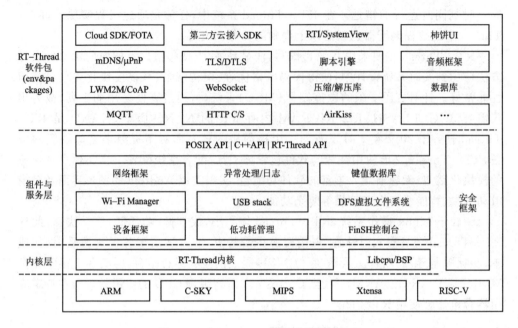

图 1-5 RT-Thread 操作系统架构体系

件,由描述信息、源代码或库文件组成。RT-Thread 提供了开放的软件包平台,这里存放了官方提供或开发者提供的软件包,该平台为开发者提供了众多可重用软件包的选择,这也是 RT-Thread 生态的重要组成部分。软件包生态对于一个操作系统的选择至关重要,因为这些软件包具有很强的可重用性,模块化程度很高,极大地方便应用开发者在最短时间内打造出自己想要的系统。RT-Thread 支持的软件包数量已经达到 400+,如下举例:

① 物联网相关的软件包:Paho MQTT、WebClient、Mongoose、WebTerminal,等等。

② 脚本语言相关的软件包:目前支持 Lua、JerryScript、MicroPython、PikaScript。

③ 多媒体相关的软件包:Openmv、Mupdf。

④ 工具类软件包:CmBacktrace、Easy Flash、EasyLogger、SystemView。

⑤ 系统相关的软件包:RTGUI、Persimmon UI、Lwext4、Partition、SQLite,等等。

⑥ 外设库与驱动类软件包:RealTek、RTL8710BN SDK。

第2章

仿真环境搭建

在开始学习 RT‐Thread 内核原理知识之前,我们首先需要获取用于内核学习的内核源码以及搭建一个仿真环境,以便在仿真环境下调试运行各小节的示例程序,从而便于读者更好地理解相关的理论知识。

2.1 RT‐Thread 源码获取

RT‐Thread 是以 Apache License v2 开源许可发布的物联网操作系统。开发者可免费在商业产品中使用,不需要公布源码,无潜在商业风险。下面就为大家说明如何选择一个适合自己的版本进行开发/学习。

目前,RT‐Thread 官网提供了三类源码程序,分别是 RT‐ThreadNano 版本、RT‐Thread 标准版本、RT‐Thread Smart 版本。不同版本的区别如图 2‐1 所示。本书第一部分原理篇,主要基于 RT‐Thread Nano 版本进行示例程序演示说明。

RT‐Thread Nano 版本是一个极简版的硬实时内核,它是由 C 语言开发,采用面向对象的编程思维,具有良好的代码风格,是一款可裁剪的、抢占式实时多任务的 RTOS。其内存资源占用极少,功能包括任务处理、软件定时器、信号量、邮箱和实时调度等相对完整的实时操作系统特性,适用于家电、消费电子、医疗设备、工控等领域大量使用的 32 位 ARM 入门级 MCU 的场合,图 2‐2 所示为 RT‐Thread Nano 版本的软件框图。

RT‐Thread 标准版本主要采用 C 语言编写,浅显易懂,方便移植。它把面向对象的设计方法应用到实时系统设计中,使得代码风格优雅、架构清晰、系统模块化并且可裁剪性非常好。其主要针对资源丰富的物联网设备,使用在线的软件包管理工具,配合系统配置工具实现直观快速的模块化裁剪,无缝地导入丰富的软件功能包,实现类似 Android 的图形界面及触摸滑动效果、智能语音交互效

	前后台（裸机）	RTOS Kernel/ RT-Thread Nano	RT-Thread
用途	用于产品资源紧张、功能简单、成本严格控制的场合	适用于家电、消费电子、医疗设备、工控等领域大量使用的32位ARM入门级MCU的场合，如Cortex M0	被各行业广泛使用，不仅可用于嵌入式实时系统，还可以用于物联网开发
学习门槛	低	中	高
开发效率	低	中	高
公司项目管理 可扩展性 可维护性 可协作性	难以多人协作开发，代码维护困难	简化项目维护和功能扩展 新功能以线程/任务方式添加 为大型开发团队简化开发	简化项目维护和功能扩展 新功能以线程/任务方式添加 为大型开发团队简化开发 开发者不用花费时间在开发驱动上

图 2 - 1 RT - Thread 不同版本对比图

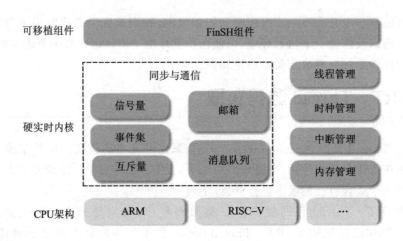

图 2 - 2 RT - Thread Nano 版本软件框图

果等复杂功能。相比于 Nano 版本，标准版本不仅仅是一个实时内核，还具备丰富的中间层组件。本书的第二部分实践环节主要基于 RT - Thread 标准版进行开发。

RT - Thread Smart 版本（简称 RT - Smart）是基于 RT - Thread 操作系统衍生的新分支，面向带 MMU、中高端应用的芯片，例如 ARM Cortex - A 系列芯片、MIPS芯片、带 MMU 的 RISC - V 芯片等。RT - Smart 在 RT - Thread 操作系统的基础上启用独立、完整的进程方式，同时以混合微内核模式执行。

2.2 MDK5 安装

在运行 RT - Thread 操作系统前，我们需要安装 MDK - ARM 5.36（正式版或评估版，5.14 版本及以上版本均可）。这个版本也是当前比较新的版本，能够提供相对比较完善的调试功能。这里采用了 16 KB 编译代码限制的评估版 5.36 版本,如果要解除 16 KB 编译代码限制,请购买 MDK－ARM 正式版。如果已经安装了符合版本要求的 MDK5 软件的读者,可以跳过本小节内容。如果尚未安装的读者可以下载 MDK5 安装文件后,参考如下内容进行软件安装。

　　登录 Keil 的官网获取最新版本的开发工具,如图 2－3 所示,针对不同主控芯片,当前 Keil 有四款软件开发工具。分别是 MDK－Arm、C51、C251、C166。由于战舰 V3 开发板上的主控芯片 STM32F103 属于 Cortex－M 系列芯片,所以我们需要下载 MDK－Arm 开发工具。下载地址是:https://www.keil.com/download/product/。

图 2－3　Keil 软件产品下载界面

　　在下载时,需要填写一些个人基本信息,请填写相应的完整信息,然后开始下载。下载完成后,鼠标双击运行,会出现如下软件安装过程。

　　MDK－Arm 工具的安装主要包括三个方面。分别是 MDK 安装、Pack 安装、软件授权。首先,我们双击获取到 MDK 安装文件。根据软件的安装向导依次完成软件授权认可、安装路径选择、联系方式填写等步骤即可完成 MDK 安装。

　　完成 MDK 安装之后,需要根据项目所需,安装软硬件的支持包,即 Pack 安装。Pack 安装有离线和在线安装两种方式。关于 Pack 包的安装方法,我们在稍后的仿真基础工程内介绍。

　　完成器件库支持包的安装之后,MDK 工具已经具备了基本的开发、编译能力。但是当我们需要向芯片中烧写程序的时候,由于软件授权的限制,未授权状态下,我们只可以烧写 16 KB 以内的文件。如果无法满足项目的需求,需要购买正版的 MDK－Arm 软件,以便进行正常的程序烧写。具体激活的配置如下,我们在 MDK 工具首页,选择 File→License Management,如图 2－4 所示。

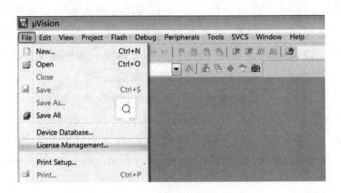

图 2 - 4　授权管理选项

2.3　仿真工程

为了便于调试运行原理部分的示例代码,这里我们介绍如果新建一个用于仿真调试的 MDK5 工程。新建工程的具体步骤如下。

2.3.1　获取 Nano 版本源码

我们登录 RT - Thread 官网获取 Nano 版本的源码。点击 Nano 版本的下载选项,如图 2 - 5 所示。下载后可以获取到文件 rtthread-nano-master. zip。本书附带代码中也可以获取到这个 Nano 版本的压缩文件。

图 2 - 5　Nano 版本下载选项

解压文件 rtthread-nano-master. zip 之后,依次点击进入 bsp 文件夹,其中 stm32f103-msh 文件夹就是我们需要的仿真工程的基础工程文件,如图 2 - 6 所示。进入 stm32f103-msh 文件夹,点击工程文件 Project. uvprojx,即可启动仿真基础工程。

打开工程后,可以看到如图 2 - 7 所示的文件内容。左侧的 Application 选项内的 main. c 文件内已经实现了 LED 闪烁的基础功能。其中 RTOS 选项内的文件就

图 2 - 6　仿真基础工程

是 RT - Thread 的内核源码文件。内核源码文件的作用如图 2 - 7 内右侧所示。另外,如果没有安装 RT - Thread 的 Pack 包,这里的 RTOS 选项会有问号提示。

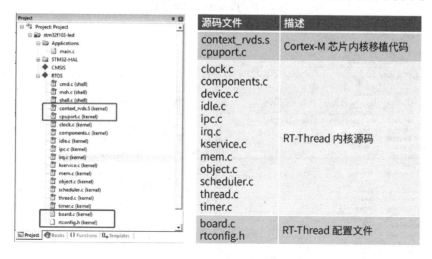

图 2 - 7　RT - Thread 内核源码说明

2.3.2　RT - Thread Pack 包安装

上述提到的工程内的 RTOS 内核文件,需要在 MDK5 软件中预先安装 RT - Thread Pack 包,我们可以在 MDK5 内进行在线安装,也可以离线手动安装。下面分别介绍这两种安装方式。

1. MDK5 内在线安装

如图 2 - 8 所示,打开 MDK,单击工具栏的 Pack Installer 图标。在打开的器件包选项界面内,点击右侧的 Pack,展开 Generic,可以找到 RealThread::RT-Thread,点击 Action 栏对应的 Install ,就可以在线安装 RT-Thread Pack 了。另外,如果需要安装其他版本,则需要展开 RealThread::RT-Thread 进行选择,箭头所指代表已经安装的版本,如图 2-9 所示。需要注意的是,在线安装过程中要保持网络连接正常,而且下载安装速度也受网络速度影响。

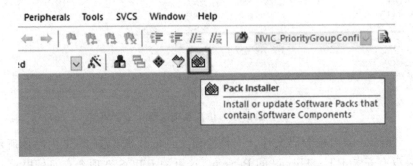

图 2-8 Pack Installer 选项

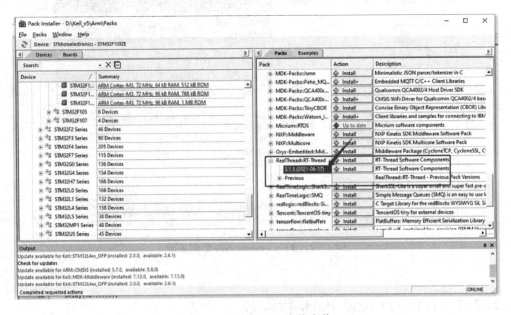

图 2-9 Nano Pack 在线安装

2. 离线手动安装方式

我们可以从官网下载离线安装文件。下载后双击安装文件,如图 2-10 所示。

图 2 - 10　RT - Thread Pack 离线安装

2.4　MDK5 仿真环境配置

最后,我们再配置下与调试相关的配置。为了方便,原理部分全部代码都用软件仿真,既不需要开发板也不需要仿真器,只需要一个 MDK5 软件即可。这里介绍软件仿真的配置方法。

首先打开上述准备好的仿真基础工程,点击魔术棒按钮,启动工程配置选项,如图 2 - 11 所示。选择 Debug 选项,选中左侧 Use Simulator 选项。其他选项保持默认即可。

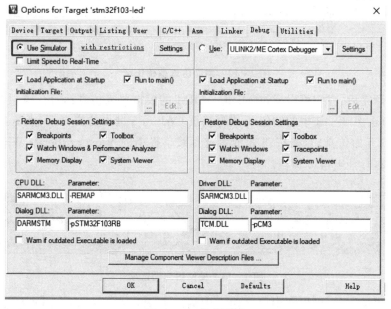

图 2 - 11　仿真配置

完成工程的仿真配置后,点击一下窗口上方工具栏中的按钮▦,对该工程进行编译,如图 2-12 所示。确认编译没有错误和警告即可。

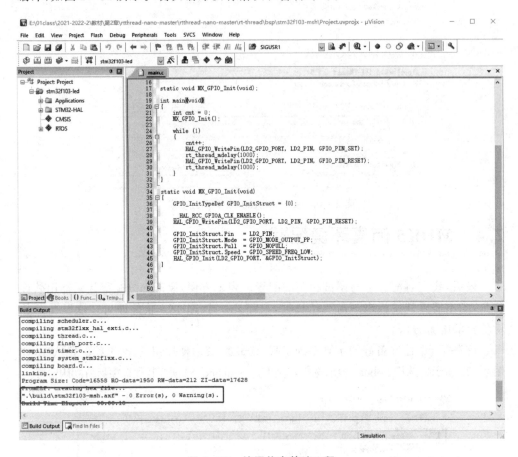

图 2-12　编译仿真基础工程

在编译完后,我们可以通过 MDK-ARM 的模拟器来仿真运行。模拟器启动步骤如下:点击图 2-13 中的按钮 1 或直接按 Ctrl+F5 进入仿真界面;点击按钮 2 或直接按 F5 开始仿真;点击按钮 3 或者选择菜单栏中的 View → Serial Windows → UART♯2,打开串口 2 窗口。

图 2-13　模拟器启动选项

启动模拟器后,可以在串口 2 内看到输出了 RT-Thread 的 LOGO,其仿真运行的结果如图 2 - 14 所示。我们可以在 msh＞提示符号后，输入 help 命令，测试仿真模式下 RT - Thread 系统提供的 FinSH 命令是否可以正常响应，如图 2 - 14 内方框所示，系统响应了 help 命令，显示了当前系统支持的 FinSH 命令列表。关于 FinSH 控制台组件以及 FinSH 命令的内容我们将在第 8 章进行介绍。至此，就完成了仿真基础工程的仿真测试，也意味着可以在这样的仿真环境下进行后续各章节的示例代码运行了。

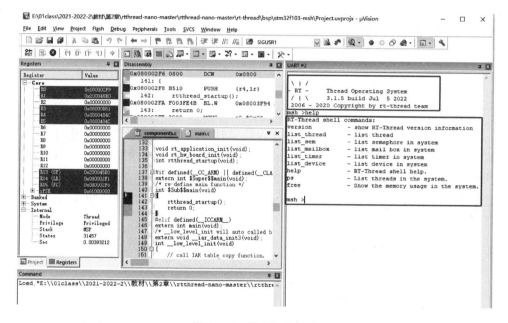

图 2 - 14　模拟运行状态

第 3 章

线程管理

RT - Thread 操作系统作为一款嵌入式实时操作系统,最核心的功能就是其内核部分支持的多线程调度管理功能。而对于刚刚接触嵌入式开发的读者,可能听说过线程、进程、并行、并发等相关概念,但是往往容易混淆这些概念的含义。本章在理清这些概念的基础上,为大家介绍一下 RT - Thread 操作系统是如何进行多线程管理的。

3.1 线程与进程

在介绍 RT - Thread 线程管理知识之前,我们先了解一下线程与进程的概念。这两个概念对于初学者来说都比较抽象,这里给大家介绍一下相关的知识。

3.1.1 线程与进程的概念

线程的定义:线程是程序执行中一个单一的顺序控制流程,是程序执行流的最小单元,是处理器调度和分派的基本单位。

一个进程可以有一个或多个线程,各个线程之间共享程序的内存空间。

进程的定义:进程是一个具有一定独立功能的程序在一个数据集合上依次动态执行的过程。进程是一个正在执行的程序的实例,包括程序计数器、寄存器和程序变量的当前值。进程的特征如下:

① 进程依赖于程序运行而存在,进程是动态的,程序是静态的。

② 进程是操作系统进行资源分配和调度的一个独立单位(CPU 除外,线程是处理器任务调度和执行的基本单位)。

③ 每个进程拥有独立的地址空间,地址空间包括代码区、数据区和堆栈区,进程之间的地址空间是隔离的,互不影响。

3.1.2　线程与进程的关系与区别

在早期的操作系统中并没有线程的概念,进程是能拥有资源和独立运行的最小单位,也是程序执行的最小单位。任务调度采用的是时间片轮转的抢占式调度方式,而进程是任务调度的最小单位,每个进程有各自独立的一块内存,使得各个进程之间内存地址相互隔离。后来随着计算机的发展,对 CPU 的要求越来越高,进程之间的切换开销较大,已经无法满足越来越复杂的程序的要求了。于是就发明了线程。可见进程与线程是紧密关联的,这里再来总结一下二者的区别。

① 本质区别:进程是操作系统资源分配的基本单位,而线程是处理器任务调度和执行的基本单位。

② 包含关系:一个进程至少有一个线程,线程是进程的一部分,所以线程也被称为轻权进程或者轻量级进程。

③ 资源开销:每个进程都有独立的地址空间,进程之间的切换会有较大的开销;线程可以看作轻量级的进程,同一个进程内的线程共享进程的地址空间,每个线程都有自己独立的运行栈和程序计数器,线程之间切换的开销小。

④ 影响关系:一个进程崩溃后,在保护模式下其他进程不会被影响,但是一个线程崩溃可能导致整个进程被操作系统杀掉,所以多进程要比多线程健壮。

3.1.3　线程与进程的优缺点

1. 线程的优缺点

线程的优点:

① 线程是一种非常"节俭"的多任务操作方式。启动一个新的进程必须分配给它独立的地址空间,建立众多的数据表来维护它的代码段、堆栈段和数据段,这是一种"昂贵"的多任务工作方式。而运行于一个进程中的多个线程,它们彼此之间使用相同的地址空间,共享大部分数据,启动一个线程所需的空间远远小于启动一个进程所需的空间,而且,线程间彼此切换所需的时间也远远小于进程间切换所需要的时间。

② 线程间通信机制方便,由于同一进程下的线程之间共享数据空间,所以一个线程的数据可以直接为其他线程所用,这不仅快捷,而且方便。

③ 使多 CPU 系统更加有效。操作系统会保证当线程数不大于 CPU 数目时,不同的线程运行于不同的 CPU 上。

④ 改善程序结构。一个既长又复杂的进程可以考虑分为多个线程,成为几个独立或半独立的运行部分,这样的程序会利于理解和修改。

线程的缺点:调度时,要保存线程状态,频繁调度,需要占用大量的机时;另外由于线程同步问题,在程序设计上容易出错。

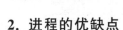

2. 进程的优缺点

进程的优点:进程具有封闭性和可再现性,同时有利于程序的并发执行和资源共享。多道程序设计出现后,实现了程序的并发执行和资源共享,提高了系统的效率和系统的资源利用率。

进程的缺点:操作系统调度切换多个线程要比切换调度进程在速度上快得多,而且进程间内存无法共享,通信也比较麻烦。线程之间由于共享进程内存空间,所以交换数据非常方便;在创建或撤销进程时,由于系统都要为之分配和回收资源,导致系统的开销明显大于创建或撤销线程时的开销。

3. 多线程的优缺点

多线程的优点:无需跨进程边界;程序逻辑和控制方式简单;所有线程可以直接共享内存和变量等;线程方式消耗的总资源比进程方式好。

多线程的缺点:每个线程与主程序共用地址空间,受限于 2 GB 地址空间;线程之间的同步和加锁控制比较麻烦;一个线程的崩溃可能影响到整个程序的稳定性;达到一定的线程数后,即使再增加 CPU 也无法提高性能,例如 Windows Server 2003,大约 1 500 个线程数就快到极限了(线程堆栈设定为 1 MB),如果设定线程堆栈为 2 MB,还达不到 1 500 个线程总数;线程能够提高的总性能有限,而且线程多了之后,线程本身的调度也是一个麻烦事儿,需要消耗较多的 CPU 资源。

4. 多进程的优缺点

多进程的优点:每个进程互相独立,不影响主程序的稳定性,子进程崩溃没关系;通过增加 CPU,就很容易扩充性能;可以尽量减少线程加锁/解锁的影响,极大提高性能,就算是线程运行的模块算法效率低也没关系;每个子进程都有 2 GB 地址空间和相关资源,总体能够达到的性能上限非常大。

多进程的缺点:逻辑控制复杂,需要和主程序交互;需要跨进程边界,如果有大数据量传送,就不太好,适合小数据量传送、密集运算,多进程调度开销比较大。

3.1.4 线程与进程的案例

上述的理论介绍可能对于初学者来说仍然比较抽象,我们以一个经典的工程案例来类比说明一下。假设嵌入式系统是一个工厂,如图 3-1 所示。

众所周知,工厂中会有若干个生产车间,每个车间会有若干条生产线,生产线上又会安排若干位工人。为了完成工厂的生产任务,管理者需要管理生产资料的分配以及安排好各个车间以及各条生产线的生产任务。这样一个工厂的运行逻辑,相信大家都容易理解。那么跟我们说的线程和进程有什么关系呢?这里我们将工厂内的实际概念与嵌入式系统内的抽象概念进行了对比,如表 3-1 所列。

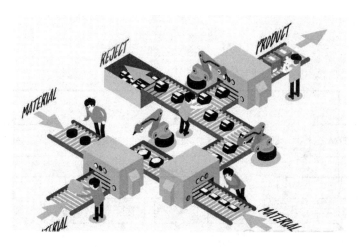

图 3-1 车间与生产线示意图

表 3-1 工厂与嵌入式系统对应概念关系表

序　号	工厂场景	嵌入式场景	作　用
1	工厂	嵌入式系统	多个任务构成特定功能
2	车间	进程	单个任务
3	生产线	线程	一个任务的子任务
4	生产资料(原料、水电)	系统资源(例如:内存)	完成任务依赖的资源

　　基于上述的对应关系,我们可以通俗地理解,对于一个单核 CPU 的嵌入式系统来说,相当于只有一个车间。那么某一时刻这个车间内只能生成一个产品,也就是说任一时刻 CPU 内只能执行一个进程,其他进程处于非运行状态。那么在这个车间内,可能会有多条生产线,也就是多个线程存在。这些线程分别完成整个产品的不同部分。而且这些生产线可以共享车间内分配到的生产资料,也就是说一个进程内的多个线程可以共享进程内的系统资源。

　　那么一般对于中小型的嵌入式系统来说,多数都采用单核 CPU 架构的芯片。这样对于嵌入式操作系统来说更多的任务就是一个进程内的多个线程管理与调度。

3.1.5　线程与进程的管理模型

　　经过上述的理论以及案例介绍,相信大家对于线程和进程已经有了一定的了解。那么作为管理多进程和多线程运行的主体,操作系统的管理模型如图 3-2 所示。

　　对于资源相对有限,采用单核 CPU 的中小型嵌入式系统来说,操作系统相当于只管理单进程内的多线程。其管理模型如图 3-3 所示。

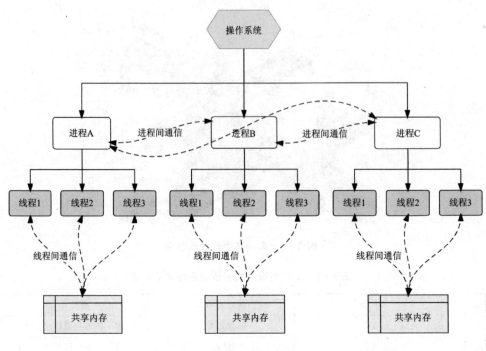

图 3 - 2   多进程管理模型

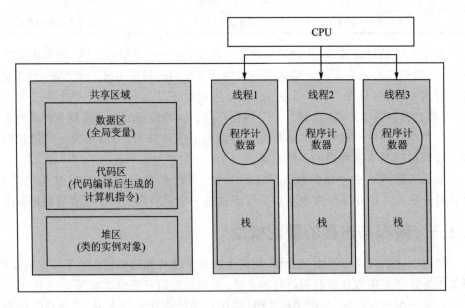

图 3 - 3   多线程管理模型

3.2　裸机系统与多线程系统

在日常的学习和应用中,有些读者会发现并不是所有的嵌入式系统中都使用了操作系统软件,例如较为经典的 C51 单片机,由于其芯片资源有限,在应用的时候就很少使用操作系统。我们把未使用操作系统软件的系统形象地称为裸机系统。那么这里我们就介绍一下裸机系统和多线程系统的处理逻辑以及应用场景。

3.2.1　裸机系统

裸机系统通常分成轮询系统和前后台系统,有关这两者的具体实现方式请看下面的讲解。轮询系统即是在裸机编程的时候先初始化相关的硬件,然后让主程序在一个死循环里面不断循环,顺序地做各种事情。示例程序如例程 3-1 所示。

【例程 3-1】　轮询系统示例程序

```c
int main(void)
{
    /* 硬件相关初始化 */
    HardWareInit();
    /* 无限循环 */
    while (1) {
        /* 处理事情 1 */
        DoSomething1();
        /* 处理事情 2 */
        DoSomething2();
        /* 处理事情 3 */
        DoSomething3();
    }
}
```

轮询系统是一种非常简单的软件结构。通常只适用于那些只需要顺序执行代码且不需要外部事件来驱动就能完成的事情。如果只是实现 LED 翻转、串口输出、液晶显示等操作,那么使用轮询系统将会非常完美。但是,如果加入了按键操作等需要检测外部信号的事件,用来模拟紧急报警,那么整个系统的实时响应能力就不会那么好了(假设 DoSomething3 是按键扫描,当外部按键被按下时,相当于一个警报,这个时候,需要立马响应,并做紧急处理,而这个时候程序刚好执行到 DoSomething1,如果是 DoSomething1 执行得比较久,久到按键释放之后都没有执行完毕,那么当执行到 DoSomething3 的时候就会丢失掉一次事件。)可见,轮询系统只适合顺序执行的功能代码,当有外部事件驱动时,实时性就会降低。

相比轮询系统,前后台系统是在轮询系统的基础上加入了中断。外部事件的响应在中断里面完成,事件的处理还是回到轮询系统中完成。中断在这里我们称为前台,主函数里面的无限循环我们称为后台。示例程序如例程 3 - 2 所示。

【例程 3 - 2】 前后台系统示例程序

```c
int main(void)
{
    /* 变量初始化 */
    int flag1 = 0;
    int flag2 = 0;
    int flag3 = 0;
    /* 硬件相关初始化 */
    HardWareInit();
    /* 无限循环 */
    while (1) {
        if (flag1) {
            DoSomething1();                    /* 处理事情 1 */
        }
        if (flag2) {
            DoSomething2();                    /* 处理事情 2 */
        }
        if (flag3) {
            DoSomething3();                    /* 处理事情 3 */
        }
    }
}
void ISR1(void)
{
    /* 置位标志位 */
    flag1 = 1;
    DoSomething1();
}
void ISR2(void)
{
    /* 置位标志位 */
    flag2 = 1;
    DoSomething2();
}
void ISR3(void)
{
    /* 置位标志位 */
    flag3 = 1;
    DoSomething3();
}
```

在顺序执行后台程序的时候,如果有中断来临,那么中断会打断后台程序的正常执行流,转而去执行中断服务程序,在中断服务程序里面标记事件,如果事件要处理的事情很简短,则可在中断服务程序里面处理;如果事件要处理的事情比较多,则返回到后台程序里面处理。虽然事件的响应和处理是分开了,但是事件的处理还是在后台里面顺序执行的,但相比轮询系统,前后台系统确保了事件不会丢失,再加上中断具有可嵌套的功能,这可以大大地提高程序的实时响应能力。在大多数的中小型项目中,前后台系统运用得好,堪称有操作系统的效果。

3.2.2 多线程系统

相比前后台系统,多线程系统的事件响应也是在中断中完成的,但是事件的处理是在线程中完成的。在多线程系统中,线程跟中断一样,也具有优先级,优先级高的线程会被优先执行。当一个紧急的事件在中断被标记之后,如果事件对应的线程的优先级足够高,就会立马得到响应。相比前后台系统,多线程系统的实时性又被提高了。多线程系统示例程序如例程 3 - 3 所示。

【例程 3 - 3】 多线程系统示例程序

```
int main(void)
{
    /* 变量初始化 */
    int flag1 = 0;
    int flag2 = 0;
    int flag3 = 0;
    HardWareInit();                    /* 硬件相关初始化 */
    RTOSInit();                        /* OS 初始化 */
    RTOSStart();                       /* OS 启动,开始多线程调度,不再返回 */
}
void ISR1(void)
{
    flag1 = 1;                         /* 置位标志位 */
}
void ISR2(void)
{
    flag2 = 2;                         /* 置位标志位 */
}
void ISR3(void)
{
    flag3 = 1;                         /* 置位标志位 */
}
voidThread1(void)
```

```
{
    while(1) {
    /* 线程实体 */
        if(flag1) {
        }
    }
}
void Thread2(void)
{
    while(1) {
    /* 线程实体 */
        if(flag2) {
        }
    }
}
voidThread3(void)
{
    while(1) {
    /* 线程实体 */
        if(flag3) {
        }
    }
}
```

相比前后台系统中后台顺序执行的程序主体,在多线程系统中,根据程序的功能,我们把这个程序主体分割成一个个独立的、无限循环且不能返回的小程序,我们称之为线程。每个线程都是独立的,互不干扰,且具备自身的优先级,它由操作系统调度管理。加入操作系统后,我们在编程的时候不需要精心地去设计程序的执行流,不用担心每个功能模块之间是否存在干扰。加入了操作系统,我们的编程反而变得简单了。整个系统随之带来的额外开销就是操作系统占据的那一点的 FLASH 和 RAM。现如今,单片机的 FLASH 和 RAM 是越来越大,完全足以抵挡 RTOS 那点开销。

3.2.3　裸机系统与多线程系统的区别与应用

基于上述的介绍,无论是裸机系统中的轮询系统、前后台系统还是多线程系统,并不能简单地断定孰优孰劣,只能说它们是不同时代的产物,在各自的领域都还有相当大的应用价值,只有合适才是最好。有关这三者的软件模型区别具体如表 3 - 2 所列。

表 3 - 2　裸机系统与多线程系统的模型区别

模　型	事件响应	事件处理	特　点	应　用
轮询系统	主程序	主程序	轮询响应事件,轮询处理时间	资源有限,简单任务
前后台系统	中断	主程序	实时响应事件,轮询处理时间	资源有限,实时响应
多线程系统	中断	线程	实时响应事件,实时处理时间	资源丰富,实时性高

3.3　线程的工作机制

通过上述的介绍,我们知道操作系统的主要作用就是可以化繁为简,将系统整体的功能需求按功能分解成不同的线程来处理,从而提供系统的响应实时性以及提高资源的利用效率。本小节我们将从几个不同的角度介绍 RT - Thread 操作系统中多线程的工程机制。

3.3.1　多线程并行与并发机制

在多线程运行的过程中,存在并行和并发两种机制。我们把不同线程在 CPU 内的切换动作称为并发,与之对应的,我们把多个线程同时运行称为并行。这两种运行机制,给我们的感受就是系统可以同时实现多个不同的功能。

在单核 CPU 系统中,每个进程会被操作系统分配一个时间片,即每次被 CPU 选中来执行当前进程所用的时间。时间一到,无论进程是否运行结束,操作系统都会强制将 CPU 这个资源转到另一个进程去执行。为什么要这样做呢?因为只有一个单核 CPU,假如没有这种轮转调度机制,那它该去处理写文档的进程还是该去处理听音乐的进程呢?无论执行哪个进程,另一个进程肯定是不被执行,程序自然就是无运行的状态。如果 CPU 一会儿处理写文档进程一会儿处理听音乐的进程,起初看起来好像会觉得两个进程都很卡,但是 CPU 的执行速度已经快到让人们感觉不到这种切换的顿挫感,就真的好像两个进程在"并行运行"。

随着多核 CPU 的出现,真正的并行得以实现,如图 3 - 4 所示,在 CPU 多核内多线程的并发和并行运行机制是不同的。

3.3.2　内核对象与对象容器

1. 内核对象

俗话说"无规矩不成方圆",既然线程是操作系统调度管理的基本单位,显然需要有一套区分、管理线程的数据结构。例如,在 μC/OS - Ⅱ 操作系统中采用了类似于 C 语言当中的结构体的形式,为每个线程定义了用于管理的数据结构,成为任务控制块,也就是 TCB(Task Control Block)。

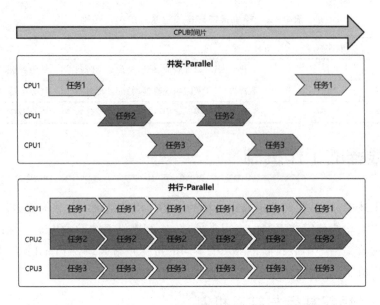

图 3-4 多核 CPU 内多线程并发与并行运行模型

在 RT-Thread 操作系统中,则采用了面向对象的设计思想。包括线程在内的所有需要系统管理的单元都是继承自基类的内核对象。了解面向对象设计思路的读者,应该可以理解面向对象的封装性、继承性以及多态性。基于面向对象设计的这些特点,RT-Thread 操作系统内的各类对象可以很方便地进行管理、扩展和维护。

图 3-5 所示为 RT-Thread 中各类内核对象的派生和继承关系。对于每一种具体内核对象和对象控制块,除了基本结构外,还有自己的扩展属性(私有属性)。例如,对于线程控制块,在基类对象基础上进行扩展,增加了线程状态、优先级等属性。这些属性在基类对象的操作中不会用到,只有在与具体线程相关的操作中才会使用。

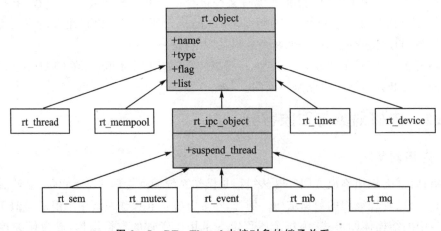

图 3-5 RT-Thread 内核对象的继承关系

因此,从面向对象的观点上来说,可以认为每一种具体对象都是抽象对象的派生,继承了基本对象的属性并在此基础上扩展了与自己相关的属性。

在对象管理模块中,定义了通用的数据结构,用来保存各种对象的共同属性,各种具体对象只需要在此基础上加上自己的某些特别的属性,就可以清楚地表示自己的特征。这种设计方法的优点在于,提高了系统的可重用性和扩展性,很容易增加新的对象类别,只需要继承通用对象的属性再加少量扩展即可;提供统一的对象操作方式,简化了各种具体对象的操作,提高了系统的可靠性。

2. 对象容器

在 RT-Thread 操作系统中,每当用户创建一个对象,例如线程,系统就会将这个对象放到一个叫做容器的地方,这样做的目的是为了方便管理,那么管理什么呢?在 RT-Thread 的 FinSH 组件的使用中,就需要使用到容器,通过扫描容器的内核对象来获取各个内核对象的状态,然后输出调试信息。这里,我们只需要知道所有创建的对象都会被放到容器中即可。系统运行过程中,不同类型的内核对象各自形成对象链表,并且集中在对象容器中,如图 3-6 所示。

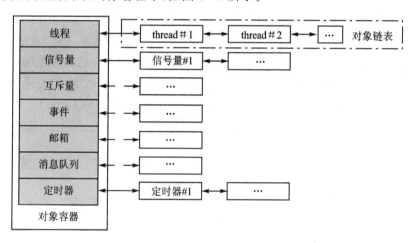

图 3-6 RT-Thread 的内核对象容器及链表

根据内核对象的内存使用类型的不同,RT-Thread 操作系统中的内核对象可以分为静态对象和动态对象。目前系统的对象容器中最多能够容纳 127 类不同类型的内核对象。

3.3.3 系统启动过程

对于大部分读者以及应用级开发者来说,操作系统的运行是相对神秘的。可以说大多数情况我们也不需要或者说不应该介入操作系统的运行过程,更多的是调用系统提供的各类接口和功能函数来进行应用开发以及系统交互。这一设计也是为了方便用户可以快速地使用操作系统。但是有时候我们也需要对操作系统的运行有一定的认知和了解,比如做系统移植的时候。

RT－Thread 操作系统在这一方面的设计也是很有自身特色的。这里就来介绍一下 RT－Thread 操作系统启动的相关内容。

1. 系统初始化封装

学习过 C 语言编程的读者应该了解,C 语言的程序入口一般是 main()函数。我们可以在这个函数内开始编写我们需要的应用逻辑。而在这个函数之前的处理,我们往往无需关心。而 RT－Thread 操作系统则利用 MDK 的 $$Sub$$ 和 $$Super$$ 扩展功能将 main 处理"一分为二",其中在第一部分 $$Sub$$ main 处理中 RT－Thread 操作系统将所有系统级的软硬件初始化操作都封装在 rtthread_startup()函数中。主要可以分为:硬件初始化、系统时钟初始化、调度器初始化、主线程初始化、空闲线程初始化等操作,如图 3－7 的系统启动流程所示。在主线程 main_thread_entry()内通过第二部分 $$Super$$ main 处理才正式进入我们通常理解的 main()函数的处理内容。所以对于一般用户来说并没有感觉到操作系统的存在,只是类似一般 C 语言编程开发那样在主函数中编写应用逻辑。但是实际上我们是在系统创建并初始化的主线程的线程入口函数中编写程序。这与裸机状态下 main()函数是有本质区别的。简单概括一下就是线程是通过"系统调度"执行的,裸机函数是通过"函数调用"执行的。这也是很多刚刚接触操作系统的读者比较容易困扰的地方,就是看不到 C 语言当中习以为常的函数调用,但是神奇地发现很多功能却被执行到了。背后神秘的推手就是我们要学习的操作系统了。

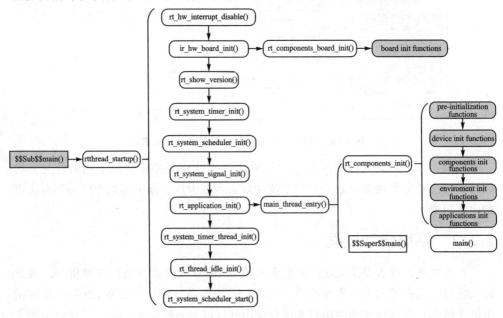

图 3－7　RT－Thread 的系统启动流程

2. 自动初始化机制

RT-Thread 操作系统在 rtthread_startup() 函数内封装了若干初始化处理。一般情况下，读者只需要了解这个处理方式和流程即可，但是如果用户需要添加一些初始化处理该如何操作呢？RT-Thread 操作系统提供了一种称为"自动初始化机制"的方式，这套机制是基于上述的初始化封装框架的。自动初始化机制是指初始化函数不需要被显示调用，用户只需要通过系统预先定义好的宏定义进行声明，就可以将用户需要添加的初始化处理，加入系统的初始化流程框架中，在系统启动过程中被自动执行。添加串口设备初始化的示例程序如例程 3-4 所示。

【例程 3-4】　添加串口初始化示例程序

```
/* 串口初始化函数 */
int rt_hw_usart_init(void)
{ …… ……
    /* 注册串口设备 */
    rt_hw_serial_register(&serial, "uart",
    RT_DEVICE_FLAG_RDWR|RT_DEVICE_FLAG_INT_RX,
    uart);
    return 0;
}
/* 使用组件自动初始化机制 */
INIT_BOARD_EXPORT(rt_hw_usart_init);
```

示例代码最后的 INIT_BOARD_EXPORT(rt_hw_usart_init) 表示使用自动初始化功能，按照这种方式，rt_hw_usart_init() 函数就会被图 3-7 内的系统初始化流程内的 board init functions 自动调用。目前系统提供的宏定义与对应的初始化执行流程如表 3-3 所列。

表 3-3　自动初始化机制的宏定义列表

宏定义	初始化流程
INIT_BOARD_EXPORT	board init functions
INIT_PREV_EXPORT	pre-initialization functions
INIT_DEVICE_EXPORT	device init functions
INIT_COMPONENT_EXPORT	components init functions
INIT_ENV_EXPORT	enviroment init functions
INIT_APP_EXPORT	application init functions

3.3.4　线程分类

在 RT-Thread 操作系统运行过程中，会有若干个线程在协同工作。那么这么多线程该如何分类区分呢？我们从两个角度介绍一下线程的类型。

1. 按线程创建主体分类

在上述介绍的内容中,我们提到了系统在初始化过程中创建了主线程。可见主线程的创建是无需用户参与的。在 RT-Thread 操作系统中,将这种由系统创建的线程称为"系统线程";而与之对应的,由用户创建的线程则称为"用户线程"。从创建方式的角度划分,RT-Thread 操作系统内的线程划分为"系统线程"和"用户线程"两类。这里我们先介绍一下"系统线程"。在 RT-Thread 操作系统中,一共只有两种"系统线程",分别是"主线程"和"空闲线程"。

(1) 主线程

在系统启动时,系统会创建 main 线程,它的入口函数为 main_thread_entry(),用户的应用入口函数 main() 就是从这里真正开始的。系统调度器启动后,main 线程就开始运行,主线程的创建过程如图 3-8 所示,用户可以在 main() 函数里添加自己的应用程序初始化代码。

主线程的创建和启动过程主要由函数 rt_application_init() 完成,整个过程由两部分组成:首先调用 rt_thread_create() 创建并初始化线程,然后调用 rt_thread_startup() 启动主线程。事实上,主线程启动后,并没有立刻运行,而是被挂载到 RT-Thread 中的线程就绪列表上,直到调度器启动后才会进行第一次线程切换,执行主线程。

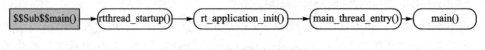

图 3-8 主线程创建过程

(2) 空闲线程

空闲线程的创建和启动过程主要由函数 rt_thread_idle_init() 完成,整个过程由两部分组成:首先调用 rt_thread_init() 初始化空闲线程,然后调用 rt_thread_startup() 启动空闲线程。

空闲线程的主要任务就是在内核无用户线程时被内核执行,使 CPU 保持运行状态,同时对终止的无效线程进行资源回收的工作,它始终存在于系统内,故空闲线程使用静态内存来创建,其控制块和线程栈空间都是已经提前定义好的静态全局变量,所以直接调用 rt_thread_init() 函数初始化该线程。空闲线程初始化结束之后,同样需要调用 rt_thread_startup 函数启动该线程,将其插入就绪列表。

空闲线程是系统创建的最低优先级的线程,线程状态永远为就绪状态。当系统中无其他就绪线程存在时,调度器将调度到空闲线程,它通常是一个死循环,且永远不能被挂起。另外,空闲线程在 RT-Thread 中也有它的特殊用途。若某线程运行完毕,系统将自动删除线程:自动执行 rt_thread_exit() 函数,先将该线程从系统就绪

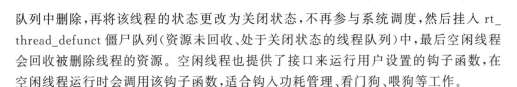

队列中删除,再将该线程的状态更改为关闭状态,不再参与系统调度,然后挂入 rt_thread_defunct 僵尸队列(资源未回收、处于关闭状态的线程队列)中,最后空闲线程会回收被删除线程的资源。空闲线程也提供了接口来运行用户设置的钩子函数,在空闲线程运行时会调用该钩子函数,适合钩入功耗管理、看门狗、喂狗等工作。

2. 按线程执行形式分类

线程的基本执行形式主要有单次执行线程、周期执行线程以及事件驱动线程三种,下面介绍其结构特点。

(1)单次执行线程

单次执行线程是指线程在创建完之后只会被执行一次,执行完成后就会被销毁或阻塞的线程,线程函数结构如下:

```
void task ( uint_32 initial_data )
{
    //初始化部分
    //线程体部分
    //线程函数销毁或阻塞
}
```

单次执行线程由三部分组成:线程函数初始化、线程函数执行以及线程函数销毁。第一部分初始化包括对变量的定义和赋值,打开需要使用的设备等;第二部分线程函数的执行是该线程的基本功能实现;第三部分线程函数的销毁或阻塞,即调用线程销毁或者阻塞函数将自己从线程列表中删除。销毁与阻塞的区别在于销毁除了停止线程的运行外,还将回收该线程所占用的所有资源,如堆栈空间等;而阻塞只是将线程描述符中的状态设置为阻塞而已。例如,定时复位重启线程就是一个典型的单次执行线程。

(2)周期执行线程

周期执行线程是指需要按照一定周期执行的线程,这类线程是最为常用的,需要注意的是在周期执行线程中我们往往需要通过延时处理,运行线程周期性地让出CPU 的使用权,否则高优先级的周期性线程可能持续占用系统资源。线程函数结构如下:

```
void task ( uint_32 initial_data )
{//初始化部分
    while(1)
    {
        //循环体部分以及延时处理部分
    }
}
```

初始化部分同上面一样实现包括对变量的定义和赋值,打开需要使用的设备等,与单次执行线程不一样的地方在于,线程函数的执行是放在永久循环体中执行的,由于该线程需要按照一定周期执行,所以执行完该线程之后可能需要调用延时函数 wait 将自己放入延时列表中,等到延时的时间到了之后重新进入就绪态。该过程需要永久执行,所以线程函数执行和延时函数需要放在永久循环中。举例来说,在系统中,我们需要得到被监测水域的酸碱度和各种离子的浓度,但并不需要时时刻刻都在检测数据,因为这些物理量的变化比较缓慢,所以使用传感器采集数据时只需要每隔半小时采集一次数据,之后调用 wait 函数延时半小时,此时的物理量采集线程就是典型的周期执行线程。

(3) 资源驱动线程

除了上面介绍的两种线程类型之外,还有一种线程形式,那就是资源驱动线程,这里的资源主要指信号量、事件等线程通信与同步中的方法。这种类型的线程比较特殊,它是操作系统特有的线程类型,因为只有在操作系统下才导致资源的共享使用问题,同时也引出了操作系统中另一个主要的问题,那就是线程同步与通信。该线程与周期驱动线程的不同在于它的执行时间不是确定的,只有在它所要等待的资源可用时,它才会转入就绪态,否则就会被加入到该资源的等待列表中。资源驱动线程函数结构如下:

```
void task ( uint_32 initial_data )
{ //初始化部分
    while(1)
    {
        //线程体部分调用等待资源函数
    }
}
```

初始化部分和线程体部分与之前两个类型的线程类似,主要区别就是在线程体执行之前会调用等待资源函数,以等待资源实现线程体部分的功能。仍以刚才的系统为例,数据处理是在物理量采集完成后才能进行的操作,所以在系统中使用一个信号量用于两个线程之间的同步,当物理量采集线程完成时就会释放这个信号量,而数据处理线程一直在等待这个信号量,当等待到这个信号量时,就可以进行下一步的操作。系统中的数据处理线程就是一个典型的资源驱动线程。

以上就是三种线程基本形式的介绍,其中的周期执行线程和资源驱动线程从本质上来讲可以归结为一种,也就是资源驱动线程。因为时间也是操作系统的一种资源,只不过时间是一种特殊的资源,特殊在该资源是整个操作系统的实现基础,系统中大部分函数都是基于时间这一资源的,所以在分类中将周期执行线程单独作为一类。

3.3.5 线程状态

RT - Thread 系统中的每个线程都有多种运行状态。系统初始化完成后,创建的线程就可以在系统中竞争一定的资源,由内核进行调度。线程状态通常分为以下五种。

初始状态(RT_THREAD_INIT):创建线程的时候会将线程的状态设置为初始态。

就绪状态(RT_THREAD_READY):该线程在就绪列表中,就绪的线程已经具备执行的能力,只等待 CPU。

运行状态(RT_THREAD_RUNNING):该线程正在执行,此时它占用处理器。

挂起状态(RT_THREAD_SUSPEND):如果线程当前正在等待某个时序或外部中断,我们就说这个线程处于挂起状态。该线程不在就绪列表中,包含线程被挂起、线程被延时、线程正在等待信号量、读写队列或者等待读写事件等。

关闭状态(RT_THREAD_CLOSE):该线程运行结束,等待系统回收资源。

RT-Thread 操作系统提供一系列的操作系统调用接口,使得线程的状态在这五种状态之间来回切换。五种状态之间的转换关系如图 3-9 所示。

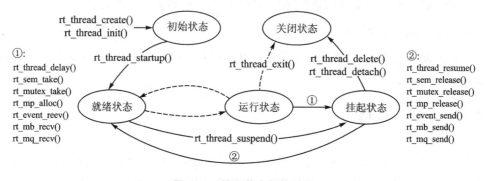

图 3-9 线程状态切换过程

下面介绍一下各种状态之间切换的场景以及含义。

1. 初始态→就绪态

线程创建后进入初始态,在线程启动的时候(调用 rt_thread_startup()函数)会将初始态转变为就绪态,表明线程已启动,线程可以进行调度。

2. 就绪态→运行态

发生线程切换时,就绪列表中最高优先级的线程被执行,从而进入运行态。

3. 运行态→挂起态

正在运行的线程发生阻塞(挂起、延时、读信号量等待)时,该线程会从就绪列表中删除,线程状态由运行态变成挂起态,然后发生线程切换,运行就绪列表中最高优先级线程。

4. 挂起态→就绪态(阻塞态→运行态)

阻塞的线程被恢复后(线程恢复、延时时间超时、读信号量超时或读到信号量等),此时被恢复的线程会被加入就绪列表,从而由挂起态变成就绪态;此时如果被恢复线程的优先级高于正在运行线程的优先级,则会发生线程切换,将该线程由就绪态变成运行态。

5. 就绪态→挂起态

线程也有可能在就绪态时被挂起,此时线程状态会由就绪态转变为挂起态,该线程从就绪列表中删除,不会参与线程调度,直到该线程被恢复。

6. 运行态→就绪态

有更高优先级线程创建或者恢复后,会发生线程调度,此刻就绪列表中最高优先级线程变为运行态,那么原先运行的线程由运行态变为就绪态,依然在就绪列表中。

7. 挂起态→关闭态

处于挂起的线程被调用删除接口,线程状态由挂起态变为关闭态。

8. 运行态→关闭态

运行状态的线程,如果运行结束会在线程最后部分执行 rt_thread_exit() 函数而更改为关闭状态。

3.4　线程管理

在上述内容中,我们介绍了 RT-Thread 操作系统内有"系统线程"和"用户线程"两类线程。作为一般用户来说,我们主要就是利用系统提供的接口函数进行用户线程的相关操作。那么 RT-Thread 操作系统中线程管理具体涉及哪些操作呢?下面为大家逐一介绍。

3.4.1　线程的结构

在 RT-Thread 操作系统中,线程对象主要包含三个重要元素,分别是线程控制块、线程栈以及线程入口函数,如图 3-10 所示。

线程的三要素对于线程起到什么作用呢? 首先是线程控制块,它是一个定义好的结构体,结构体内的成员记录着线程的各种重要信息,所以我们形象地称之为线程的"身份证"。其次是线程栈,它是分配给线程的一块内存空间。我们在介绍多线程切换的时候提到了线程上下文切换的概念,而线程的上下文就是存放在线程的栈空间当中的。最后是线程入口函数,它是为了实现线程功能编写的一个具备特定逻辑的函数。

图 3-10　线程三要素

1. 线程控制块

在 RT - Thread 实时操作系统中,线程控制块是操作系统用于管理线程的数据结构,它会存放线程的一些信息,例如优先级、线程名称、线程状态等,也包含线程与线程之间连接用的链表结构、线程等待事件集合等。

线程控制块由结构体 struct rt_thread 表示,另外一种 C 语言表达方式为 rt_thread_t,表示的是线程的句柄,在 C 语言中的实现是指向线程控制块的指针,控制块结构体的详细信息如例程 3-5 所示。其中 init_priority 是线程创建时指定的线程优先级,在线程运行过程当中是不会被改变的(除非用户执行线程控制函数进行手动调整线程优先级)。cleanup 成员是 RT - Thread 1.0.0 新引入的成员,它会在线程退出时,被 idle 线程回调一次以执行用户设置的清理现场等工作。最后的一个成员 user_data 可由用户挂接一些数据信息到线程控制块中,以提供类似线程私有数据的实现,例如 lwIP 线程中用于放置定时器链表的表头。线程控制块的实现如例程 3-5 所示。

【例程 3-5】 线程控制块的实现

```
struct rt_thread
{
    /* RT - Thread 根对象定义 */
    char name[RT_NAME_MAX];                  /* 对象的名称 */
    rt_uint8_t type;                         /* 对象的类型 */
    rt_uint8_t flags;                        /* 对象的参数 */
#ifdefRT_USING_MODULE
    void * module_id;                        /* 线程所在的模块 ID */
#endif
    rt_list_t tlist;                         /* 对象链表 */
    rt_list_t tlist;                         /* 线程链表 */
    void * sp;                               /* 线程的栈指针 */
    void * entry;                            /* 线程入口 */
    void * parameter;                        /* 线程入口参数 */
    void * stack_addr;                       /* 线程栈地址 */
    rt_uint16_t stack_size;                  /* 线程栈大小 */
    rt_err_t error;                          /* 线程错误号 */
    rt_uint8_t stat;                         /* 线程状态 */
    rt_uint8_t current_priority;             /* 当前优先级 */
    rt_uint8_t init_priority;                /* 初始线程优先级 */
#if RT_THREAD_PRIORITY_MAX > 32
    rt_uint8_t number;
```

```
    rt_uint8_t high_mask;
# endif
    rt_uint32_t number_mask;
# if defined(RT_USING_EVENT)
    rt_uint32_t event_set;
    rt_uint8_t event_info;
# endif
    rt_ubase_t init_tick;                    /* 线程初始 tick */
    rt_ubase_t remaining_tick;               /* 线程当次运行剩余 tick */
    struct rt_timer thread_timer;            /* 线程定时器 */
    void ( * cleanup)(struct rt_thread * tid);
    rt_uint32_t user_data;                   /* 用户数据 */
};
```

2. 线程栈

(1)线程栈的作用

在 RT - Thread 操作系统中,内核代码和中断服务程序需要使用主栈(使用 MSP 指针)才能正常运行,而线程则使用自己的线程栈(使用 PSP 指针),当进行线程切换时,会将当前线程的上下文保存在栈中,当线程要恢复运行时,再从栈中读取上下文信息进行恢复。线程栈还用来申请和存放函数中的局部变量:函数中的局部变量从线程栈空间中申请;函数中局部变量初始时从寄存器中分配(ARM 架构),当该函数再调用另一个函数时,这些局部变量将被放入栈中。

(2) 线程栈的大小

在基于 RTOS 的嵌入式程序设计中,必须考虑到 MCU 的资源有限性,如果给线程栈分配空间太大,则会造成空间浪费;如果给线程栈分配空间太小,又有可能造成栈溢出,产生不可预测的结果。同时不提倡使用函数递归调用方法,因为递归调用很容易产生栈溢出。对线程栈空间分配,一般要遵循最小分配原则、对齐和倍数原则。

而对于 RT - Thread 操作系统,还可以利用 FinSH 组件来确定线程栈的大小。过程可以这样设定:对于资源相对较大的 MCU,可以设计较大的线程栈;也可以在初始时设置较大的栈。例如指定大小为 1 KB 或 2 KB,然后在 FinSH 中用 list_thread 命令查看线程运行过程中线程所使用的栈的大小。通过此命令,能够看到从线程启动运行时到当前时刻点,线程使用的最大栈深度,而后加上适当的余量形成最终的线程栈大小,最后对栈空间大小加以修改。

(3) 线程栈的增长方式

线程栈的增长方式是由芯片架构决定的,RT - Thread 3. 1. 0 以前的版本均只支持栈由高地址向低地址增长,对于 ARM Cortex M 架构,线程栈的构造以及增长方式如图 3-11 所示。

3. 线程入口函数

线程控制块中的 entry 属性是线程的入口函数,它是线程实现预期功能的函数。线程的入口函数由用户设计实现,一般有以下两种代码模式。

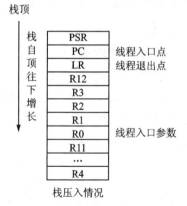

图 3-11 线程栈增长方式(ARM 架构)

(1)无限循环模式

在实时系统中,线程通常是被动式的。这是由实时系统的特性所决定的,实时系统通常总是等待外界事件的发生,而后进行相应的服务。线程看似没有什么限制程序执行的因素,似乎所有的操作都可以执行。但是作为一个优先级明确的实时系统,如果一个线程中的程序陷入了死循环,那么比它优先级低的线程都将不能得到执行。所以在实时操作系统中必须注意的一点是:线程中不能陷入死循环操作,必须要有让出 CPU 使用权的动作,如在循环中调用延时函数或者主动挂起。用户设计这种无限循环线程的目的,就是为了让该线程一直被系统循环调度运行,永不删除。

(2)单次或有限循环模式

单次模式采用顺序结构,有限循环模式则采用循环结构,此类线程不会循环或不会永久循环,可称它们为"一次性"线程,它们一定会被执行完毕。在执行完毕后,线程将被系统自动删除。

3.4.2 线程的创建

在 RT-Thread 操作系统中,如何创建一个线程呢?基于上述的介绍,我们了解到线程是由"线程控制块""线程栈"以及"线程入口函数"这三个要素组成的。那么从这个角度来说,创建一个线程的过程,就是创建并将线程三要素联系起来的过程。具体来说,在 RT-Thread 操作系统中,线程的创建有两种方式,分别是静态线程创建和动态线程创建。

1. 动态线程与静态线程的区别

我们知道线程的创建需要线程栈,也就是说必然需要分配一块私有的内存空间给线程。那么这里说的动态线程和静态线程的主要区别就在于从何处获得这块内存空间。其中,动态线程的线程栈是在系统运行过程中从"动态内存堆"的内存中分配的,这种方式的优点是灵活,缺点是有可能分配不到需要的内存资源(动态内存堆空间有限的情况),这也是有时候初学者在没有考虑动态内存堆大小的情况下,导致动态线程创建失败的一个原因。而静态线程的线程栈是由用户定义好(通常是以数组的形式定义),在编译时被确定和分配的,内核运行时不再需要动态分配内存空间。

显然这种方式相对不够灵活,但是基本不存在无法获得内存空间而导致线程创建失败的情况。

2. 动态线程创建

在 RT‑Thread 操作系统中,可以使用 rt_thread_create()接口创建一个动态线程。调用这个函数时,系统会从动态堆内存中分配一个线程句柄并按照参数中指定的栈大小从动态堆内存中分配相应的空间。分配出来的栈空间按照 rtconfig.h 中配置的 RT_ALIGN_SIZE 方式对齐。

rt_thread_create()接口的函数原型以及参数说明如图 3‑12 所示。函数内包含三个主要过程,分别是线程控制块分配 rt_object_allocate()、线程栈空间分配函数 RT_KERNEL_MALLOC()以及线程初始化处理 rt_thread_init()。

```
rt_thread_t rt_thread_create(const char* name,
                             void (*entry)(void* parameter),
                             void* parameter,
                             rt_uint32_t stack_size,
                             rt_uint8_t priority,
                             rt_uint32_t tick);
```

name	线程的名称:线程名称的最大长度由rtconfig.h中的宏RT_NAME_MAX指定,多余部分会被自动截掉
entry	线程入口函数
parameter	线程入口函数参数
stack_size	线程栈大小,单位是字节
priority	线程的优先级。优先级范围取决于系统配置情况(rtconfig.h中的RT_THREAD_PRIORITY_MAX宏定义),如果支持的是256级优先级,那么范围是0~255。数值越小优先级越高,0代表最高优先级
tick	线程的时间片大小。时间片(tick)的单位是操作系统的时钟节拍。当系统中存在相同优先级的线程时,这个参数指定线程一次调度能够运行的最大时间长度。这个时间片运行结束时,调度器自动选择下一个就绪状态的同优先级线程运行

图 3‑12　rt_thread_create( )接口原型及参数说明

3. 静态线程创建(初始化)

对于静态线程,可以使用 rt_thread_init()接口来创建。细心的读者会发现,这个处理其实是 rt_thread_create()接口处理的一个部分。因为静态线程的线程栈以及线程句柄都是用户创建好的,所以这里就不需要系统再创建线程控制块以及线程栈了,而是直接使用 rt_thread_init()接口将线程的三要素结合在一起就可以了。可以说对于静态线程来说,我们并不是在创建,而是将线程的三要素关联起来完成线程的初始化操作。线程初始化接口的函数原型以及参数说明如图 3‑13 所示。这个过程主要涉及到对象初始化处理 rt_object_init()和实际线程初始化处理 _rt_thread_init()。

```
rt_err_t rt_thread_init(struct rt_thread* thread,
                        const char* name,
                        void (*entry)(void* parameter), void* parameter,
                        void* stack_start, rt_uint32_t stack_size,
                        rt_uint8_t priority, rt_uint32_t tick);
```

thread	线程句柄。线程句柄由用户提供，指向对应的线程控制块内存地址
name	线程的名称；线程名称的最大长度由rtconfig.h中定义的RT_NAME_MAX宏指定，多余部分会被自动截掉
entry	线程入口函数
parameter	线程入口函数参数
stack_start	线程栈起始地址
stack_size	线程栈大小，单位是字节。在大多数系统中需要进行栈空间地址对齐(例如ARM体系结构中需要向4字节地地址对齐)
priority	线程的优先级。优先级范围取决于系统配置情况(rtconfig.h中的RT_THREAD_PRIORITY_MAX宏定义)，如果支持的是256级优先级，那么范围是0~255。数值越小优先级越高，0代表最高优先级
tick	线程的时间片大小。时间片(tick)的单位是操作系统的时钟节拍。当系统中存在相同优先级的线程时，这个参数指定线程一次调度能够运行的最大时间长度。这个时间片运行结束时，调度器自动选择下一个就绪状态的同优先级线程运行

图 3 - 13　rt_thread_init( )接口原型及参数说明

3.4.3　线程的删除

与线程创建相对应的，当我们不再需要时或者在运行出错等特殊场合，需要删除线程。在 RT - Thread 中，对于动态线程，可以使用 rt_thread_delete( )接口从系统中把线程删除。该接口原型及参数说明如图 3 - 14 所示。

```
rt_err_t rt_thread_delete(rt_thread_t thread);
```

thread	要删除的线程句柄

图 3 - 14　rt_thread_delete( )接口原型及参数说明

调用该函数后，线程对象将会被移出线程队列并且从内核对象管理器中删除，线程占用的堆栈空间也会被释放，收回的空间将重新用于其他的内存分配。实际上，用 rt_thread_delete( )函数删除线程接口，仅仅是把相应的线程状态更改为 RT_THREAD_CLOSE 状态，然后放入 rt_thread_defunct 队列中；而真正的删除动作(释放线程控制块和释放线程栈)需要到下一次执行空闲线程时，由空闲线程完成最后的线程删除动作。需要注意的是，这个接口函数仅在使能了系统动态内存堆时才有效(即 RT_USING_HEAP 宏定义已经完成)。

对于静态线程，可以使用 rt_thread_detach( )接口从系统中把线程删除。该接口原型及参数说明如图 3 - 15 所示。

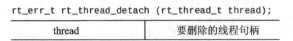

```
rt_err_t rt_thread_detach (rt_thread_t thread);
```

thread	要删除的线程句柄

图 3 - 15   rt_thread_detach( )接口原型及参数说明

3.4.4   线程的启动

当我们创建了线程之后,线程处于初始状态,这意味着线程还不具备运行的条件。我们需要使用 rt_thread_startup( )接口让初始状态的线程进入就绪状态。该接口原型及参数说明如图 3 - 16 所示。

```
rt_err_t rt_thread_startup(rt_thread_t thread);
```

thread	线程句柄

图 3 - 16   rt_thread_startup( )接口原型及参数说明

线程启动函数主要涉及到线程恢复函数 rt_thread_resume( )和系统调度函数 rt_schedule( )。当调用这个函数时,线程的状态会更改为就绪状态,并且线程会被放到相应优先级队列中等待调度。如果新启动的线程优先级比当前线程优先级高,将立刻切换到新线程。

3.4.5   线程的挂起和恢复

1. 挂起线程

挂起指定线程。被挂起的线程绝不会得到处理器的使用权,不管该线程具有什么优先级。线程挂起可以由多种方法实现:线程调用 rt_thread_delay( )、rt_thread_suspend( )等函数接口可以使线程主动挂起,放弃 CPU 使用权;当线程调用 rt_sem_take( )、rt_mb_recv( )等函数时,资源不可使用也会导致调用线程被动挂起。线程挂起使用的 rt_thread_suspend( )函数接口原型及参数说明,如图 3 - 17 所示。

```
rt_err_t rt_thread_suspend (rt_thread_t thread);
```

thread	线程句柄

图 3 - 17   rt_thread_suspend( )接口原型及参数说明

当线程已经是挂起态的时候无法调用 rt_thread_suspend( )函数,已经是挂起态的线程调用 rt_thread_suspend( )将返回错误代码。需要注意的是,通常不应该使用这个函数来挂起线程本身,如果确实需要采用 rt_thread_suspend( )函数挂起当前线程,需要在调用 rt_thread_suspend( )函数后立刻调用 rt_schedule( )函数进行手动的线程上下文切换。

2. 恢复线程

恢复线程就是让挂起的线程重新进入就绪状态,并将线程放入系统的就绪队列中;如果被恢复线程在所有就绪状态线程中位于最高优先级链表的第一位,那么系统将进行线程上下文的切换。线程恢复使用接口 rt_thread_resume(),其函数原型及参数说明如图 3-18 所示。

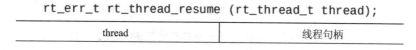

rt_err_t rt_thread_resume (rt_thread_t thread);	
thread	线程句柄

图 3-18   rt_thread_resume()接口原型及参数说明

在实际应用中,线程的挂起与恢复函数在很多时候都是很有用的,比如我们想暂停某个运行的线程一段时间,但是我们又需要在其恢复的时候继续工作,那么删除线程是不可能的,因为删除了线程的话,线程的所有信息都是不可能恢复的了,里面的资源都被系统释放掉;但是挂起线程就不会这样,调用挂起线程函数,仅仅是将线程进入阻塞态,其内部的资源都会保留下来,同时也不会参与线程的调度,当调用恢复函数的时候,整个线程立即从阻塞态进入就绪态,参与线程的调度,如果该线程的优先级是当前就绪态优先级最高的线程,那么立即会按照挂起前的线程状态继续执行该线程,从而达到我们需要的效果。注意是继续执行,也就是说,暂停线程之前是什么状态,都会被系统保留下来,在恢复的瞬间,继续执行。这个线程函数的使用方法是很简单的,只需把线程控制块传递进来即可,rt_thread_suspend()会根据线程控制块的信息将对应的线程挂起。

3.4.6 延时处理

上述介绍中,我们提及了 rt_thread_delay()接口可以让线程进入挂起状态。准确地说,rt_thread_delay()接口是 RT-Thread 操作系统中的一种延时处理函数。除此之外,还有另外两种可以实现延时处理的接口函数,分别是 rt_thread_sleep()和 rt_thread_mdelay()。

这三个延时函数接口的作用相同,调用它们可以使当前线程挂起一段指定的时间,当这个时间过后,线程会被唤醒并再次进入就绪状态。区别在于 rt_thread_delay()和 rt_thread_sleep()接口参数为系统时钟节拍 OS Tick。在使用这两个接口的时候,读者需要首先确认一下自己系统当中的时钟节拍与秒之间的换算关系,一般在 rtconfig.h 文件内查看宏定义 RT_TICK_PER_SECOND,一个 OS Tick 等于 1/RT_TICK_PER_SECOND 秒。这两个延时接口的函数原型和参数说明如图 3-19 所示。

rt_thread_mdelay()接口函数的参数以毫秒为单位,显然这个接口函数的参数对于用户来说更直接。这个延时接口的函数原型和参数说明如图 3-20 所示。

```
rt_err_t rt_thread_sleep(rt_tick_t tick);
rt_err_t rt_thread_delay(rt_tick_t tick);
```

tick	sleep/delay的传入参数tick以1个OS Tick为单位

图 3 - 19 sleep/delay 延时接口原型及参数说明

```
rt_err_t rt_thread_mdelay(rt_int32_t ms);
```

ms	mdelay的传入参数ms以1 ms为单位

图 3 - 20 mdelay 延时接口原型及参数说明

3.4.7 其他处理

上述对于线程比较常用的操作之后,我们补充一些 RT - Thread 操作系统中提供的其他对线程操作的接口函数。

1. 获得当前线程接口

多线程系统,在程序运行过程中可以通过函数接口 rt_thread_self() 获得当前执行的线程句柄。其接口原型以及参数说明如图 3 - 21 所示。

```
rt_thread_t rt_thread_self(void);
```

thread	当前运行的线程句柄

图 3 - 21 获得当前线程接口原型及参数说明

2. 让出线程资源接口

当前线程的时间片用完或者该线程主动让出处理器资源时,它将不再占有处理器,调度器会选择相同优先级的下一个线程执行。线程调用这个接口后,该线程仍然在就绪队列中。线程让出处理器时使用下面的函数接口原型及参数说明如图 3 - 22 所示。

```
rt_err_t rt_thread_yield(void);
```

图 3 - 22 让出线程资源接口原型及参数说明

需要注意的是 rt_thread_yield() 函数和 rt_schedule() 函数的区别。调用 rt_thread_yield() 函数后,当前线程首先把自己从所在的就绪优先级线程队列中删除,然后把自己挂到该优先级队列链表的尾部,最后激活调度器进行线程上下文切换(如果当前优先级只有这一个线程,则线程继续执行,不进行上下文切换动作)。而执行 rt_schedule() 函数后,当前线程并不一定被换出,即使被换出,也不会被放到就绪线程链表的尾部,而是在系统中选取就绪的优先级最高的线程执行。也就是说,在有相同优先级的其他就绪状态线程存在时,rt_thread_yield()函数和 rt_schedule()函数的系统行为完全不一样。

3. 控制线程接口

当我们需要修改线程优先级的时候,应使用线程控制接口 rt_thread_control()函数。其接口原型以及参数说明如图 3 - 23 所示,其中控制命令如表 3 - 4 所列。

表 3 - 4　控制线程的控制命令表

命　令	说　明
RT_THREAD_CTRL_CHANGE_PRIORITY	动态更改线程的优先级
RT_THREAD_CTRL_STARTUP	开始运行一个线程
RT_THREAD_CTRL_CLOSE	关闭一个线程

```
rt_err_t rt_thread_control(rt_thread_t thread, rt_uint8_t cmd, void* arg);
```

thread	线程句柄
cmd	指示控制命令
arg	控制参数

图 3 - 23　让出线程资源接口原型及参数说明

3.4.8　钩子函数的设置与删除

在 RT - Thread 操作系统中,为了方便用户添加一些个性化的处理,允许用户在空闲线程中添加钩子函数 rt_thread_idle_sethook()。这样当系统运行到空闲线程时就会执行到用户预先编写的钩子函数,例如日志信息输出等。设置空闲钩子函数接口原型以及参数说明如图 3 - 24 所示。

```
rt_err_t rt_thread_idle_sethook(void (*hook)(void));
```

hook	设置的钩子函数

图 3 - 24　设置钩子函数接口原型及参数说明

与设置钩子函数相对应的,系统也提供了删除空闲钩子函数 rt_thread_idle_delhook()。其接口原型以及参数说明如图 3 - 25 所示。

```
rt_err_t rt_thread_idle_delhook(void (*hook)(void));
```

hook	设置的钩子函数

图 3 - 25　删除钩子函数接口原型及参数说明

3.5　线程的调度机制

在了解线程自身的诸多操作接口之后,我们已经有能力按照自己项目的功能需求在 RT-Thread 操作系统中创建线程了。但是我们创建的多个线程究竟是如何被操作系统调度管理的呢?

不同的操作系统采取的线程调度策略有所区别,如 μC/OS 总是运行处于就绪状态且优先级最高的线程;FreeRTOS 支持三种调度方式:优先级抢占式调度、时间片调度和合作式调度,实际应用主要是抢占式调度和时间片调度,合作式调度用得很少;MQXLite 采用优先级抢占调度、时间片轮转调度和显式调度。

在 RT-Thread 中,采用基于优先级和时间片轮转的综合调度策略,该调度策略为:总是将 CPU 的使用权分配给当前就绪的、优先级最高的且是较先进入就绪态的线程,同一优先级的线程采用时间片轮转的调度算法,其中时间片轮转策略是可选的,是作为优先级调度方式的补充,可以协调同一优先级多个就绪线程共享 CPU 的,改善多个同优先级就绪线程的调度。下面分别介绍一下优先级调度和时间片调度。

3.5.1　优先级调度

在 RT-Thread 操作系统中,以线程为最小调度单位,基于优先级的全抢占式多线程调度算法,即在系统中除了中断处理函数、调度器上锁部分的代码和禁止中断的代码不可抢占之外,系统的其他部分都是按优先级可以抢占的。RT-Thread 系统理论上最大支持 256 个线程优先级(0~255,数值越小的优先级越高,0 为最高优先级,255 分配给空闲线程使用,一般用户不使用)。在一些资源比较紧张的系统中,可以根据实际情况选择只支持 8 个或 32 个优先级的系统配置。

3.5.2　时间片调度

RT-Thread 操作系统中,同时支持创建多个具有相同优先级的线程,相同优先级的线程间采用时间片的轮转调度算法进行调度,使每个线程按各自分配的时间片运行;假如有两个线程分别为线程 2 和线程 3,它们的优先级都为 3,线程 2 的时间片为 2,线程 3 的时间片为 3。当执行到优先级为 3 的线程时,会先执行线程 2,直到线程 2 的时间片耗完,然后再执行线程 3。

另外调度器在寻找那些处于就绪状态的具有最高优先级的线程时,所经历的时间是恒定的,系统也不限制线程数量的多少,线程数目只和硬件平台的具体内存相关。

3.5.3 调度器

在上述的介绍中,无论是优先级调度还是时间片调度,完成的主体都是系统中的调度器。可以说调度器是操作系统的核心,其主要功能就是实现线程的切换,即从就绪列表里面找到优先级最高的线程,然后去执行该线程。从实现上来看,调度器就是由几个全局变量和一些可以实现线程切换的函数组成,全部都在 scheduler.c 文件中实现。调度器的工作过程大致如下。

1.调度器初始化

调度器在使用之前必须先初始化,其中首先初始化线程就绪列表,初始化后,整个就绪列表为空,其次初始化当前线程控制块指针为空。

2.调度器启动

调度器启动由函数 rt_system_scheduler_start() 来完成。调度器在启动的时候会从就绪列表中取出优先级最高线程的线程控制块,然后切换到该线程。

3.线程切换

在调度器启动之后,就可以根据就绪表内的优先级顺序实施线程切换了,真正负责线程切换处理的函数是 PendSV_Handler() 函数。这个过程可以大致分为五个阶段,中断屏蔽、运行线程上下文(寄存器组)保护、查询就绪表、载入要运行线程上下文(寄存器组)、中断恢复。

4.线程调度

线程调度是在就绪列表中寻找优先级最高的就绪线程,然后去执行该线程。线程调度函数是 rt_schedule()。我们通常也将这个函数理解为系统的线程调度器。其中负责切换上下文的处理为 rt_hw_contex_switch() 函数,在这个处理内会触发 PendSV 异常,从而在 PendSV Handler() 函数内实现上下文切换。

3.5.4 就绪表

在 RT-Thread 操作系统中,当有比当前线程优先级更高的线程就绪时,当前线程将立刻被换出,高优先级线程抢占处理器运行。一个操作系统如果只是具备了高优先级线程能够"立即"获得处理器并得到执行的特点,那么它仍然不算是实时操作系统。因为这个查找最高优先级线程的过程决定了调度时间是否具有确定性。例如一个包含 n 个就绪线程的系统中,如果仅仅从头找到尾,那么这个时间将直接和 n 相关,而下一个就绪线程抉择时间的长短将会极大地影响系统的实时性。当所有就绪线程都链接在它们对应的优先级队列中时,抉择过程就将演变为在优先级数组中寻找具有最高优先级线程的非空链表。

RT-Thread 内核中采用了基于位图的优先级算法(时间复杂度 $O(1)$,即与就绪线程的多少无关),通过位图的定位快速地获得优先级最高的线程。我们把这个位图称为就绪表。

就绪列表由两个在 scheduler.c 文件定义的全局变量组成,一个是线程优先级表 rt_thread_priority_table[RT_THREAD_PRIORITY_MAX],另一个是线程就绪优先级组 rt_thread_ready_priority_group。线程就绪优先级组的尾号与线程优先级的对应关系如图 3-26 所示。

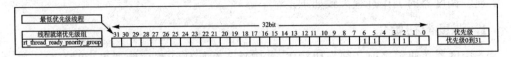

图 3-26　线程就绪优先级组的尾号与线程优先级的对应关系

3.6　线程的应用示例

上述内容中,对于线程调度的原理只需了解即可,重点是掌握线程操作的一系列系统接口函数。这里我们通过一个示例来展示一下如何创建和删除线程。

3.6.1　示例要求

创建两个线程,线程 1 为动态线程,线程 2 为静态线程。要求线程 2 的优先级高于线程 1,当线程 1 运行 10 次后删除线程 2。

3.6.2　示例实现

这里我们基于第 2 章准备好的仿真基础工程。首先用 MDK 打开工程,在 Applications 文件夹内添加一个新的文件,我们命名为"3-1.c"。其次按照示例要求,分别创建动态线程 1 和静态线程 2。创建的过程主要注意线程的三要素,尤其是动态线程和静态线程的三要素定义区别。具体的程序如例程 3-6 所示。

【例程 3-6】　线程创建与删除示例程序

```
#include<rtthread.h>
#defineTHREAD_PRIORITY            25
#define THREAD_STACK_SIZE          512
#define THREAD_TIMESLICE           5
/* 线程要素定义 */
static rt_thread_t tid1 = RT_NULL;
static char thread2_stack[1024];
static struct rt_thread thread2;

/* 线程1的入口函数 */
```

```
static void thread1_entry(void * parameter)
{
    rt_uint32_t count = 0;
    while (1)
    {
        /* 线程 1 采用低优先级运行,一直打印计数值 */
        rt_kprintf("thread1 count: % d\n", count + + );
        rt_thread_mdelay(500);
        if(count = = 10)
        {
            /* 线程 1 运行 10 次,删除线程 2 */
            rt_kprintf("线程 1 计数 10 次,删除线程 2\n");
            rt_thread_delete(&thread2);
        }
    }
}
/* 线程 2 入口 */
static void thread2_entry(void * param)
{
    rt_uint32_t count = 0;
    /* 线程 2 拥有较高的优先级,以抢占线程 1 而获得执行 */
    while(1)
    {
        /* 线程 2 打印计数值 */
        rt_kprintf("thread2 count: % d\n", count ++ );
        rt_thread_mdelay(500);
    }
}
/* 线程示例 */
int thread_sample(void)
{
    /* 创建线程 1,名称是 thread1,入口是 thread1_entry */
    tid1 = rt_thread_create("thread1",
                            thread1_entry, RT_NULL,
                            THREAD_STACK_SIZE,
                            THREAD_PRIORITY, THREAD_TIMESLICE);

    /* 如果获得线程控制块,启动这个线程 */
    if (tid1 ! = RT_NULL)
```

```
        rt_thread_startup(tid1);

    /* 初始化线程2,名称是thread2,入口是thread2_entry */
    rt_thread_init(&thread2,
                  "thread2",
                  thread2_entry,
                  RT_NULL,
                  &thread2_stack[0],
                  sizeof(thread2_stack),
                  THREAD_PRIORITY - 1, THREAD_TIMESLICE);
    rt_thread_startup(&thread2);

    return 0;
}


/* 导出到msh命令列表中 */
MSH_CMD_EXPORT(thread_sample, thread sample);
```

完成上述程序编写后,在 MDK 环境中编译工程,确认没有警告和错误后,进行仿真运行。运行结果如图 3 - 27 所示。

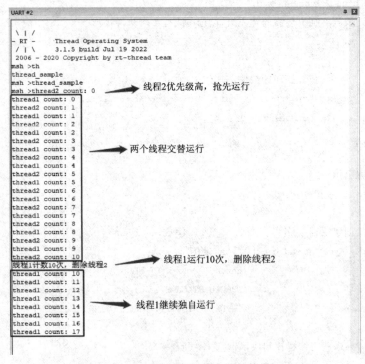

图 3 - 27　线程示例程序运行结果

第 **4** 章
线程同步

　　相对于功能较为简单的裸机系统来说,多线程系统采用的是"化繁为简"的设计思路。也就是说根据需求将系统分解成多个子功能块,多个线程分别对应多线子功能的实现。但是显然不能只分不合,系统中的多个线程之间必然需要某种机制进行联系。我们可以将这种线程间的相互联系大致分为两大类,一个是线程同步,用于约定线程间的执行顺序;另一个则是线程通信,用于线程间的信息传递。本章重点介绍线程同步的相关内容,这里主要需要同步的对象有两类,一类是线程,另一类是中断(ISR)。需要注意的是中断是不能等待的,所以线程与中断之间不能双向同步。同步类型如图 4-1 所示。

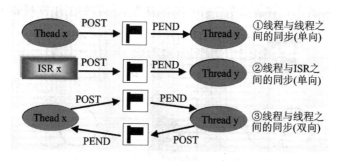

图 4-1　同步类型示意图

　　在 RT-Thread 操作系统中,主要有三种线程同步的方式,分别是信号量、互斥量与事件集。线程通过对信号量、互斥量的获取与释放进行同步;互斥量采用优先级继承的方式解决了实时系统常见的优先级翻转问题。线程同步机制支持线程按优先级等待或按先进先出方式获取信号量或互斥量。线程通过对事件的发送与接收进行同步;事件集支持多事件的"或触发"和"与触发",适合线程等待多个事件的情况。下面我们逐一详细介绍一下不同的线程同步方式。

4.1 信号量

信号量（Semaphore）最初是由荷兰计算机科学家艾兹格·迪杰斯特拉（Edsger W. Dijkstra）在 20 世纪 60 年代中期提出的,广泛应用于不同的操作系统中。为了便于更好地理解信号量,我们举两个相对熟悉的例子。首先,在田径赛场上,所有跑步项目都有起跑发令的操作,我们通常使用的是信号枪。可以想象一下信号枪的作用是什么呢? 如果我们把每条赛道上的运动员都理解为一个线程的话,信号枪的作用就是约束所有参赛运动员在同一时间开始比赛,也就是相当于多线程同步的过程。另外,有过编程经历的读者,应该都用过一种称为"flag"的标志表,往往我们使用布尔型变量做这种标志变量,用于标记某个事件是否发生,或者标志一下某个东西是否正在被使用,而其他的处理需要查看标志变量的状态决定是否进行其他的操作,这里体现了通过标志变量实现的约束式的同步机制。在 RT – Thread 操作系统中的信号量就是起到上述例子的同步作用。

4.1.1 信号量概念

信号量是一种实现线程间通信的机制,实现线程之间同步或临界资源的互斥访问,常用于协助一组相互竞争的线程来访问临界资源。在多线程系统中,各线程之间需要同步或互斥以实现临界资源的保护,信号量功能可以为用户提供这方面的支持。通常一个信号量的计数值用于对应系统内的某种有效资源数,表示剩下的可被占用的资源数量,例如系统中的串口资源数量。信号量管理共享资源的工作机制如图 4 – 2 所示。

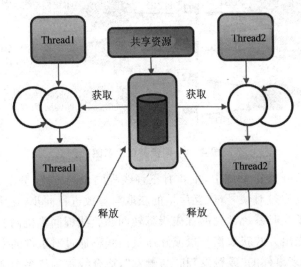

图 4 – 2　信号量管理共享资源

4.1.2　信号量组成

信号量对象 r_semaphore 从 rt_ipc_object 中派生，由 IPC 容器管理。每个信号量对象都由一个计数器和一个线程等待队列组成，这两个元素是定义在信号量控制块的结构体内的。其中信号量的值对应信号量对象的可用资源数目，当信号量资源数目为零时，再申请该信号量的线程就会被挂起在该信号量的等待队列上，等待可用的信号量资源。信号量对象的组成如图 4 - 3 所示。

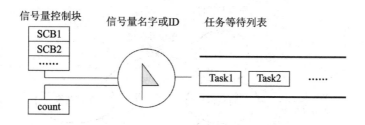

图 4 - 3　信号量组成示意图

4.1.3　信号量分类

按信号量的用途划分，可以将信号量分为计数信号量和二值信号量两大类。这两类信号量的同步目的不同，计数信号量是以同步为目的，而二值信号量是以互斥为目的。

在使用的时候，二者的相同点在于它们的信号量计数值含义项目。计数值为 0，表示没有可以获取的信号量资源，这时信号量会阻塞申请信号量的线程。而计数值为正整数，表示有可以获取的信号量资源，申请资源的线程可以获得资源的使用权。二者的不同点在于计数值的初值以及变化范围。计数信号量往往用于管理系统中某种类型的共享资源，一般来说资源数量是大于 1 的，所以计数信号的计数初值是跟共享资源数量 n 一致的，其变化范围在 0～n 之间。而二值信号量根据用途不同，计数值的初值为 0 或者 1，而变化范围也是在 0 或者 1 之间改变。

4.1.4　计数信号量工作机制

计数信号量允许多个线程对其进行操作，但通过信号量的计数值限制了可以获得信号量的线程数量。而其本质就是计数信号量代表的某类共享资源的数量是有限的，系统中可以同时使用这种共享资源的线程数量也就有了上限值。而多余的线程只能被资源阻塞，暂时处于挂起状态。

这里我们以一个比较生活化的例子类比一下计数型信号的工作过程。大家都有去银行或者医院等公共服务场所寻求服务的经历。在这类场所内，无论是银行的业务窗口还是医院的诊室的数量都是有限的。当人数少于窗口或者诊室数量的时候，我们可以直接获得服务;而当人数多于窗口或者诊室数量的时候,则需要通过一个叫号机器获得一个排队的序号,然后在等候区内等待,直到有新的空闲窗口或者诊室出现,序号优先的人才可以获得服务。

在这个生活化的例子中,需要获得服务的人相当于系统中众多的线程,而银行的业务窗口或医院的诊室相当于有限数量的共享资源,排队的序号就相当于一个信号量。这样类比之后,相信大家就更容易理解计数信号量的工作机制了。计数信号量的获取与释放示意图如图 4 - 4 所示。

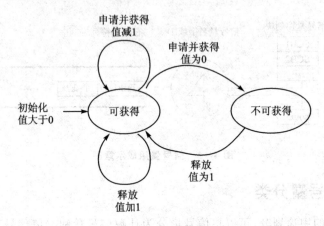

图 4 - 4　计数信号量示意图

4.1.5　二值信号量工作机制

二值信号量的计数值虽然只有 0 和 1 两种,但是在嵌入式操作系统中的应用场景却很多。例如线程间同步、资源锁、线程与中断间同步。另外后续要介绍的互斥量也是属于一种特殊的二值信号量。

1. 线程间同步

线程间的同步是二值信号量最简单的一类应用。例如,使用信号量进行两个线程之间的同步,信号量的值初始化成 0,表示具备 0 个信号量资源实例;而尝试获得该信号量的线程,将直接在该信号量上进行等待。当持有信号量的线程完成它处理的工作时,释放该信号量,可以把等待在该信号量上的线程唤醒,让它执行下一部分工作,此时可以把信号量看成工作完成标志;持有信号量的线程完成它自己的工作,然后通知等待该信号量的线程继续下一部分工作。利用信号量管理内存缓冲区,实现线程间访问缓冲区的同步过程,如图 4 - 5 所示。

2. 资源锁

信号量在作为锁来使用时,通常应将信号量资源实例初始化成 1,代表系统默认有一个资源可用,信号量的值始终在 1 和 0 之间变动,当线程需要访问共享资源时,

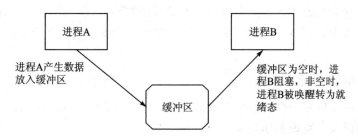

图 4 - 5　线程间同步示意图

它需要先获得这个资源锁。当线程成功获得资源锁时,其他打算访问共享资源的线程会由于获取不到资源而挂起,因为其他线程在试图获取这个锁时,这个锁已经被锁上(信号量值是 0)了。当获得信号量的线程处理完毕退出临界区时,它将会释放信号量并把锁解开,而挂起在锁上的第一个等待线程将被唤醒,从而获得临界区的访问权。信号量作为资源锁的示意图如图 4 - 6 所示。

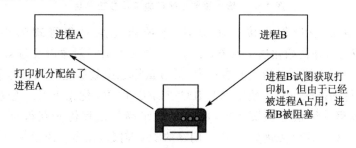

图 4 - 6　资源锁示意图

3. 线程与中断间同步

　　信号量也能够方便地应用于中断与线程间的同步,例如一个中断触发,中断服务例程需要通知线程进行相应的数据处理。这时候可以设置信号量的初始值为 0,线程在试图持有该信号量时,由于信号量的初始值是 0,线程直接在该信号量上挂起直到信号量被释放。当中断触发时,先进行与硬件相关的动作,例如从硬件的 I/O 口中读取相应的数据,并确认中断以清除中断源,而后释放一个信号量来唤醒相应的线程以进行后续的数据处理。

4.1.6　信号量接口函数

　　在 RT - Thread 操作系统中,无论是二值信号量还是计数信号量,都为用户提供一套统一的接口函数,包括信号量创建、初始化、获取、释放、删除、脱离等操作接口。

　　在介绍信号量相关的接口之前,我们要回忆一个概念,那就是动态对象和静态对象。我们在介绍线程创建的时候就介绍了二者的创建是采用不同的接口函数的。那么信号量作为一类系统的内核对象,同样存在类似的区分。也就是说,我们创建的信号量根据内存获取方式的不同也分为动态信号量和静态信号量。两者的操作接口也是不同的。在 RT - Thread 操作系统中的内核对象只要涉及内存分配都需要注意这个问题。

1. 信号量的创建

当我们需要创建一个动态信号量的时候,可以使用 rt_sem_create()接口。其接口函数原型以及参数说明如图 4 - 7 所示。

```
rt_sem_t rt_sem_create(const char *name,
                       rt_uint32_t value,
                       rt_uint8_t flag);
```

name	信号量名称
value	信号量初始值
flag	信号量标志,它可以取如下数值:RT_IPC_FLAG_FIFO或RT_IPC_FLAG_PRIO

图 4 - 7 信号量创建接口原型及参数说明

当调用该信号量创建接口函数时,系统将先从对象管理器中分配一个 semaphore 对象,并初始化这个对象,然后初始化父类 IPC 对象以及与 semaphore 相关的部分。在创建信号量指定的参数中,信号量标志参数决定了当信号量不可用时多个线程等待的排队方式。使用 RT_IPC_FLAG_PRIO 优先级 flag 创建的 IPC 对象,在多个线程等待信号量资源时,将由优先级高的线程优先获得资源。而使用 RT_IPC_FLAG_FIFO 先进先出 flag 创建的 IPC 对象,在多个线程等待信号量资源时,将按照先来先得的顺序获得资源。RT_IPC_FLAG_PRIO 与 RT_IPC_FLAG_FIFO 均在 rtdef.h 中有定义。

在创建信号量时,只需要传入信号量名称、初始化值和阻塞唤醒方式即可;需要用户自己定义信号量的句柄,但是注意了,定义了信号量的句柄并不等于创建了信号量,创建信号量必须是调用 rt_ sem_create()函数进行创建。需要注意的是:二值信号量可用个数的取值范围是 0~1,计数信号量可用个数的取值范围是 0~65535,读者可以根据需求选择。创建一个初值为 1 的信号量示例,如例程 4 - 1 所示。

【例程 4 - 1】 信号量的创建例程

```
# include <rtthread.h>
/* 定义信号量控制块 */
static rt_sem_t demo_sem = RT_NULL;
/* 创建一个信号量 */
demo_sem = rt_sem_create("demo_sem",/* 信号量名字 */
                          1, /* 信号量初始值,默认有一个信号量 */
                          RT_IPC_FLAG_FIFO); /* 信号量模式 FIFO(0x00) */
if (demo_sem ! = RT_NULL)
    rt_kprintf("信号量创建成功! \n");
```

2. 信号量的初始化

当我们需要创建一个静态信号量的时候,可以使用信号量初始化接口 rt_sem_init()。其接口函数原型以及参数说明如图 4－8 所示。

```
rt_err_t rt_sem_init(rt_sem_t      sem,
                     const char    *name,
                     rt_uint32_t   value,
                     rt_uint8_t    flag)
```

sem	信号量对象的句柄
name	信号量名称
value	信号量初始值
flag	信号量标志,它可以取如下数值: RT_IPC_FLAG_FIFO或RT_IPC_FLAG_PRIO

图 4－8　信号量初始化接口原型及参数说明

需要注意的是,对于静态信号量对象,它的内存空间是由用户定义的,并且是在编译时期就被编译器分配出来的。所以在使用信号量初始化接口之前,一定要先定义好需要使用的内存空间。当调用该函数时,系统将对 semaphore 对象进行初始化,然后初始化 IPC 对象以及与 semaphore 相关的部分。信号量标志可用上面创建信号量函数里提到的标志。静态信号量的创建示例,如例程 4－2 所示。

【例程 4－2】　信号量的初始化例程

```
# include <rtthread.h>
/* 定义信号量句柄 */
    struct rt_semaphore demo_sem;  /* 信号量初始化前注意要自行创建信号量句柄 */
/* 初始化一个信号量 */
    rt_sem_init(&demo_sem, /* 信号量句柄 */
              "demo",/* 信号量名字 */
              1, /* 信号量初始值,默认有一个信号量 */
RT_IPC_FLAG_FIFO); /* 信号量模式 FIFO(0x00) */
```

3. 信号量的删除

当我们不再需要使用动态创建的信号量时,可以使用信号量脱离接口 rt_sem_delete()函数来删除信号量,释放系统资源。接口原型及参数说明如图 4－9 所示。

```
rt_err_t rt_sem_delete(rt_sem_t sem);
```

sem	rt_sem_create()创建的信号量对象

图 4－9　信号量删除接口原型及参数说明

调用该函数时,系统将删除该信号量。信号量删除函数是根据信号量句柄直接删除的,如果有线程正在等待该信号量,那么删除操作会先唤醒等待在该信号量上的线程(等待线程的返回值是-RT_ERROR),再释放信号量的内存资源,删除之后这个信号量的所有信息都会被系统回收,并且用户无法再次使用这个信号量。但是需要注意的是,如果某个信号量没有被创建,那是无法被删除的。

4. 信号量的脱离

当我们不再需要使用动态创建的信号量时,可以使用信号量脱离接口 rt_sem_detach()函数让信号量对象从内核对象管理器中脱离。其接口原型及参数说明如图 4 - 10 所示。

rt_err_t rt_sem_detach(rt_sem_t sem);

| sem | 信号量对象的句柄 |

图 4 - 10 信号量脱离接口原型及参数说明

调用信号量脱离函数后,内核先唤醒所有挂在该信号量等待队列上的线程,然后将该信号量从内核对象管理器中脱离。原来挂起在信号量上的等待线程将获得—RT_ERROR 的返回值。

5. 信号量的获取

对于信号量对象来说,线程可以使用信号量获取接口 rt_sem_take()来获得信号量,从而得到信号量管理的资源使用权。其接口原型及参数说明如图 4 - 11 所示。

rt_err_t rt_sem_take (rt_sem_t sem, rt_int32_t time);

sem	信号量对象的句柄
time	指定的等待时间,单位是操作系统时钟节拍(OS Tick)

图 4 - 11 信号量获取接口原型及参数说明

获取信号量的时候,当信号量值大于 0 时,线程可以获取信号量,同时该信号量计数将减1,意味着可供使用的资源数量少了一个。当它减到 0 的时候,线程就无法再获取了,并且获取的线程会进入阻塞态(假如使用了等待时间的话)。在二值信号量中,该初始值的范围是 0~1,假如初始值为 1 个可用的信号量的话,被获取一次就变得无效了,那么此时另外一个线程获取该信号量的时候,就会无法获取成功,该线程便会进入阻塞态。

当线程通过获取信号量来获得信号量资源时,如果信号量的值等于零,那么说明当前信号量资源不可用,获取该信号量的线程将根据 time 参数的情况选择直接返回、或挂起等待一段时间、或永久等待,直到其他线程或中断释放该信号量。如果在参数 time 指定的时间内依然得不到信号量,线程将超时返回,返回值是-RT_ETIMEOUT。

当用户不想在申请的信号量上挂起线程进行等待时,可以使用无等待方式获取信号量,无等待获取信号量的函数接口原型和参数说明如图 4 - 12 所示。

$$\text{rt\_err\_t rt\_sem\_trytake(rt\_sem\_t sem);}$$

| sem | 信号量对象的句柄 |

图 4 - 12   信号量无等待方式获取接口原型及参数说明

使用这个接口与信号量获取接口的延时时间为 0 的作用一致,即 rt_sem_take (sem,0),当线程申请的信号量资源实例不可用的时候,它不会等待在该信号量上,而是直接返回- RT_ETIMEOUT。

6. 信号量的释放

与信号量获取相对应的操作是信号量释放,释放信号量可以唤醒挂起在该信号量上的线程。释放信号量的函数接口原型与参数说明如图 4 - 13 所示。

$$\text{rt\_err\_t rt\_sem\_release(rt\_sem\_t sem);}$$

| sem | 信号量对象的句柄 |

图 4 - 13   信号量释放接口原型及参数说明

当信号量的值等于零并且有线程等待该信号量时,释放信号量将唤醒等待在该信号量线程队列中的第一个线程,由它获取信号量;否则将把信号量的值加 1。需要注意的是,无论你的信号量是用作二值信号量还是计数信号量,都要注意可用信号量的范围,当用作二值信号量的时候,必须确保其可用值在 0~1 范围内,所以使用二值信号量的时候要在使用完毕后及时释放信号量;而用作计数信号量的话,其范围是 0~65535,不允许超过释放 65535 个信号量,这代表我们不能一直调用 rt_sem_release()函数来释放信号量。当线程完成资源的访问后,应尽快释放它持有的信号量,使得其他线程能获得该信号量。

4.1.7   信号量应用示例

为了加深对于信号量的理解,这里我们通过一个示例来展示一下如何创建和使用信号量。

1. 示例要求

创建两个静态线程以及一个动态二值信号量。要求线程 2 的优先级高于线程 1。线程 1 释放信号量,线程 2 获取信号量后才可以运行。

2. 示例实现

我们基于仿真基础工程。首先用 MDK 打开工程,在 Applications 文件夹内添加一个新的文件,命名为"4 - 1. c"。其次按照示例要求,分别创建线程 1、线程 2 以及信号量。创建的过程主要注意信号量的计数值应初始化为 0。具体的程序如例程 4 - 3 所示。

```c
#include <rtthread.h>
#define THREAD_PRIORITY        15
#define THREAD_TIMESLICE        5


/* 定义信号量句柄 */
static rt_sem_t demo_sem = RT_NULL;
/* 定义线程1三要素 */
static char t1_stack[1024];
static struct rt_thread t1;
static void rt_t1_entry(void * parameter)
{
    static rt_uint8_t count = 0;
    while (1)
    {
        if (count <= 100)
        {
            count ++ ;
        }
        else
        {
            rt_kprintf("t1 finished.\n");
            return;
        }
            rt_thread_delay(200);
        /* count 每计数 10 次,就释放一次信号量 */
        if (0 = = (count % 10))
        {
            rt_kprintf("t1 release a semaphore.\n");
            rt_sem_release(demo_sem);
        }
    }
}
/* 定义线程2三要素 */
static char t2_stack[1024];
static struct rt_thread t2;
static void rt_t2_entry(void * parameter)
{
    static rt_err_t result;
```

```
static rt_uint8_t count = 0;
while (1)
{
        rt_kprintf("there is no semaphore, t2 waiting.\n");
    /* 永久方式等待信号量,获取到信号量,则执行计数输出的操作 */
    result = rt_sem_take(demo_sem, RT_WAITING_FOREVER);
    if (result ! = RT_EOK)
    {
        rt_kprintf("t2 take a semaphore, failed.\n");
        rt_sem_delete(demo_sem);
        return;
    }
    else
    {
        count ++ ;
        rt_kprintf("t2 take a semaphore. count = % d\n", count);
    }
}
}
/* 创建线程与信号量 */
int semaphore_demo()
{
    /* 创建一个动态二值信号量,初始值是 0 */
    demo_sem = rt_sem_create("dsem", 0, RT_IPC_FLAG_FIFO);
    if (demo_sem = = RT_NULL)
    {
        rt_kprintf("create a semaphore failed.\n");
        return - 1;
    }
    else
    {
        rt_kprintf("create a semaphore successful.\n");
    }

    rt_thread_init(&t1,
                "thread1",
                rt_t1_entry,
                RT_NULL,
                &t1_stack[0],
```

```
                    sizeof(t1_stack),
                    THREAD_PRIORITY, THREAD_TIMESLICE);
    rt_thread_startup(&t1);

    rt_thread_init(&t2,
                    "thread2",
                    rt_t2_entry,
                    RT_NULL,
                    &t2_stack[0],
                    sizeof(t2_stack),
                    THREAD_PRIORITY - 1, THREAD_TIMESLICE);
    rt_thread_startup(&t2);

    return 0;
}
```

```
/* 导出到 msh 命令列表中 */
MSH_CMD_EXPORT(semaphore_demo, semaphore demo);
```

　　完成上述程序编写后,在 MDK 环境中编译工程,确认没有警告和错误后,进行仿真运行,运行结果如图 4-14 所示。

图 4-14　信号量应用示例运行效果

4.2 互斥量

互斥量又称互斥型信号量,是一种特殊的二值信号量,它和普通信号量不同的是,支持互斥量所有权、递归访问以及防止优先级翻转的特性,用于实现对临界资源的独占式处理。例如大家生活中使用的银行外 24 小时服务的 ATM 机,一般这种机器都有一个独立的空间,并且有一个门锁。当一位顾客进入后,将门上锁后,其他顾客就需要在外面等候,当里面的顾客解锁出来后,下一位顾客才可以进入。这个例子中,ATM 机的门锁的作用就类似于互斥量,而 ATM 机自身相当于一个共享资源,而每位顾客相当于是独立的线程。

4.2.1 互斥量的组成

互斥量对象作为一种特殊的二值信号量,其主要结构与信号量是类似的,如图 4-15 所示。但是由于互斥量的特殊用途,所以除了拥有与信号量一样的计数量 count 以外,还有三个成员变量,分别是用于记录持有线程原始优先级的成员变量 original_priority、用于记录持有线程的持有次数的成员变量 hold 以及用户记录当前拥有互斥量线程句柄的成员变量 owner。正是由于增加了这些成员变量,才使得互斥量可以实现嵌套调用、防止优先级翻转的特殊功能。

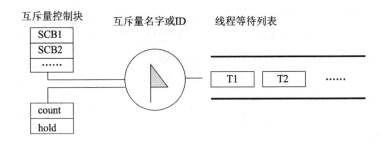

图 4-15 互斥量的组成示意图

4.2.2 互斥量的工作机制

互斥量的状态只有两种,即开锁或闭锁(两种状态值)。当有线程持有它时,互斥量处于闭锁状态,由该线程获得它的所有权。相反,当该线程释放它时,将对互斥量进行开锁,失去它的所有权。当一个线程持有互斥量时,其他线程将不能对它进行开锁或持有它,持有该互斥量的线程也能够再次获得这个锁而不被挂起,这个特性与一般的二值信号量有很大的不同:在二值信号量中,因为已经不存在实例,线程递归持有会发生主动挂起(最终形成死锁)。

用互斥信号量保护的代码区称作"临界区",临界区代码通常用于对共享资源的访问。共享资源可能是一段存储器空间、一个数据结构或 I/O 设备,也可能是被两个或多个并发任务共享的任何内容。使用互斥信号量可以实现对共享资源的串行访问,保证只有成功地获取互斥信号量的任务才能够释放它。互斥信号量的基本特点:其值被初始化成 1,最多只有一个任务可以进入"临界区"。互斥量的工作状态图如图 4-16 所示。

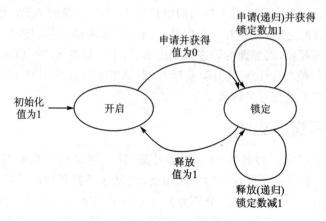

图 4-16 互斥量的工作状态图

与信号量不同的是,当互斥量已经被某个线程持有的时候,是允许递归获取的。如图 4-17 所示,如果线程 1 调用了 RoutineA,而 RoutineA 又调用了 RoutineB,并且三者访问了相同的共享资源,就发生了递归共享资源的访问同步问题。一个递归的互斥信号量允许嵌套锁定互斥信号量,而不引起死锁。

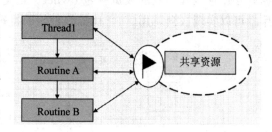

图 4-17 互斥量的嵌套调用

4.2.3 优先级翻转

在前面章节,我们介绍了 RT-Thread 操作系统的一个基本的线程调度原则,就是基于优先级的可抢占式调度原则。这样的一个调度原则是为了确保系统的实时性,但是使用信号量会导致一个潜在的问题就是优先级翻转,也就是说没有按照优先级的高低运行线程,这样对于系统的实时性是有影响的。

1. 优先级翻转的现象

所谓优先级翻转,是指当一个高优先级线程试图通过信号量机制访问共享资源时,如果该信号量已被低优先级线程持有,而这个低优先级线程在运行过程中可能又被其他一些中等优先级的线程抢占,从而造成高优先级线程被许多具有较低优先级的线程阻塞,实时性难以得到保证。优先级翻转现象如图 4-18 所示。

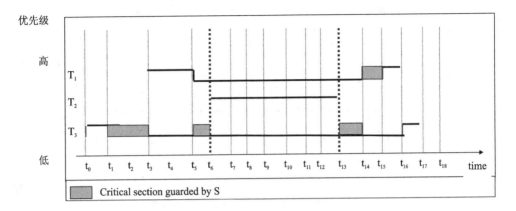

图 4-18 优先级翻转现象

假定 T_1 和 T_3 通过信号量 S 共享一个数据结构。在时刻 t_1,任务 T_3 获得信号量 S,开始执行临界区代码。在 T_3 执行临界区代码的过程中,高优先级任务 T_1 就绪,抢占任务 T_3,并在随后试图使用共享数据,但该共享数据已被 T_1 通过信号量 S 加锁。在这种情况下,会期望具有最高优先级的任务 T_1 被阻塞的时间不超过任务 T_3 执行完整个临界区的时间。但事实上,这种阻塞时间的长短是无法预知的。这主要是由于任务 T_3 还可能被具有中等优先级的任务 T_2 所阻塞,使得 T_1 也需要等待 T_2 和其他中等优先级的任务释放 CPU 资源。

2. 优先级翻转的对策

在多线程系统中,由于使用信号量也就是共享资源的限制,出现优先级翻转现象是客观存在的。优先级翻转现象并不是什么"洪水猛兽",但是显然不利于系统的实时性,所以找到优先级翻转现象的对策就很有必要。那么应该如何解决优先级翻转问题呢?

(1) 方案 1:规定线程在临界区内不允许被强占

优点:可部分解决优先级翻转问题。

缺点:有时会形成不必要的阻塞,因而只适合于非常短的临界区。比如,一旦一个低优先级线程进入了一个比较长的临界区,不会访问该临界区的高优先级线程将会被完全不必要地阻塞。

(2) 方案 2:优先级继承协议

a) 优先级继承协议(priority inheritance protocol)的基本思想

当一个线程阻塞了一个或多个高优先级线程时,该线程将不使用其原来的优先级,而使用被该线程所阻塞的所有线程的最高优先级作为其执行临界区的优先级。当该线程退出临界区时,又恢复到其最初的优先级。优先级继承协议运行情况的示意图如图 4-19 所示。

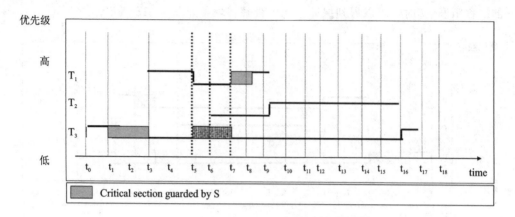

图 4 - 19　优先级继承协议运行示意图

b) 解决优先级翻转的过程

如果线程 T 为具有最高优先级的就绪线程，T 线程将获得 CPU 资源。在线程 T 进入临界区前，首先需要请求获得该临界区的信号量 S，如果信号量 S 已经被加锁，则线程 T 的请求会被拒绝。在这种情况下，线程 T 被称为是被拥有信号量 S 的线程所阻塞；如果信号量 S 未被加锁，线程 T 将获得信号量 S 而进入临界区。当线程 T 退出临界区时，使用临界区过程中所加锁的信号量将被解锁。如果有其他线程因为请求信号量 S 而被阻塞，其中具有最高优先级的线程将被激活，处于就绪状态。

线程 T 将保持其被分配的原有优先级不变，除非线程 T 进入了临界区并阻塞了更高优先级的线程。如果由于线程 T 进入临界区而阻塞了更高优先级的线程，线程 T 将继承被线程 T 阻塞的所有线程的最高优先级，直到线程 T 退出临界区。当线程 T 退出临界区时线程 T 将恢复到进入临界区前的原有优先级。

优先级继承具有传递性，比如，假设 T_1，T_2，T_3 为优先级顺序降低的三个线程，如果线程 T_3 阻塞了线程 T_2，此前线程 T_2 又阻塞了线程 T_1，则线程 T_3 将通过线程 T_2 继承线程 T_1 的优先级。

c) 优先级继承协议中的线程阻塞类型

直接阻塞：如果高优先级线程试图获得一个已经被加锁的信号量，该线程将被阻塞，这种阻塞即为直接阻塞；直接阻塞用来确保临界资源使用的一致性能够得到满足。

间接阻塞：由于低优先级线程继承了高优先级线程的优先级，使得中等优先级的线程被原来分配的低优先级线程阻塞，这种阻塞即为间接阻塞。间接阻塞也是必须的，以避免高优先级线程被中等优先级线程间接抢占。

d) 优先级继承协议的特性

只有在高优先级线程与低优先级线程共享临界资源，且低优先级线程已经进入临界区后，高优先级线程才可能被低优先级线程所阻塞；高优先级线程被低优先级线程阻塞的最长时间为高优先级线程中可能被所有低优先级线程阻塞的具有最长执行时间的临界区的执行时间；如果有 m 个信号量可能阻塞线程 T，则线程 T 最多被阻塞 m 次。可见，采用优先级继承协议，系统运行前就能够确定线程的最长阻塞时间。

但优先级继承协议存在两个问题：首先，优先级继承协议本身不能避免死锁的发生；其次，在优先级继承协议中，线程的阻塞时间虽然是有界的，但由于可能出现阻塞链，使得线程的阻塞时间可能会很长。死锁现象如图 4 - 20 所示，阻塞链现象如图 4 - 21 所示。

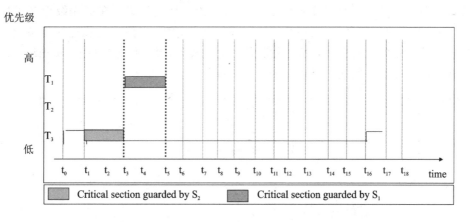

图 4 - 20　死锁现象

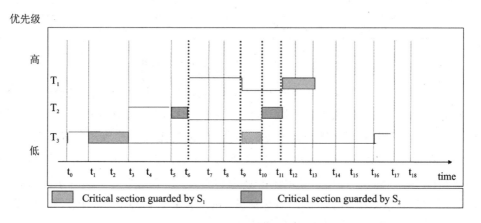

图 4 - 21　阻塞链现象

死锁现象：假定在时刻 t_1，线程 T_2 获得信号量 S_2，进入临界区。在时刻 t_3，线程 T_2 又试图获得信号量 S_1，但一个高优先级线程 T_1 在这个时候就绪，抢占线程 T_2 并获得信号量 S_1，接下来线程 T_1 又试图获得信号量 S_2。这样就出现了死锁现象。

阻塞链现象：假定线程 T_1 需要顺序获得信号量 S_1 和 S_2，线程 T_3 在 S_1 控制的临界区中被 T_2 抢占，然后 T_2 进入 S_2 控制的临界区。这个时候，线程 T_1 被激活而获得 CPU 资源,发现信号量 S_1 和 S_2 都分别被低优先级线程 T_2 和 T_3 加锁,使得 T_1 将被阻塞两个临界区,需要先等待线程 T_3 释放信号量 S_1,然后等待线程 T_2 释放信号量 S_2,这样就形成了关于线程 T_1 的阻塞链。

(3) 方案 3:优先级天花板协议

使用优先级天花板协议的目的在于解决优先级继承协议中存在的死锁和阻塞链问题。

优先级天花板指控制访问临界资源的信号量的优先级天花板。一个信号量的优先级天花板定义为所有使用该信号量的线程的最高优先级。在优先级天花板协议中,如果线程获得信号量,则在线程执行临界区的过程中,线程的优先级将被抬升到所获得信号量的优先级天花板。线程执行完临界区,释放信号量后,其优先级恢复到其最初的优先级。其运行过程如图 4 - 22 所示。

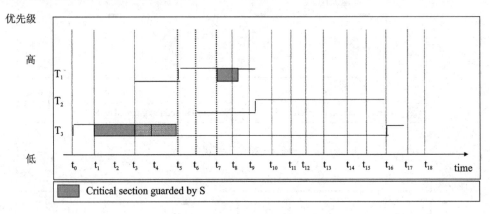

图 4 - 22　优先级天花板协议运行过程

假设 T_1、T_2、T_3 的优先级分别为 p_1、p_2、p_3,并且 T_1 和 T_3 通过信号量 S 共享一个临界资源。根据优先级天花板协议,信号量 S 的优先级天花板为 p_1。假定在时刻 t_1,T_3 获得信号量 S,按照优先级天花板协议,T_3 的优先级将被抬升为信号量 S 的优先级天花板 p_1,直到 T_3 退出临界区。这样,T_3 在执行临界区的过程中,T_1 和 T_2 都不能抢占 T_3,确保 T_3 能尽快完成临界区的执行,并释放信号量 S。当 T_3 退出临界区后,T_3 的优先级又回落为 p_3。如果在 T_3 执行临界区的过程中,任务 T_1 或 T_2 已经就绪,则此时 T_1 或 T_2 将抢占 T_3 的执行。

对比上述三种方案,后两种优先级继承协议和优先级天花板协议都能解决优先级反转问题,但在处理效率和对程序运行流程的影响程度上有所不同。

关于执行效率的比较:优先级继承协议可能多次改变占有某临界资源的任务的优先级,而优先级天花板协议只需改变一次。从这个角度看,优先级天花板协议的效率高,因为若干次改变占有资源的任务的优先级会引入更多的额外开销,导致任务执行临界区的时间延长。

对程序运行过程影响程度的比较:优先级天花板协议的特点是一旦任务获得某临界资源,其优先级就被抬升,不管此时是否真的有高优先级任务申请该资源,这样就有可能影响某些中间优先级任务的完成时间。但在优先级继承协议中,只有当高优先级任务申请已被低优先级任务占有的临界资源这一事实发生时,才抬升优先级,因此优先级继承协议对任务执行流程的影响相对要小。

3. RT - Thread 系统内的优先级翻转对策

在 RT - Thread 操作系统中,采用上述的优先级继承算法,使用互斥量解决优先级翻转问题。在不使用互斥量的时候,如图 4 - 23 所示,共享资源 M 会引发优先级翻转现象。

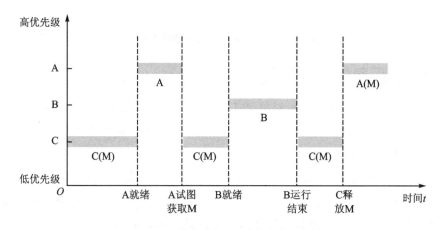

图 4 - 23　共享资源 M 引发优先级翻转

假设有优先级为 A、B 和 C 的三个线程都需要使用共享资源 M,优先级 A>B>C。线程 A,B 处于挂起状态,等待某一事件触发,线程 C 正在运行,此时线程 C 开始使用某一共享资源 M。在使用过程中,线程 A 等待的事件到来,线程 A 转为就绪状态,因为它比线程 C 优先级高,所以立即执行。但是当线程 A 要使用共享资源 M 时,由于其正在被线程 C 使用,因此线程 A 被挂起切换到线程 C 运行。如果此时线程 B 等待的事件到来,则线程 B 转为就绪状态。由于线程 B 的优先级比线程 C 高,因此线程 B 开始运行,直到其运行完毕,线程 C 才开始运行。只有当线程 C 释放共享资源 M 后,线程 A 才得以执行。在这种情况下,优先级发生了翻转:线程 B 先于线程 A 运行。这样便不能保证高优先级线程的响应时间。

当使用了互斥量管理共享资源 M 时,基于优先级继承算法解决了优先级翻转问题。互斥量解决优先级翻转问题的过程如图 4 - 24 所示。在线程 A 尝试获取共享资源而被挂起的期间内,将线程 C 的优先级提升到线程 A 的优先级别,这样能够防止 C(间接地防止 A)被 B 抢占。当线程 C 释放共享资源后,互斥量解锁,高优先级的线程 A 获得互斥量,从而先于中等优先级的线程 B 使用共享资源。

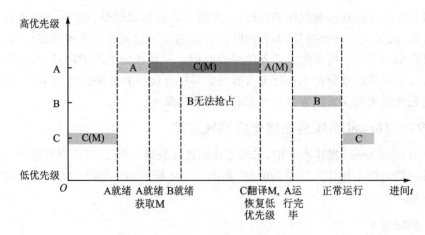

图 4 - 24   互斥量解决优先级翻转问题

4.2.4   互斥量的接口函数

与信号量类似,对于互斥量对象,RT - Thread 操作系统同样为用户提供了相应的操作接口函数。包括互斥量的创建、初始化、获取、释放、删除、脱离等操作接口。

1. 互斥量的创建

互斥量的创建接口 rt_mutex_create()主要用于动态互斥量的场合,当创建一个动态互斥量时,内核首先创建一个互斥量控制块,然后完成对该控制块的初始化工作。创建互斥量使用的函数接口原型以及参数说明如图 4 - 25 所示。

```
rt_mutex_t rt_mutex_create (const char* name, rt_uint8_t flag);
```

name	互斥量的名称
flag	互斥量标志,它可以取如下数值:RT_IPC_FLAG_FIFO或RT_IPC_FLAG_PRIO

图 4 - 25   互斥量创建接口原型

调用 rt_mutex_create()函数创建一个互斥量,它的名字由 name 所指定。当调用这个函数时,系统将先从对象管理器中分配一个 mutex 对象,并初始化这个对象,然后初始化父类 IPC 对象以及与 mutex 相关的部分。互斥量的 flag 标志设置为 RT_IPC_FLAG_PRIO,表示在多个线程等待资源时,将由优先级高的线程优先获得资源。flag 设置为 RT_IPC_FLAG_FIFO,表示在多个线程等待资源时,将按照先来先得的顺序获得资源。

2. 互斥量的初始化

对于静态互斥量,可以使用接口 rt_mutex_init()来完成互斥量的初始化。由于静态互斥量对象的内存是用户定义,并且在系统编译时由编译器分配的,所以进行互斥量初始化的时候需要我们自己定义互斥量句柄,以后对互斥量的操作也是通过互斥量句柄进行操作的。其接口原型与参数说明如图 4 - 26 所示。

```
rt_err_t rt_mutex_init (rt_mutex_t mutex, const char* name, rt_uint8_t flag);
```

mutex	互斥量对象的句柄,它由用户提供,并指向互斥量对象的内存块
name	互斥量的名称
flag	互斥量标志,它可以取如下数值:RT_IPC_FLAG_FIFO或RT_IPC_FLAG_PRIO

图 4 - 26　互斥量初始化接口原型

3. 互斥量的删除

当我们不再需要使用动态互斥量的时候,可以通过互斥量删除接口 rt_mutex_delete()来完成互斥量的删除。删除之后这个互斥量的所有信息都会被系统回收清空,而且不能再次使用这个互斥量。注意这个接口只能用于删除由 rt_mutex_create()接口创建的动态互斥量,否则会提示失败。其接口原型及参数说明如图 4 - 27 所示。

```
rt_err_t rt_mutex_delete (rt_mutex_t mutex);
```

mutex	互斥量对象的句柄

图 4 - 27　互斥量删除接口原型

当删除一个互斥量时,所有等待此互斥量的线程都将被唤醒,等待线程获得的返回值是- RT_ERROR,然后系统将该互斥量从内核对象管理器链表中删除并释放互斥量占用的内存空间。

4. 互斥量的脱离

当我们不再需要使用静态互斥量的时候,需要使用互斥量脱离接口 rt_mutex_detach(),将静态互斥量对象从内核对象管理器中脱离。其接口原型及参数说明如图 4 - 28 所示。

```
rt_err_t rt_mutex_detach (rt_mutex_t mutex);
```

mutex	互斥量对象的句柄

图 4 - 28　互斥量脱离接口原型

使用互斥量脱离接口后,内核先唤醒所有挂在该互斥量上的线程(线程的返回值是- RT_ERROR),然后系统将该互斥量从内核对象管理器中脱离。

5. 互斥量的获取

作为共享资源的管理方式,互斥量的获取是必不可少的操作。当互斥量处于开锁的状态时,线程才能成功获取互斥量;当线程持有了某个互斥量的时候,其他线程就无法获取这个互斥量,需要等到持有互斥量的线程进行释放后,其他线程才能获取成功,线程通过互斥量 rt_mutex_take()函数获取互斥量的所有权。其接口原型及参数说明如图 4 - 29 所示。

```
rt_err_t rt_mutex_take (rt_mutex_t mutex, rt_int32_t time);
```

mutex	互斥量对象的句柄
time	指定等待的时间

图 4 - 29 互斥量获取接口原型

线程对互斥量的所有权是独占的,即某一时刻一个互斥量只能被一个线程持有。如果互斥量处于开锁状态,那么获取该互斥量的线程将成功获得该互斥量,并拥有互斥量的使用权;如果互斥量处于闭锁状态,获取该互斥量的线程将无法获得互斥量,线程将被挂起,直到持有互斥量的线程释放它;而如果线程本身就持有互斥量,再去获取这个互斥量不会被挂起,只是将互斥量的持有值加 1。

6. 互斥量的释放

与互斥量获取相对应的是互斥量的释放操作,当线程完成互斥资源的访问后,应尽快释放它占有的互斥量,使得其他线程能及时获取该互斥量。持有线程可以使用释放接口 rt_mutex_release()来释放互斥量。其接口原型及参数说明如图 4 - 30 所示。

```
rt_err_t rt_mutex_release(rt_mutex_t mutex);
```

mutex	互斥量对象的句柄

图 4 - 30 互斥量释放接口原型

只有持有互斥量的线程才可以使用互斥量释放接口释放互斥量,每释放一次该互斥量,它的持有计数值减 1。当该互斥量的持有计数值为零时(即持有线程已经释放所有的持有操作),它变为可用,等待在该信号量上的线程将被唤醒。如果线程的运行优先级被互斥量提升,那么当互斥量被释放后,线程恢复为持有互斥量前的优先级。

4.2.5 互斥量的应用示例

为了加深对互斥量的理解,这里我们通过一个示例来展示一下如何创建和使用互斥量。

1. 示例要求

创建两个动态线程以及一个动态互斥量。要求线程 1 的优先级高于线程 2。线程 2 首先持有互斥量并持续 100 ms,在线程 1 持有互斥量期间,线程 2 试图获取互斥量,根据优先级继承协议,此时线程 1 应该继承线程 2 的优先级。

2. 示例实现

基于仿真基础工程。首先用 MDK 打开工程，在 RTOS 内找到 rtconfig.h 文件，打开文件中互斥量功能选项 RT_USING_MUTEX，这样才可以在程序中使用互斥量功能，如图 4-31 所示。

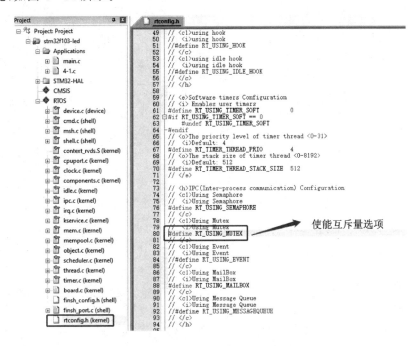

图 4-31 使能互斥量配置选项

接下来，在 Applications 文件夹内添加一个新的文件，我们命名为"4-2. c"；然后按照示例要求，分别创建线程 1、线程 2 以及互斥量。创建的过程主要注意线程 1 的优先级低于线程 2。具体的程序如例程 4-4 所示。

【例程 4-4】 互斥量应用示例程序

```
# include <rtthread.h>
/* 指向线程控制块的指针 */
static rt_thread_t t1 = RT_NULL;
static rt_thread_t t2 = RT_NULL;
static rt_mutex_t mutex = RT_NULL;
# define THREAD_PRIORITY        20
# define THREAD_STACK_SIZE      512
# define THREAD_TIMESLICE       5
/* 线程 1 入口函数 */
static void t1_entry(void * parameter)
{
```

```
        rt_err_t result;
        rt_kprintf("the original priority of thread1 is：%d\n", t1 ->current_priority);
        /* 先让线程2运行 */
        rt_thread_mdelay(50);
        /*
         * 试图持有互斥锁,此时线程2持有,应把线程2的优先级提升
         * 到与线程1相同的优先级
         */
    rt_kprintf("thread1 try to take a mutex,\n");
    result = rt_mutex_take(mutex, RT_WAITING_FOREVER);
        if (result = = RT_EOK){
            /* 释放互斥锁 */
            rt_mutex_release(mutex);
        }
}
/* 线程2入口函数 */
static void t2_entry(void * parameter)
{
        rt_tick_t tick;
        rt_err_t result;
        rt_kprintf("the original priority of thread2 is：%d\n", t2 ->current_priority);
        result = rt_mutex_take(mutex, RT_WAITING_FOREVER);
        if (result = = RT_EOK){
            rt_kprintf("thread2 take a mutex, sucessful.\n");
        }
        /* 利用循环让线程2占用互斥量100 ms */
        tick = rt_tick_get();
        while (rt_tick_get() - tick < (RT_TICK_PER_SECOND / 10))
        {
                /* 检查 线程2占用互斥量期间,线程2是否继承了线程1的优先级 */
                if (t1 ->current_priority ! = t2 ->current_priority){
                    /* 优先级不相同,测试失败 */
                    rt_kprintf("the priority of thread1 is：%d\n", t1 ->current_
priority);
                    rt_kprintf("the priority of thread2 is：%d\n", t2 ->current_
priority);
                    rt_kprintf("priority is different.\n");
                }else{
```

```
                    rt_kprintf("the priority of thread1 is: % d\n", t1 ->current_
priority);
                    rt_kprintf("the priority of thread2 is: % d\n", t2 ->current_
priority);
                    rt_kprintf("priority is same. \n");
                }
            }
    rt_mutex_release(mutex);
}
int mutex_demo(void)
{
    /* 创建互斥锁 */
    mutex = rt_mutex_create("mutex", RT_IPC_FLAG_FIFO);
    if (mutex = = RT_NULL)
    {
        rt_kprintf("create dynamic mutex failed. \n");
        return - 1;
    }
    /* 创建线程 1 */
    t1 = rt_thread_create("thread2",
                            t1_entry,
                            RT_NULL,
                            THREAD_STACK_SIZE,
                            THREAD_PRIORITY, THREAD_TIMESLICE);
    if (t1 ! = RT_NULL)
        rt_thread_startup(t1);
    /* 创建线程 2 */
    t2 = rt_thread_create("thread3",
                            t2_entry,
                            RT_NULL,
                            THREAD_STACK_SIZE,
                            THREAD_PRIORITY + 1, THREAD_TIMESLICE);
    if (t2! = RT_NULL)
        rt_thread_startup(t2);
    return 0;
}
/* 导出到 msh 命令列表中 */
MSH_CMD_EXPORT(mutex_demo, mutex demo);
```

完成上述程序编写后,在 MDK 环境中编译工程,确认没有警告和错误后,进行仿真运行。运行结果如图 4 - 32 所示。

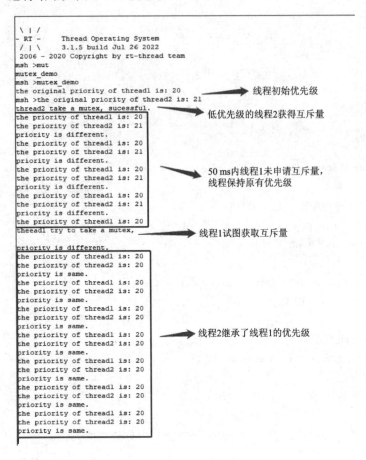

图 4 - 32　互斥量应用示例运行效果

4.3　事件集

前面介绍了信号量和互斥量两种同步方式,RT - Thread 操作系统内还有另外一种同步方式,就是事件集。与信号量不同的是,事件集可以实现一对多、多对多的同步需求,即一个线程与多个事件的关系可设置为其中任意一个事件唤醒线程,或几个事件都到达后才唤醒线程进行后续的处理;同样,事件也可以是多个线程同步多个事件。这种多个事件的集合可以用一个 32 位无符号整型变量来表示,变量的每一位代表一个事件,线程通过“逻辑与”或“逻辑或”将一个或多个事件关联起来,形成事件组合。事件的“逻辑或”也称为独立型同步,指的是线程与任何事件之一发生同步;事件的“逻辑与”也称为关联型同步,指的是线程与若干事件都发生同步。

多线程环境下,线程之间往往需要同步操作,一个事件发生即是一个同步。事件集可以提供一对多、多对多的同步操作。一对多同步模型:一个线程等待多个事件的触发;多对多同步模型:多个线程等待多个事件的触发。线程可以通过创建事件集来实现事件的触发和等待操作。RT - Thread 的事件集仅用于同步,不提供数据传输功能。

4.3.1　事件集的特点

RT - Thread 操作系统内,用户定义的事件集有以下特点。

① 事件只与线程相关联,事件相互独立,一个 32 位的事件集合(set 变量),用于标识该线程发生的事件类型,其中每一位表示一种事件类型(0 表示该事件类型未发生,1 表示该事件类型已经发生),一共有 32 种事件类型。

② 事件仅用于同步,不提供数据传输功能。

③ 事件无排队性,即多次向线程发送同一事件(如果线程还未来得及读走),等效于只发送一次。

④ 允许多个线程对同一事件进行读写操作。

⑤ 支持事件等待超时机制。

在 RT - Thread 操作系统中,每个线程都拥有一个事件信息标记。它有三个属性,分别是 RT_EVENT_FLAG_AND(逻辑与)、RT_EVENT_FLAG_OR(逻辑或)以及 RT_EVENT_FLAG_CLEAR(清除标记)。当线程等待事件同步时,可以通过 32 个事件标志和这个事件信息标记来判断当前接收的事件是否满足同步条件。

4.3.2　事件集的组成

在 RT - Thread 操作系统中,事件集对象继承自 ipc_object 对象。在事件集结构体中主要的特征是拥有一个用于记录事件状态的事件集合。事件集的示意结构如图 4 - 33 所示。

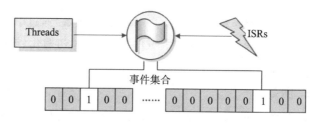

图 4 - 33　事件集结构示意图

4.3.3　事件集的工作机制

事件集的工作机制如图 4 - 34 所示,主要涉及事件的接收、发送和清除这三个过程。

接收事件时,可以根据感兴趣的事件类型接收事件的单个或者多个事件类型。事件接收成功后,必须使用 RT_EVENT_FLAG_CLEAR 选项来清除已接收到的事件类型,否则不会清除已接收到的事件。用户可以自定义通过传入参数选择读取模式 option,是等待所有感兴趣的事件还是等待感兴趣的任意一个事件。

发送事件时,对指定事件写入指定的事件类型,设置事件集合 set 的对应事件位为 1,可以一次同时写多个事件类型,发送事件会触发线程调度。

清除事件时,根据参数事件句柄和待清除的事件类型,对事件对应位进行清 0 操作。事件不与线程相关联,事件相互独立,一个 32 位的变量(事件集合 set),用于标识该线程发生的事件类型,其中每一位表示一种事件类型(0 表示该事件类型未发生,1 表示该事件类型已经发生)。

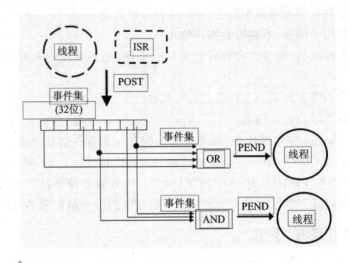

图 4-34 事件集工作机制示意图

4.3.4 事件集的接口函数

在 RT-Thread 操作系统中,提供了一系列接口函数,通过事件集句柄即指向事件集控制块的指针 rt_event_t,实现对于事件集的创建、初始化、删除、脱离、发送、接收等操作。

1. 事件集的创建

事件集的创建接口 rt_event_create()主要用于动态事件集的场合。当创建一个动态事件集时,内核首先创建一个事件集控制块,然后完成对该控制块的初始化工作。创建事件集使用的函数接口原型以及参数说明如图 4-35 所示。

调用 rt_event_create()函数创建一个事件集,它的名字由 name 指定。当调用这个函数时,系统将先从对象管理器中分配一个 event 对象,并初始化这个对象,然后初始化父类 IPC 对象以及与 event 相关的部分。event 的 flag 标志设置为 RT_IPC_FLAG_PRIO,表示在多个线程等待资源时,将由优先级高的线程优先获得资源。flag 设置为 RT_IPC_FLAG_FIFO,表示在多个线程等待资源时,将按照先来先得的

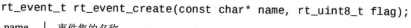

```
rt_event_t rt_event_create(const char* name, rt_uint8_t flag);
```

name	事件集的名称
flag	事件集的标志,它可以取如下数值:RT_IPC_FLAG_FIFO或RT_IPC_FLAG_PRIO

图 4 - 35   事件集创建接口原型

顺序获得资源。

2. 事件集的初始化

对于静态事件集,可以使用接口 rt_event_init()来完成事件集的初始化。由于静态事件集对象的内存是用户定义,并且在系统编译时由编译器分配的,所以进行事件集初始化的时候需要我们自己定义事件集句柄,以后对事件集的操作也是通过这个事件集句柄进行操作的。其接口原型与参数说明如图 4 - 36 所示。

```
rt_err_t rt_event_init(rt_event_t event, const char* name, rt_uint8_t flag);
```

event	事件集对象的句柄
name	事个把集的名称
flag	事件集的标志,它可以取如下数值:RT_IPC_FLAG_FIFO或RT_IPC_FLAG_PRIO

图 4 - 36   事件集初始化接口原型

3. 事件集的删除

当我们不再需要使用动态事件集时,可以通过事件集删除接口 rt_event_delete()来完成事件集的删除。删除之后这个事件集的所有信息都会被系统回收清空,而且不能再次使用这个事件集。注意这个接口只能用于删除由 rt_event_create()接口创建的动态事件集,否则会提示失败。其接口原型及参数说明如图 4 - 37 所示。

```
rt_err_t rt_event_delete(rt_event_t event);
```

event	事件集对象的句柄

图 4 - 37   事件集删除接口原型

当删除一个事件集时,所有等待此事件集的线程都将被唤醒,等待线程获得的返回值是- RT_ERROR。然后系统将该事件集从内核对象管理器链表中删除并释放事件集占用的内存空间。

4. 事件集的脱离

当我们不再需要使用静态事件集时,需要使用事件集脱离接口 rt_event_detach()将静态事件集对象从内核对象管理器中脱离。其接口原型以及参数说明如图 4 - 38 所示。

使用事件集脱离接口后,内核先唤醒所有挂在该事件集上的线程,线程的返回值

```
rt_err_t rt_event_detach(rt_event_t event);
```

event	事件集对象的句柄

图 4 - 38 事件集脱离接口原型

是- RT_ERROR,然后系统将该事件集从内核对象管理器中脱离。

5. 事件的发送

事件集作为一对多、多对多同步方式,事件的发送是必不可少的操作。线程或中断 ISR 可以使用事件发送接口 rt_event_send()函数向事件集内指定位置发送事件。其接口原型及参数说明如图 4 - 39 所示。

```
rt_err_t rt_event_send(rt_event_t event, rt_uint32_t set);
```

event	事件集对象的句柄
set	发送的一个或多个事件的标志值

图 4 - 39 事件发送接口原型

线程使用接口 rt_event_send()时,通过参数 set 指定的事件标志来设定 event 事件集对象的事件标志值,然后遍历 event 事件集对象上的等待线程链表,判断是否有线程的事件激活要求与当前 event 对象事件标志值匹配,如果有则唤醒该线程。

6. 事件的接收

RT - Thread 操作系统使用 32 位的无符号整数来标识事件集,它的每一位代表一个事件,因此一个事件集对象可同时等待接收 32 个事件,内核可以通过指定选择参数"逻辑与"或"逻辑或"来选择如何激活线程。使用"逻辑与"参数,表示只有当所有等待的事件都发生时才激活线程;而使用"逻辑或"参数,则表示只要有一个等待的事件发生就激活线程。事件的接收接口 rt_event_recv()的函数原型及参数说明如图 4 - 40 所示。

```
rt_err_t rt_event_recv(rt_event_t event,
                       rt_uint32_t set,
                       rt_uint8_t option,
                       rt_int32_t timeout,
                       rt_uint32_t* recved);
```

event	事件集对象的句柄
set	接收线程感兴趣的事件
option	接收选项
timeout	指定超时时间
recved	指向接收到的事件

图 4 - 40 事件接收接口原型

当调用接口 rt_event_recv()接收事件时,系统首先根据 set 参数和接收选项 option 来判断它接收的事件是否发生,如果已经发生,则根据参数 option 上是否设置有 RT_EVENT_FLAG_CLEAR 来决定是否重置事件的相应标识位,然后返回

(其中 recved 参数返回接收到的事件);如果没有发生,则把等待的 set 和 option 参数填入线程本身的结构中,然后把线程挂起在此事件上,直到其等待的事件满足条件或等待时间超过指定的超时时间。如果超时时间设置为零,则表示当线程要接收的事件没有满足其要求时就不等待,而直接返回- RT_ETIMEOUT。

4.3.5 事件集的应用示例

为了加强对于事件集使用方法的理解,我们通过一个示例来展示一下如何创建和使用事件集。

1. 示例要求

创建三个动态线程以及一个动态事件集。线程 1 等待自己关心的两个事件,这两个事件采用"逻辑与"的方式运行。另外线程 2 发送事件 1(Bit1),线程 3 发送事件 2(Bit3),每个线程发送 5 次事件后自行退出运行。当线程 1 等待到所有事件运行后清空事件集,等待下次事件的到来。

2. 示例实现

我们基于仿真基础工程。首先用 MDK 打开工程,在 RTOS 内找到 rtconfig. h 文件,打开文件中的事件集功能选项 RT_USING_EVENT,这样才可以在程序中使用互斥量的功能,如图 4 - 41 所示。

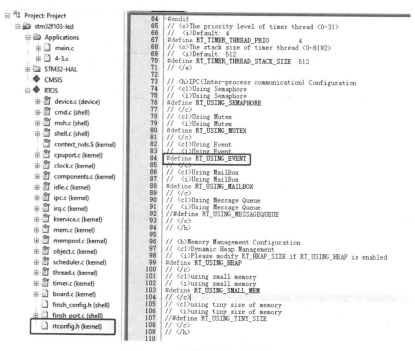

图 4 - 41 使能事件集配置选项

接下来,在 Applications 文件夹内添加一个新的文件,我们命名为"4-3.c"。其次我们按照示例要求,分别创建线程 1、线程 2、线程 3 以及事件集。创建的过程主要注意线程和事件收发处理之间的对应关系。具体的程序如例程 4-5 所示。

【例程 4-5】 事件集应用示例程序

```c
# include <rtthread.h>
# define THREAD_PRIORITY        15
# define THREAD_TIMESLICE        5
# define THREAD_STACK_SIZE      512
# define EVENT_FLAG1 (1 << 1)
# define EVENT_FLAG2 (1 << 3)
/* 指向线程控制块的指针 */
static rt_thread_t t1 = RT_NULL;
static rt_thread_t t2 = RT_NULL;
static rt_thread_t t3 = RT_NULL;
static rt_event_t event = RT_NULL;
/* 线程 1 入口函数 */
static void t1_entry(void * param)
{
    rt_uint32_t e;

    rt_kprintf("thread1 wait event.\n");
    while(1)
    {
        /* 接收事件,事件 1 和事件 3 同时触发线程 1,接收完后清除事件标志 */
        if (rt_event_recv(event, (EVENT_FLAG1 | EVENT_FLAG2),
                    RT_EVENT_FLAG_AND| RT_EVENT_FLAG_CLEAR,
                    RT_WAITING_FOREVER, &e) = = RT_EOK)
        {
                rt_kprintf("thread1 get event 0x% x\n", e);
        }

        rt_thread_mdelay(10);
    }

}
/* 线程 2 入口函数 */
static void t2_entry(void * param)
{
    int count = 5;
    while(count)
        {

            rt_kprintf("thread2 send event1\n");
```

```
                rt_event_send(event, EVENT_FLAG1);
                count -- ;

                rt_thread_mdelay(20);
        }
        rt_kprintf("thread2 exit\n");
}
/* 线程 3 入口函数 */
static void t3_entry(void * param)
{
    int count = 5;
    while(count)
        {
            rt_kprintf("thread3 send event3\n");
            rt_event_send(event, EVENT_FLAG2);
            count -- ;

            rt_thread_mdelay(20);
        }
        rt_kprintf("thread3 exit\n");
}

int event_demo(void)
{
    rt_err_t result;
    /* 创建事件集 */
    event = rt_event_create("event", RT_IPC_FLAG_FIFO);
    if (result = = RT_NULL)
    {
        rt_kprintf("create dynamic event failed.\n");
        return - 1;
    }
    /* 创建线程 1 */
    t1 = rt_thread_create("thread1",
                            t1_entry,
                            RT_NULL,
                            THREAD_STACK_SIZE,
                            THREAD_PRIORITY - 1, THREAD_TIMESLICE);
    if (t1 ! = RT_NULL)
        rt_thread_startup(t1);
    /* 创建线程 2 */
    t2 = rt_thread_create("thread2",
                            t2_entry,
                            RT_NULL,
                            THREAD_STACK_SIZE,
```

```
                                    THREAD_PRIORITY, THREAD_TIMESLICE);
        if (t2 != RT_NULL)
            rt_thread_startup(t2);
            /* 创建线程 3 */
        t3 = rt_thread_create("thread3",
                                t3_entry,
                                RT_NULL,
                                THREAD_STACK_SIZE,
                                THREAD_PRIORITY + 1, THREAD_TIMESLICE);
        if (t3 != RT_NULL)
            rt_thread_startup(t3);
        return 0;
    }


    /* 导出到 msh 命令列表中 */
    MSH_CMD_EXPORT(event_demo, event demo);
```

完成上述程序编写后,在 MDK 环境中编译工程,确认没有警告和错误后,进行仿真运行。运行结果如图 4 - 42 所示。

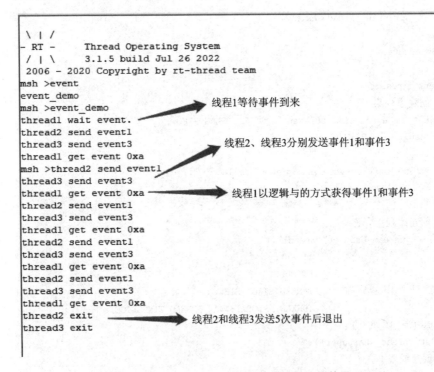

图 4 - 42   事件集应用示例运行效果

第 **5** 章
线程通信

第 4 章介绍了线程间同步的三种方式:信号量、互斥量以及事件集。但是线程同步的内核对象是无法满足线程间的数据传递的,所以本章将介绍另外一类用于线程间数据传递的内核对象,即线程通信用的内核对象,包括消息邮箱、消息队列及信号。

在正式介绍线程通信方式之前,不得不提及一下全局变量。虽然说全局变量的方式一定程度上破坏了程序的封装性,但是由于其作用域的先天优势,在逻辑编程中,大家还是会经常使用全局变量进行功能间的通信,如某些功能可能由于一些操作而改变全局变量的值,另一个功能对此全局变量进行读取,根据读取到的全局变量值执行相应的动作,达到通信的目的。

在 RT - Thread 操作系统中,线程的入口函数之间其实也可以采用全局变量传递信息。但是显然全局变量并不是 RT - Thread 系统的内核对象,也就是说,全局变量是不受系统调度和管理的。这就意味着全局变量的方式相比于线程通信内核方式会有一定的局限性,例如全局变量的方式是无法允许访问的线程进行等待的。所以,在使用 RT - Thread 操作系统编程时,我们还是推荐使用通信内核对象实现线程通信。

5.1 消息邮箱

消息邮箱在 RT - Thread 操作系统中是一种常用的 IPC 通信方式,邮箱可以在线程与线程之间、中断与线程之间进行消息的传递,此外,邮箱相比于信号量与消息队列来说,其开销更低,效率更高,所以常用来做线程与线程、中断与线程间的通信。邮箱中的每一封邮件只能容纳固定的 4 字节内容(STM32 是 32 位处理系统,一个指针的大小即为 4 字节,所以一封邮件恰好能够容纳一个指针),当需要在线程间传递比较大的消息时,可以把指向一个缓冲区的指针作为邮件发送到邮箱中。邮箱采用的是间接通信模式,即双方不需要指出消息的来源或去向,而通过中间机制来通信。例如通过邮箱缓冲区 A 实现两个线程间的消息传递,如图 5 - 1 所示。

线程能够从邮箱中读取邮件消息,当邮箱中的邮件是空时,根据用户自定义的阻塞时间决定是否挂起读取线程;当邮箱中有新邮件时,挂起的读取线程被唤醒。邮箱也是一种异步的通信方式。

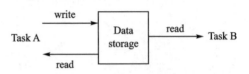

图 5 - 1 间接通信模式

通过邮箱,线程或中断服务函数可以将一个或多个邮件放入邮箱中。同样,一个或多个线程可以从邮箱中获得邮件消息。当有多个邮件发送到邮箱时,通常应将先进入邮箱的邮件先传给线程,也就是说,线程先得到的是最先进入邮箱的消息,即先进先出原则(FIFO);同时,RT - Thread 中的邮箱支持优先级,也就是说,在所有等待邮件的线程中优先级最高的会先获得邮件。

5.1.1 消息邮箱的特性

在 RT - Thread 操作系统中,消息邮箱实现线程之间少量数据的异步通信工作,其主要特性如下:

① 邮件支持先进先出方式排队与优先级排队方式,支持异步读写工作方式。

② 发送与接收邮件均支持超时机制。

③ 一个线程能够从任意一个消息队列接收和发送邮件。

④ 多个线程能够向同一个邮箱发送邮件和从中接收邮件。

⑤ 邮箱中的每一封邮件只能容纳固定的 4 字节内容(可以存放地址)。

⑥ 当队列使用结束后,需要通过删除邮箱以释放内存。

由于邮箱中邮件的大小只能是固定容纳 4 字节的内容,所以使用邮箱的开销是很小的,因为传递的只能是 4 字节以内的内容,其效率也很高。

5.1.2 消息邮箱的组成

在 RT - Thread 中,邮箱作为一类 IPC 内核对象,主要由邮箱控制块(rt_mailbox)、邮箱缓冲区(msg_pool)以及等待线程队列(suspend_sender_thread)三部分组成,而这三个部分的信息都记录在邮箱控制块内。邮箱控制块的内容如图 5 - 2 所示。

邮箱控制块是系统管理邮箱对象的句柄,是邮箱的核心部分,而邮箱缓冲区的作用是存放传递消息的邮件,那么需要使用邮箱的众多线程则是在等待线程队列内进行等待。

```
struct rt_mailbox
{
    struct rt_ipc_object parent;
    rt_uint32_t* msg_pool;                              /* 邮箱缓冲区的开始地址 */
    rt_uint16_t size;                                   /* 邮箱缓冲区的大小      */
    rt_uint16_t entry;                                  /* 邮箱中邮件的数目      */
    rt_uint16_t in_offset, out_offset;                  /* 邮箱缓冲区的进出指针  */
    rt_list_t suspend_sender_thread;                    /* 发送线程的挂起等待队列 */
};
typedef struct rt_mailbox* rt_mailbox_t;
```

图 5-2　邮箱控制块内容

5.1.3　消息邮箱的工作机制

　　邮箱也称作交换消息,线程或中断服务例程把一封 4 字节长度的邮件发送到邮箱中,而一个或多个线程可以从邮箱中接收这些邮件并进行处理。邮箱工作机制示意图如图 5-3 所示。

　　非阻塞方式的邮件发送过程能够安全地应用于中断服务中,是线程、中断服务、定时器向线程发送消息的有效手段。通常来说,邮件收取过程可能是阻塞的,这取决于邮箱中是否有邮件,以及收取邮件时设置的超时时间。当邮箱中不存在邮件且超时时间不为 0 时,邮件收取过程将变成阻塞方式。在这类情况下,只能由线程进行邮件的收取。

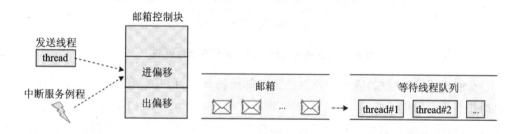

图 5-3　邮箱工作机制示意图

　　发送邮件时,当且仅当邮箱邮件还没满时才能进行发送;如果邮箱已满;可以根据用户设定的等待时间进行等待。当邮箱中的邮件被收取而空出空间来时,等待挂起的发送线程将被唤醒继续发送的过程。当等待时间到了还未完成发送邮件,或者未设置等待时间时,此时发送邮件失败,发送邮件的线程或者中断程序会收到一个错误码(-RT_EFULL)。线程发送邮件可以带阻塞,但在中断中不能采用任何带阻塞的方式发送邮件。

　　接收邮件时,根据邮箱控制块中的 entry 判断队列是否有邮件。如果邮箱的邮件非空,那么可以根据"出偏移"找到最先发送到邮箱中的邮件进行接收。在接收时如果邮箱为空,如果用户设置了等待超时时间,系统会将当前线程挂起,当达到设置的超时时间,邮箱依然未收到邮件时,那么线程将被唤醒并返回 - RT_ETIMEOUT。如果邮箱中存在邮件,那么接收线程将复制邮箱中的 4 字节邮件到接收线程中。通常来说,邮件收取过程可能是阻塞的,这取决于邮箱中是否有邮件,以及收取邮件时设置的超时时间。

5.1.4　消息邮箱的接口函数

在 RT - Thread 操作系统中,提供了一系列接口函数,通过邮箱句柄即指向邮箱控制块的指针 rt_mailbox_t,实现对于邮箱的创建、初始化、删除、脱离以及邮件发送和接收等操作。

1. 邮箱的创建

动态邮箱对象的创建可以使用接口 rt_mb_create()函数。创建邮箱对象时会先创建一个邮箱对象控制块;然后给邮箱分配一块内存空间用来存放邮件,这块内存的大小等于邮件大小(4 字节)与邮箱容量的乘积;接着初始化接收邮件和发送邮件在邮箱中的偏移量。创建事件集使用的接口函数原型以及参数说明如图 5 - 4 所示。

```
rt_mailbox_t rt_mb_create (const char* name, rt_size_t size, rt_uint8_t flag);
```

name	邮箱名称
size	邮箱容量
flag	邮箱标志, 它可以取如下数值: RT_IPC_FLAG_FIFO或RT_IPC_FLAG_PRIO

图 5 - 4　邮箱创建接口函数原型及参数说明

在创建邮箱的时候,需要用户自己定义邮箱的句柄,但是注意了,定义了邮箱的句柄并不等于创建了邮箱,创建邮箱必须是调用 rt_mb_create()函数进行创建;否则,以后根据邮箱句柄使用邮箱的其他函数时就会发生错误。在创建邮箱时是会返回创建情况的,如果创建成功则返回创建的邮箱句柄,如果是返回 RT_NULL,则表示失败。

2. 邮箱的初始化

当需要使用静态邮箱的时候,可以使用邮箱初始化接口 rt_mb_init()来完成静态邮箱的初始化。由于静态邮箱对象的内存是用户定义,并且在系统编译时由编译器分配的,所以进行邮箱初始化的时候需要我们自己定义邮箱对象控制块、缓冲区的指针,以及邮箱名称和邮箱容量(能够存储的邮件数)等内容,后续作为初始化接口函数的参数使用。邮箱初始化接口函数的原型与参数说明如图 5 - 5 所示。

需要注意的是,上图中的 size 参数指定的是邮箱的容量,即如果 msgpool 指向的缓冲区的字节数是 N,那么邮箱容量应该是 N/4。

```
rt_err_t rt_mb_init(rt_mailbox_t mb,
                    const char* name,
                    void* msgpool,
                    rt_size_t size,
                    rt_uint8_t flag)
```

mb	邮箱对象的句柄
name	邮箱名称
msgpool	缓冲区指针
size	邮箱容量
flag	邮箱标志,它可以取如下数值:RT_IPC_FLAG_FIFO或RT_IPC_FLAG_PRIO

图 5 - 5   邮箱初始化接口函数原型及参数说明

3. 邮箱的删除

当不再需要使用动态邮箱时,可以通过邮箱删除接口 rt_mb_delete()来完成邮箱对象的删除。删除之后这个邮箱的所有信息都会被系统回收清空,而且不能再次使用这个邮箱。注意这个接口只能用于删除由 rt_mb_create()接口创建的动态邮箱,否则会提示失败。其接口函数原型及参数说明如图 5 - 6 所示。

```
rt_err_t rt_mb_delete (rt_mailbox_t mb);
```
mb	邮箱对象的句柄

图 5 - 6   邮箱删除接口函数原型及参数说明

当删除一个邮箱时,如果有线程被挂起在该邮箱对象上,内核先唤醒挂起在该邮箱上的所有线程(线程返回值是—RT_ERROR),然后再释放邮箱使用的内存,最后删除邮箱对象。

4. 邮箱的脱离

当不再需要使用静态邮箱时,需要使用邮箱脱离接口 rt_mb_detach(),将静态邮箱对象从内核对象管理器中脱离。邮箱脱离接口的函数原型及参数说明如图 5 - 7 所示。

```
rt_err_t rt_mb_detach(rt_mailbox_t mb);
```
mb	邮箱对象的句柄

图 5 - 7   邮箱脱离接口函数原型及参数说明

使用事件集脱离接口后,内核先唤醒所有挂在该事件集上的线程(线程的返回值是— RT_ERROR),然后系统将该事件集从内核对象管理器中脱离。

5. 邮件的发送

在 RT - Thread 操作系统中,为用户提供了两种邮件发送方式:一种是非阻塞式邮件发送,另一种是阻塞式邮件发送。两者的主要区别在于是否有等待时间,也就是邮件的接收方是否允许被阻塞。

首先,非阻塞式邮件发送接口 rt_mb_send()函数,用于线程、中断服务程序向其他线程或中断服务程序发送邮件。由于采用的是非阻塞方式发送的邮件,不会阻塞邮件接收方,所以这种方式是可以向中断服务程序发送数据的。其接口的函数原型及参数说明如图 5 - 8 所示。

```
rt_err_t rt_mb_send (rt_mailbox_t mb, rt_uint32_t value);
```

mb	邮箱对象的句柄
value	邮件内容

图 5 - 8 非阻塞式邮件发送接口函数原型及参数说明

当线程使用非阻塞式接口 rt_mb_send()发送邮件时,发送的邮件是 32 位任意格式的数据,可以是一个整型值或者一个指向缓冲区的指针。当邮箱中的邮件已满时,发送邮件的线程或者中断程序会收到—RT_EFULL 的返回值。

另一种是阻塞式邮件发送方式 rt_mb_send_wait(),由于这种方式可以设置接收邮件的等待时间,所以需要注意的是这种方式不能向中断服务程序发送邮件,否则会引发中断服务阻塞。阻塞式邮件发送接口的函数原型及参数说明如图 5 - 9 所示。

```
rt_err_t rt_mb_send_wait (rt_mailbox_t mb,
                          rt_uint32_t value,
                          rt_int32_t timeout);
```

mb	邮箱对象的句柄
value	邮件内容
timeout	超时时间

图 5 - 9 阻塞式邮件发送接口函数原型及参数说明

当使用阻塞式邮件发送时,如果邮箱已经满了,那么发送线程将根据设定的 timeout 参数等待邮箱中因为收取邮件而空出空间。如果设置的超时时间已到但依然没有空出空间,这时发送线程将被唤醒并返回错误码。

6. 邮件的接收

在 RT - Thread 操作系统中,邮件的收发与我们现实生活中的邮件收发道理其实是一样的,既然提供了邮件的发送,与之对应的自然存在邮件的接收处理。

　　我们可以使用邮件接收函数 rt_mb_recv()访问指定的邮箱,看看是否有邮件发送过来。接收到邮件就去处理信息,如果还没有邮件发送过来,那我们可以不等这个邮件或者指定等待时间去接收这个邮件,如果超时了还是没有收到邮件,就返回错误代码。只有当接收者接收的邮箱中有邮件时,接收线程才能立即取到邮件,否则接收线程会根据指定超时时间将线程挂起,直到接收完成或者超时。邮件的接收接口的函数原型及参数说明如图 5 - 10 所示。

```
rt_err_t rt_mb_recv (rt_mailbox_t mb, rt_uint32_t* value, rt_int32_t timeout);
```

mb	邮箱对象的句柄
value	邮件内容
timeout	超时时间

图 5 - 10　邮件接收接口函数原型及参数说明

　　当调用接口 rt_mb_rerv()接收邮件时,接收者需指定接收邮件的邮箱句柄,并指定接收到邮件的存放位置以及最多能够等待的超时时间。如果接收时设定了超时,当在指定的时间内依然未收到邮件时,将返回—RT_ETIMEOUT。

5.1.5　消息邮箱的应用示例

　　为了便于大家进一步理解邮箱的使用方法,这里我们通过一个示例来展示一下如何创建和使用邮箱进行线程间的数据通信。

1. 示例要求

　　创建两个动态线程以及一个动态邮箱。线程 1 的优先级为 10,线程 2 的优先级为 11。线程 1 发送邮件,线程 2 接收邮件。邮件的内容为计数值,一共发送 10 次邮件,计数值与发送次数一致。发送结束后线程 1 自行退出运行。

2. 示例实现

　　我们基于仿真基础工程。首先用 MDK 打开工程,在 RTOS 内找到 rtconfig.h 文件,打开文件中的邮箱功能选项 RT_USING_MAILBOX,这样才可以在程序中使用互斥量的功能,如图 5 - 11 所示。

　　接下来,在 Applications 文件夹内添加一个新的文件,我们命名为"5 - 1.c"。然后按照示例要求,分别创建线程 1、线程 2 以及邮箱。创建的过程主要注意线程和邮件收发处理之间的对应关系。具体的程序如例程 5 - 1 所示。

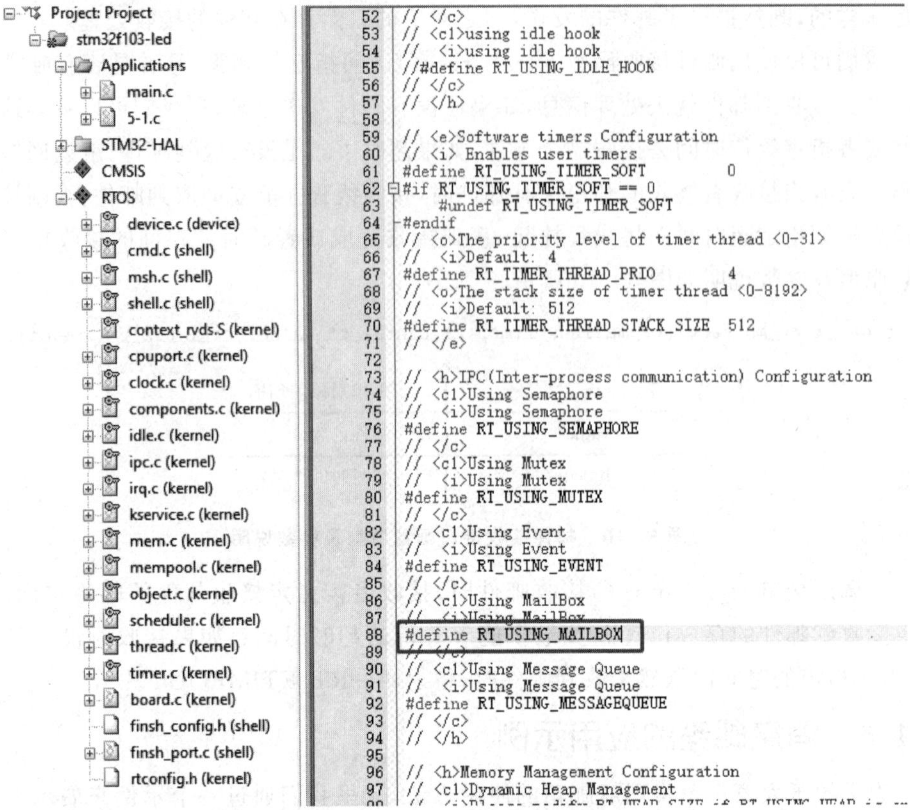

```
   Project: Project                    52    // </c>
      stm32f103-led                     53    // <c1>using idle hook
         Applications                   54    //   <i>using idle hook
            main.c                      55    //#define RT_USING_IDLE_HOOK
            5-1.c                       56    // </c>
         STM32-HAL                      57    // </h>
         CMSIS                          58
         RTOS                           59    // <e>Software timers Configuration
            device.c (device)          60    // <i> Enables user timers
            cmd.c (shell)              61    #define RT_USING_TIMER_SOFT        0
            msh.c (shell)              62   #if RT_USING_TIMER_SOFT == 0
            shell.c (shell)            63        #undef RT_USING_TIMER_SOFT
            context_rvds.S (kernel)    64   #endif
            cpuport.c (kernel)         65    // <o>The priority level of timer thread <0-31>
            clock.c (kernel)           66    //   <i>Default: 4
            components.c (kernel)      67    #define RT_TIMER_THREAD_PRIO       4
            idle.c (kernel)            68    // <o>The stack size of timer thread <0-8192>
            ipc.c (kernel)             69    //   <i>Default: 512
            irq.c (kernel)             70    #define RT_TIMER_THREAD_STACK_SIZE  512
            kservice.c (kernel)        71    // </e>
            mem.c (kernel)             72
            mempool.c (kernel)         73    // <h>IPC(Inter-process communication) Configuration
            object.c (kernel)          74    // <c1>Using Semaphore
            scheduler.c (kernel)       75    //   <i>Using Semaphore
            thread.c (kernel)          76    #define RT_USING_SEMAPHORE
            timer.c (kernel)           77    // </c>
            board.c (kernel)           78    // <c1>Using Mutex
            finsh_config.h (shell)     79    //   <i>Using Mutex
            finsh_port.c (shell)       80    #define RT_USING_MUTEX
            rtconfig.h (kernel)        81    // </c>
                                        82    // <c1>Using Event
                                        83    //   <i>Using Event
                                        84    #define RT_USING_EVENT
                                        85    // </c>
                                        86    // <c1>Using MailBox
                                        87    //   <i>Using MailBox
                                        88    #define RT_USING_MAILBOX
                                        89    // </c>
                                        90    // <c1>Using Message Queue
                                        91    //   <i>Using Message Queue
                                        92    #define RT_USING_MESSAGEQUEUE
                                        93    // </c>
                                        94    // </h>
                                        95
                                        96    // <h>Memory Management Configuration
                                        97    // <c1>Dynamic Heap Management
```

图 5-11　使能邮箱配置选项

【例程 5-1】　邮箱应用示例程序

```c
#include <rtthread.h>

#define THREAD_PRIORITY      10
#define THREAD_TIMESLICE     5
#define THREAD_STACK_SIZE    512
/* 指向线程控制块的指针 */
static rt_thread_t t1 = RT_NULL;
static rt_thread_t t2 = RT_NULL;


/* 指向邮箱控制块的指针 */
static rt_mailbox_t mb = RT_NULL;
/* 线程 1 入口函数 */
static void t1_entry(void * parameter)
{
    rt_uint8_t count = 1;
    while (count<11)
    {
```

```
        rt_kprintf("thread1 send %d to mailbox.\n", count);

        rt_mb_send(mb, count);

        count ++;
        /* 延时 200 ms */
        rt_thread_mdelay(200);
    }

}


/* 线程 2 入口函数 */
static void t2_entry(void * parameter)
{
    rt_uint8_t * number;

    while (1)
    {

        /* 从邮箱中收取邮件 */
        if (rt_mb_recv(mb, (rt_ubase_t *)&number, RT_WAITING_FOREVER) == RT_EOK)
        {
            rt_kprintf("thread2 get %d from mailbox.\n", number);

            /* 延时 100 ms */
            rt_thread_mdelay(100);
        }
    }

}


int mailbox_demo(void)
{

    /* 创建邮箱 */
    mb = rt_mb_create("mailbox",                    /* 邮箱名称 */
                    10,                             /* 邮箱大小 */
                    RT_IPC_FLAG_FIFO);              /* 采用 FIFO 方式进行线程等待 */
```

```
                /* 创建线程 1 */
    t1 = rt_thread_create("thread1",
                              t1_entry,
                              RT_NULL,
                              THREAD_STACK_SIZE,
                              THREAD_PRIORITY - 1, THREAD_TIMESLICE);
    if (t1 != RT_NULL)
        rt_thread_startup(t1);

    /* 创建线程 2 */
    t2 = rt_thread_create("thread2",
                              t2_entry,
                              RT_NULL,
                              THREAD_STACK_SIZE,
                              THREAD_PRIORITY, THREAD_TIMESLICE);
    if (t2 != RT_NULL)
        rt_thread_startup(t2);

    return 0;
}

/* 导出到 msh 命令列表中 */
MSH_CMD_EXPORT(mailbox_demo, mailbox demo);
```

　　完成上述程序编写后,在 MDK 环境中编译工程,确认没有警告和错误后,进行仿真运行。运行结果如图 5 - 12 所示。

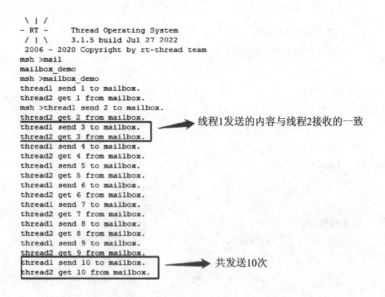

图 5 - 12　邮箱应用示例运行效果

5.2　消息队列

消息队列是一种常用于线程间通信的数据结构,队列可以在线程与线程间、中断和线程间传送信息,实现了线程接收来自其他线程或中断的不固定长度的消息,并根据不同的接口选择传递消息是否存放在线程自己的空间。线程能够从队列里面读取消息,当队列中的消息是空时,挂起读取线程,用户还可以指定挂起的线程时间 timeout;当队列中有新消息时,挂起的读取线程被唤醒并处理新消息。消息队列是一种异步的通信方式,可以应用于多种场合:线程间的消息交换、使用串口接收不定长数据等。

通过消息队列服务,线程或中断服务例程可以将一条或多条消息放入消息队列中。同样,一个或多个线程可以从消息队列中获得消息。当有多个消息发送到消息队列时,通常是将先进入消息队列的消息先传给线程,也就是说,线程先得到的是最先进入消息队列的消息,即先进先出原则(FIFO)。同时 RT‐Thread 中的消息队列支持优先级,也就是说,在所有等待消息的线程中优先级最高的会先获得消息。

5.2.1　消息队列的特性

RT‐Thread 中,消息队列提供了异步处理机制,允许将一个消息放入队列,但并不立即处理它,同时队列还能起到缓冲消息作用。消息队列使用队列数据结构实现线程异步通信,具有如下特性:

① 消息支持先进先出与优先级排队方式,支持异步读写工作方式。

② 读队列支持超时机制。

③ 支持发送紧急消息,这里的紧急消息是往队列头发送消息。

④ 可以允许不同长度(不超过队列节点最大值)的任意类型消息。

⑤ 一个线程能够从任意一个消息队列接收和发送消息。

⑥ 多个线程能够从同一个消息队列接收和发送消息。

⑦ 当队列使用结束后,需要通过删除队列操作释放内存函数回收。

消息队列主要适用于以下两个场合:第一,消息的产生周期较短,消息的处理周期较长;第二,消息的产生是随机的,消息的处理速度与消息内容有关,某些消息的处理时间有可能较长。这两种情况均可把产生与处理分在两个程序主体进行编程,它们之间通过消息队列通信。

5.2.2　消息队列的组成

在 RT‐Thread 操作系统的消息队列对象由多个元素组成,当消息队列被创建时,它就被分配了消息队列控制块:消息队列名称、内存缓冲区、消息大小以及队列长度等。同时每个消息队列对象中包含着多个消息框,每个消息框可以存放一条消息;消息队列中的第一个和最后一个消息框被分别称为消息链表头和消息链表尾。消息队列对象的结构示意图如图 5 - 13 所示。

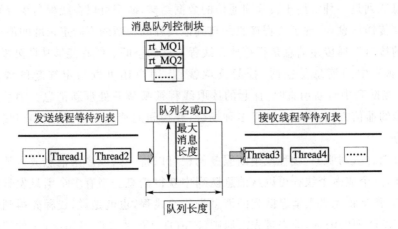

图 5 - 13　消息队列对象的结构示意图

5.2.3　消息队列的工作机制

消息队列能够接收来自线程或中断服务例程中不固定长度的消息,并把消息缓存在自己的内存空间中。其他线程也能够从消息队列中读取相应的消息,而当消息队列是空的时候,可以挂起读取线程。当有新的消息到达时,挂起的线程将被唤醒以接收并处理消息。消息队列工作过程的状态示意图如图 5 - 14 所示。

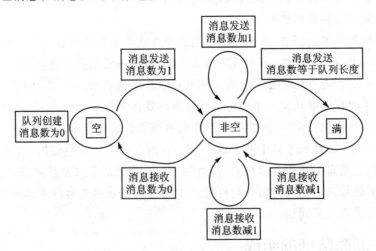

图 5 - 14　消息队列工作过程的状态示意图

发送普通消息时,消息队列对象先从空闲消息链表上取下一个空闲消息块,把线程或者中断服务程序发送的消息内容复制到消息块上，然后把该消息块挂到消息队列的尾部。当且仅当空闲消息链表上有可用的空闲消息块时，发送者才能成功发送消息；当空闲消息链表上无可用消息块，说明消息队列已满，此时，发送消息的线程或者中断程序会收到一个错误码（-RT_EFULL）。

发送紧急消息时，从空闲消息链表上取下来的消息块不是挂到消息队列的队尾，而是挂到队首，这样，接收者就能够优先接收到紧急消息，从而及时进行消息处理。

读取消息时，根据 msg_queue_head 找到最先入队列中的消息节点进行读取。根据消息队列控制块中的 entry 判断队列是否有消息读取，对全部空闲（entry 为 0）队列进行读消息操作会引起线程挂起。

5.2.4　消息队列的接口函数

在 RT - Thread 操作系统中，提供了一系列消息队列的接口函数，通过消息队列句柄即指向消息队列控制块的指针 rt_messagequeue_t，实现对于消息队列的创建、初始化、删除、脱离以及消息发送和接收等操作。

1. 消息队列的创建

在使用动态消息队列对象之前，需要使用接口 rt_mq_create() 函数。创建消息队列对象时会先创建一个消息队列控制块；然后给消息队列分配一块内存空间用来存放消息，这块内存的大小等于消息大小加上消息头的大小总和乘以消息队列最大个数；接着再初始化消息队列，此时消息队列为空。创建消息队列接口的函数原型及参数说明如图 5-15 所示。

```
rt_mq_t rt_mq_create(const char* name, rt_size_t msg_size,
                     rt_size_t max_msgs, rt_uint8_t flag);
```

name	消息队列的名称
msg_size	消息队列中一条消息的最大长度，单位为字节
max_msgs	消息队列的最大个数
flag	消息队列采用的等待方式，它可以取如下数值:RT_IPC_FLAG_FIFO或RT_IPC_FLAG_PRIO

图 5-15　消息队列创建接口函数原型及参数说明

在创建消息队列的时候，根据接口参数的需求，用户需要自己定义消息队列的句柄、队列长度、节点的大小等信息。但是注意了，定义了这些参数并不等于创建了消息队列，消息队列的创建必须是调用 rt_mq_create() 函数进行创建；否则，以后根据消息队列句柄使用消息队列的其他函数时就会发生错误。在创建消息队列时是会返回创建的情况的，如果创建成功则返回创建的邮箱句柄，如果是返回 RT_NULL，则表示失败。

2. 消息队列的初始化

当需要使用静态消息队列对象时,可以使用消息队列初始化接口 rt_mq_init()来完成静态消息队列的初始化。由于静态消息队列对象的内存是用户定义,并且在系统编译时由编译器分配的,所以进行消息队列初始化的时候需要我们自己定义消息队列对象控制块、消息缓冲区的指针、消息大小以及消息队列名称和容量等内容,后续作为初始化接口函数的参数使用。消息队列初始化后所有消息都挂在空闲消息链表上,消息队列为空。消息队列初始化接口的函数原型及参数说明如图 5 - 16 所示。

```
rt_err_t rt_mq_init(rt_mq_t mq, const char* name,
                    void *msgpool, rt_size_t msg_size,
                    rt_size_t pool_size, rt_uint8_t flag);
```

mq	消息队列对象的句柄
name	消息队列的名称
msgpool	指向存放消息的缓冲区的指针
msg_size	消息队列中一条消息的最大长度,单位为字节
pool_size	存放消息的缓冲区大小
flag	消息队列采用的等待方式,它可以取如下数值:RT_IPC_FLAG_FIFO或RT_IPC_FLAG_PRIO

图 5 - 16　消息队列初始化接口函数原型及参数说明

3. 消息队列的删除

当不再需要使用消息队列时,可以通过消息队列删除接口 rt_mq_delete()来完成动态消息队列对象的删除。删除之后这个消息队列的所有信息都会被系统回收清空,而且不能再次使用这个消息队列。注意这个接口只能用于删除由 rt_mq_create()接口创建的动态消息队列,否则会提示失败。其接口的原型及参数说明如图 5 - 17 所示。

```
rt_err_t rt_mq_delete(rt_mq_t mq);
```

mq	消息队列对象的句柄

图 5 - 17　消息队列删除接口函数原型及参数说明

当删除一个消息队列时,会把所有由于访问此消息队列而进入阻塞态的线程都从阻塞链表中删除。mq 是传入接口函数 rt_mq_delete()的参数,是消息队列句柄,表示的是要删除哪个队列。如果有线程被挂起在该消息队列对象上,内核先唤醒挂起在该消息队列上的所有线程(线程返回值是- RT_ERROR),然后再释放消息队列使用的内存,最后删除消息队列对象。

4. 消息队列的脱离

当不再需要使用静态消息队列时,需要使用消息队列脱离接口 rt_mq_detach()
将静态消息队列对象从内核对象管理器中脱离。邮箱脱离接口的函数原型及参数说
明如图 5 - 18 所示。

$$rt\_err\_t\ rt\_mb\_detach(rt\_mailbox\_t\ mb);$$

mb　　　　　　　　　邮箱对象的句柄

图 5 - 18　消息队列脱离接口函数原型及参数说明

使用消息队列脱离接口后,内核先唤醒所有挂在该消息等待队列对象上的线程
(线程返回值是- RT_ERROR),然后将该消息队列对象从内核对象管理器中脱离。

5. 消息的发送

在 RT - Thread 操作系统中使用消息队列时,为用户提供了两种消息发送方式:
一种是普通消息发送,另外一种是紧急消息发送。两者的主要区别在于新的消息存
放在队列的队首还是队尾,也就是新的消息是否会被优先读取。

首先,通过普通消息发送接口 rt_mq_send()函数发送消息时,消息队列对象先
从空闲消息链表上取下一个空闲消息块,把线程或者中断服务程序发送的消息内容
复制到消息块上,然后把该消息块挂到消息队列的尾部。当且仅当空闲消息链表上
有可用的空闲消息块时,发送者才能成功发送消息;当空闲消息链表上无可用消息块
时,说明消息队列已满,此时,发送消息的线程或者中断程序会收到一个错误码
(—RT_EFULL)。其接口的函数原型及参数说明如图 5 - 19 所示。

$$rt\_err\_t\ rt\_mq\_send\ (rt\_mq\_t\ mq,\ void*\ buffer,\ rt\_size\_t\ size);$$

mq	消息队列对象的句柄
buffer	消息内容
size	消息大小

图 5 - 19　普通消息发送接口函数原型及参数说明

线程使用普通消息发送接口 rt_mq_send()发送消息时,发送者需指定发送到的
消息队列的对象句柄(即指向消息队列控制块的指针),并且指定发送的消息内容以
及消息大小。在发送一个普通消息之后,空闲消息链表上的消息被转移到了消息队
列尾链表上。普通消息的发送流程示意图如图 5 - 20 所示。

另外一种是紧急消息发送方式 rt_mq_urgent(),发送紧急消息时,从空闲消息
链表上取下来的消息块不是挂到消息队列的队尾,而是挂到队首,这样接收者就能够

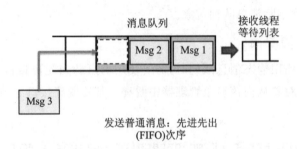

发送普通消息：先进先出
(FIFO)次序

图 5 - 20　普通消息发送示意图

优先接收到紧急消息,从而及时进行消息处理。紧急消息发送接口的函数原型以及参数说明如图 5 - 21 所示。

```
rt_err_t rt_mq_urgent(rt_mq_t mq, void* buffer, rt_size_t size);
```

mq	消息队列对象的句柄
buffer	消息内容
size	消息大小

图 5 - 21　紧急消息发送接口原型

使用紧急方式 rt_mq_urgent()接口函数发送消息时,消息的发送流程示意图如图 5 - 22 所示。

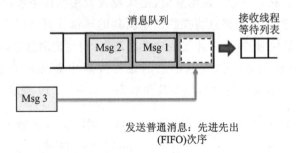

发送普通消息：先进先出
(FIFO)次序

图 5 - 22　紧急消息发送示意图

6. 消息的接收

在 RT - Thread 操作系统中,当消息队列内有消息时,接收方就可以接收消息了;否则接收方会根据超时时间的设置,将消息挂起在消息队列的等待线程队列上,或直接返回。线程从消息队列中接收消息的示意图如图 5 - 23 所示。

用户可以使用消息接收函数 rt_mq_recv()接收消息队列内的消息。接收消息时,接收者需指定存储消息的消息队列对象句柄,并且指定一个内存缓冲区,接收到的消息内容将被复制到该缓冲区里。此外,还需指定未能及时取到消息时的超时时间。接收一个消息后,消息队列上的队首消息被转移到了空闲消息链表的尾部。消

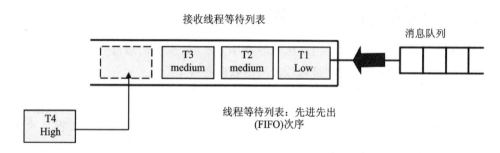

图 5 – 23　消息接收示意图

息的接收接口的函数原型及参数说明如图 5 – 24 所示。

```
rt_err_t rt_mq_recv (rt_mq_t mq, void* buffer,
                     rt_size_t size, rt_int32_t timeout);
```

mq	消息队列对象的句柄
buffer	消息内容
size	消息大小
timeout	指定的超时时间

图 5 – 24　消息接收接口函数原型及参数说明

当调用接口 rt_mq_rerv()接收消息时,接收方需指定接收消息的消息队列句柄,并指定接收消息的大小和最多能够等待的超时时间。如果接收时设定了超时,当指定的时间内依然未收到消息时,将返回- RT_ETIMEOUT。接收消息的流程图如图 5 – 25 所示。

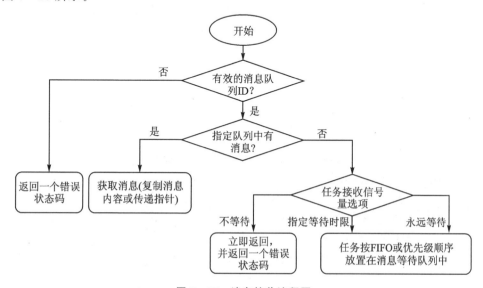

图 5 – 25　消息接收流程图

5.2.5　消息队列的应用示例

为了便于大家进一步理解消息队列的使用方法，这里我们通过一个示例来展示一下如何创建和使用消息队列进行线程间的数据通信。

1. 示例要求

创建三个动态线程以及一个动态消息队列。线程 1 的优先级为 10，线程 2 的优先级为 9，线程 3 的优先级为 11。线程 1 每隔 100 ms 接收一次消息，线程 2 每 10 ms 发送一条普通消息，一共发送 10 次，线程 3 每 50 ms 发送一条紧急消息，一共发送 2 次。消息队列内消息取空时，线程 1 自行退出运行。

2. 示例实现

我们基于仿真基础工程。首先用 MDK 打开工程，在 RTOS 内找到 rtconfig. h 文件；然后打开文件中的邮箱功能选项"RT_USING_MESSAGEQUEUE"，这样才可以在程序中使用互斥量的功能，如图 5 - 26 所示。

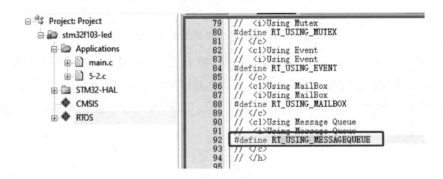

图 5 - 26　使能消息队列配置选项

接下来，在 Applications 文件夹内添加一个新的文件，我们命名为"5 - 2. c"；再按照示例要求，分别创建线程 1、线程 2、线程 3 以及消息队列。创建的过程主要注意各个线程与消息收发处理之间的对应关系。具体的程序如例程 5 - 2 所示。

【例程 5 - 2】　消息队列应用示例程序

```
# include <rtthread. h>

# define THREAD_PRIORITY        10
# define THREAD_TIMESLICE       5
# define THREAD_STACK_SIZE      512
```

```
/* 指向线程控制块的指针 */
static rt_thread_t t1 = RT_NULL;
static rt_thread_t t2 = RT_NULL;
static rt_thread_t t3 = RT_NULL;
static rt_mq_t mq = RT_NULL;


/* 线程 1 入口函数 */
static void t1_entry(void * param)
{
    rt_uint8_t num = 0;

    while (1)
    {
        /* 从消息队列中接收消息 */
        if (rt_mq_recv(mq, &num, sizeof(num), RT_WAITING_FOREVER) == RT_EOK)
        {
            rt_kprintf("thread1: recv msg from msg queue, the content: %d\n", num);

        }
        /* 延时 100 ms */
        rt_thread_mdelay(100);
    }

}


/* 线程 2 入口函数 */
static void t2_entry(void * param)
{
        int result;
    rt_uint8_t num = 1;

    while (1)
    {

        /* 发送普通消息到消息队列中 */
        result = rt_mq_send(mq, &num, 1);
        if (result != RT_EOK)
```

```
        {
            rt_kprintf("rt_mq_send ERR\n");
        }

        rt_kprintf("thread2: send message - %d\n", num);
        num ++ ;
            if(num>10) break;
        /* 延时 10 ms */
        rt_thread_mdelay(10);

    }

}
/* 线程 3 入口函数 */
static void t3_entry(void * param)
{
        int result;
    rt_uint8_t num = 20;
    while (1)
    {

        /* 发送紧急消息到消息队列中 */
        result = rt_mq_urgent(mq, &num, 1);
        if (result ! = RT_EOK)
        {
            rt_kprintf("rt_mq_urgent ERR\n");
        }
        else
        {
            rt_kprintf("thread3: send urgent message - %d\n", num);
        }

        num + = 10;
            if(num> = 40) break;
        /* 延时 50 ms */
        rt_thread_mdelay(50);

    }
}

int mq_demo(void)
{

    /* 创建消息队列 */
```

```
    mq = rt_mq_create(          "mq",/* 消息队列名字 */
                                20, /* 消息的最大长度 */
                                40, /* 消息队列的最大容量 */
                                RT_IPC_FLAG_FIFO);/* 队列模式 FIFO(0x00) */


/* 创建线程 1 */
    t1 = rt_thread_create("thread1",
                          t1_entry,
                          RT_NULL,
                          THREAD_STACK_SIZE,
                          THREAD_PRIORITY, THREAD_TIMESLICE);
    if (t1 != RT_NULL)
        rt_thread_startup(t1);

    /* 创建线程 2 */
    t2 = rt_thread_create("thread2",
                          t2_entry,
                          RT_NULL,
                          THREAD_STACK_SIZE,
                          THREAD_PRIORITY - 1, THREAD_TIMESLICE);
    if (t2 != RT_NULL)
        rt_thread_startup(t2);

        /* 创建线程 3 */
    t3 = rt_thread_create("thread3",
                          t3_entry,
                          RT_NULL,
                          THREAD_STACK_SIZE,
                          THREAD_PRIORITY + 1, THREAD_TIMESLICE);
    if (t3 != RT_NULL)
        rt_thread_startup(t3);

    return 0;

}

/* 导出到 msh 命令列表中 */
MSH_CMD_EXPORT(mq_demo, mq demo);
```

完成上述程序编写后,在 MDK 环境中编译工程,确认没有警告和错误后,进行仿真运行。运行结果如图 5-27 所示。

```
 \ | /
- RT -     Thread Operating System
 / | \     3.1.5 build Jul 28 2022
 2006 - 2020 Copyright by rt-thread team
msh >mq
mq_demo
msh >mq_demo
thread2: send message - 1                        线程2向消息队列内发送变通消息
thread1: recv msg from msg queue, the content:1   线程1接收消息
thread3: send urgent message - 20
msreathread2: send message - 3                    线程3发送紧急消息
thread2: send message - 4
thread2: send message - 5
thread2: send message - 6
thread3: send urgent message - 30
thread2: send message - 7
thread2: send message - 8
thread2: send message - 9
thread2: send message - 10
thread1: recv msg from msg queue, the content:30   线程1再次接收消息
thread1: recv msg from msg queue, the content:20   时优先读取紧急消息
thread1: recv msg from msg queue, the content:2    内容
thread1: recv msg from msg queue, the content:3
thread1: recv msg from msg queue, the content:4
thread1: recv msg from msg queue, the content:5
thread1: recv msg from msg queue, the content:6
thread1: recv msg from msg queue, the content:7
thread1: recv msg from msg queue, the content:8
thread1: recv msg from msg queue, the content:9
thread1: recv msg from msg queue, the content:10
```

图 5-27　消息队列应用示例运行效果

5.3　信　号

在 RT - Thread 操作系统中,与其说"信号"是一种线程间的通信方式,不如说是一种软件层次上的"中断机制"。在原理上,一个线程收到一个信号与处理器收到一个中断请求是类似的。

5.3.1　信号的背景知识

信号处理机制在很早的 UNIX 系统中就已经有了,但那些早期 UNIX 内核中信号处理的方法并不是那么可靠。信号可能会被丢失,而且在处理紧要区域代码时进程有时很难关闭一个指定的信号,后来 POSIX 标准提供了一种可靠的处理信号的方法。那么 POSIX 标准是什么呢?

POSIX 是可移植操作系统界面,即 Portable Operating System Interface 的缩写。是 IEEE 为要在各种 UNIX 操作系统上运行的软件而定义 API 的一系列互相关联的标准的总称,其正式称呼为 IEEE 1003,而国际标准名称为 ISO/IEC 9945。此标准源于一个大约开始于 1985 年的项目。POSIX 这个名称是由理查德·斯托曼

应 IEEE 的要求而提议的一个易于记忆的名称。

POSIX 这个标准规定了一些操作系统必须实现的通用接口,以方便移植。但不是每个操作系统都严格遵守这个标准,而大名鼎鼎的 Linux 操作系统中实现的一些函数,都是遵守这个标准而做的,包括进程、时间、信号等,都可以在 POSIX 上找到标准的规定。

在 RT-Thread 中,将 POSIX 标准定义的 sigset_t 类型定义为 unsigned long 型,并命名为 rt_sigset_t,应用程序能够使用的信号为 SIGUSR1(10)和 SIGUSR2(12)。

5.3.2　信号的工作机制

在 RT-Thread 操作系统中,信号用作异步通信,信号的本质是软中断,用来通知线程发生了异步事件,用作线程之间的异常通知、应急处理。一个线程不必通过任何操作来等待信号的到达,事实上,线程也不知道信号到底什么时候到达。

收到信号的线程对各种信号有不同的处理方法,处理方法可以分为三类:

第一种方法类似中断的处理程序,对于需要处理的信号线程可以指定处理函数,由该函数来处理。

第二种方法,忽略某个信号,对该信号不做任何处理,就像未发生过一样。

第三种方法,对该信号的处理保留系统的默认值。

如图 5-28 所示,假设线程 2 需要对信号进行处理。首先线程 2 安装一个信号(SIGUSR1 或 SIGUSR2)并解除阻塞该信号,并在安装的同时设定对信号的异常处理方式;然后线程 1 或者中断服务程序 ISR 可以给线程 2 发送信号,触发线程 2 对该信号的处理。

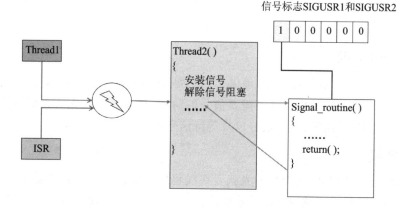

图 5-28　信号工作机制示意图

5.3.3 信号与中断、事件的对比

首先,作为"软中断"的信号机制与外部的中断机制有什么异同点呢? 两者的相同点有三个方面:

① 两者都具有中断性,都要先暂时地中断当前线程的运行。

② 两者都有相应的服务程序,与中断向量对应的服务程序为 ISR,与每个信号对应的服务程序为 ASR。

③ 两者都可以屏蔽其响应,外部硬件中断可以通过相应的寄存器操作被屏蔽,线程可以通过阻塞信号接口屏蔽对信号的响应。

但是,显然外部中断机制和信号机制是两种不同的处理机制,两者的不同点也是显而易见的。主要包括以下三个方面:

① 两者的不同:中断由硬件或者特定的指令产生,不受线程调度器的控制;而信号是由系统调用产生,受到线程调度的控制。

② 两者的执行环境不同:一般地,ISR 在独立的上下文中运行,不归属于任何一个线程;ASR 在相关线程的上下文中运行,是线程的一个组成部分。

③ 两者的处理时机(或响应时间)不同:中断是通过硬件触发,退出前会进行重调度,所以中断结束后运行的线程不一定是先前被中断的线程;而信号通过发送信号的方式触发,但是系统不一定马上开始对它的处理。

其次,同样作为线程间的一种通知手段,信号机制与事件机制有什么异同点呢? 两者的相同点是都标志着某个事件的发生。而不同点在于,事件机制的使用是同步的,而信号机制是异步的。也就是说,对一个线程来说,什么时候会接收到事件是已知的,因为接收事件的功能是它自己在运行过程中调用的;线程不能预知何时会收到一个信号,并且一旦接收到了信号,在允许响应的情况下,它会中断正在运行的代码而去执行信号处理程序。

5.3.4 信号的接口函数

在 RT - Thread 操作系统中,提供了一系列操作信号的接口函数,与其他内核对象不同的是,对于信号的操作并不需要信号的句柄,具体的操作主要包括安装信号、阻塞信号、解除信号阻塞、发送信号以及等待信号等操作。

1. 安装信号

如果线程要处理某一信号,首先就要在线程中安装该信号。安装信号主要用来建立信号值及线程针对该信号值的动作之间的映射关系,即线程将要处理哪个信号以及该信号被传递给线程时将执行何种操作。安装信号的接口函数原型以及参数说明如图 5 - 29 所示。

在安装信号时设定 handler 参数,决定了该信号的不同的处理方法。处理方法

```
rt_sighandler_t rt_signal_install(int signo, rt_sighandler_t handler);
```

signo	信号值(只有SIGUSR1和SIGUSR2是开放给用户使用的，下同)
handler	设置对信号值的处理方式

图 5 - 29　安装信号接口函数原型及参数说明

可以分为三种：第一种类似中断的处理方式，参数指向当信号发生时用户自定义的处理函数，由该函数来处理。第二种，参数设为 SIG_IGN，忽略某个信号，对该信号不做任何处理，就像未发生过一样。第三种，参数设为 SIG_DFL，系统会调用默认的处理函数_signal_default_handler()。

2. 阻塞信号

在线程中安装了信号后，如果不想响应信号，可以使用阻塞信号接口 rt_signal_mask()函数来屏蔽该信号。如果该信号被阻塞，则该信号将不会传达给安装此信号的线程，也不会引发软中断处理。阻塞信号接口函数的原型及参数说明如图 5 - 30 所示。

3. 解除信号阻塞

我们在一个线程中可以安装多个信号，但是不见得任何时刻都需要关注全部信号。这时，我们可以通过解除信号阻塞接口 rt_signal_unmask()来解除需要关注的信号。那么其他线程或者中断发送这些信号都会引发该线程的软中断。其接口函数原型及参数说明如图 5 - 31 所示。

```
void rt_signal_mask(int signo);
```

signo	信号值

图 5 - 30　阻塞信号接口函数原型及参数说明

```
void rt_signal_unmask(int signo);
```

signo	信号值

图 5 - 31　解除信号阻塞接口函数原型及参数说明

4. 发送信号

当需要进行异常处理时，可以给设定了处理异常的线程发送信号，以目标线程句柄和信号值为参数调用发送信号接口 rt_thread_kill()就可以向任何线程发送信号。发送信号接口的函数原型及参数说明如图 5 - 32 所示。

```
int rt_thread_kill(rt_thread_t tid, int sig);
```

tid	接收信号的线程
sig	信号值

图 5 - 32　发送信号接口函数原型及参数说明

5. 等待信号

使用等待信号接口 rt_signal_wait() 函数时，线程等待参数 set 标记信号的到来。如果没有等到该信号，则将线程挂起，直到等到该信号或者等待时间超过指定的超时时间 timeout。如果等到了该信号，则将指向该信号体的指针存入参数 si 中。其接口的函数原型及参数说明如图 5 - 33 所示。

```
int rt_signal_wait(const rt_sigset_t *set,
                   rt_siginfo_t *si, rt_int32_t timeout);
```

set	指定等待的信号
si	指向存储等到信号信息的指针
timeout	指定的等待时间

图 5 - 33 等待信号接口函数原型及参数说明

5.3.5 信号的应用示例

为了便于大家进一步理解信号的使用方法，这里我们通过一个示例来展示一下如何创建和使用信号进行线程间的通信。

1. 示例要求

创建两个动态线程以及一个动态信号对象。线程 1 的优先级为 10，线程 2 的优先级为 11。线程 1 在接收到信号后每隔 100 ms 输出一次信息，一共运行 20 次。线程 2 每个 500 ms 运行一次，向线程 1 发送一次信号，一共发送 2 次。

2. 示例实现

我们基于仿真基础工程。首先用 MDK 打开工程，在 Applications 文件夹内添加一个新的文件，命名为"5 - 3.c"。其次按照示例要求，分别创建线程 1、线程 2 以及信号。创建的过程主要注意各个线程与信号之间的约束关系。具体的程序如例程 5 - 3 所示。

【例程 5 - 3】 信号应用示例程序

```
#include <rtthread.h>

#define THREAD_PRIORITY        10
#define THREAD_TIMESLICE       5
#define THREAD_STACK_SIZE      512
/* 指向线程控制块的指针 */
static rt_thread_t t1 = RT_NULL;
static rt_thread_t t2 = RT_NULL;
```

```c
/* 线程1的信号处理函数 */
void signal_handler(int sig)
{

    rt_kprintf("thread1 received signal.\n", sig);


}


/* 线程1入口函数 */
static void t1_entry(void * parameter)
{

int cnt = 20;

/* 安装信号 */
rt_signal_install(SIGUSR1, signal_handler);
/* 运行20次 */
while (cnt)
{
                /* 解除信号阻塞 */
                rt_signal_unmask(SIGUSR1);

                /* 线程1等待信号 */
                rt_kprintf("thread1 wait signal.\n");

                /* 线程1延时100 ms */
        rt_thread_mdelay(100);

                cnt -- ;
    }


}



/* 线程2入口函数 */
static void t2_entry(void * parameter)
{
        int cnt = 2;

    while (cnt)
    {
```

```
            /* 从邮箱中收取邮件 */
            rt_thread_mdelay(500);

            /* 线程 2 发送信号 */
            rt_kprintf("thread2 send signal to thread1.\n");

            /* 发送信号 SIGUSR1 给线程 1 */
            rt_thread_kill(t1, SIGUSR1);

            cnt -- ;
        }

}

int signal_demo(void)
{

    /* 创建线程 1 */
    t1 = rt_thread_create("thread1",
                          t1_entry,
                          RT_NULL,
                          THREAD_STACK_SIZE,
                          THREAD_PRIORITY - 1, THREAD_TIMESLICE);
    if (t1 != RT_NULL)
        rt_thread_startup(t1);

    /* 创建线程 2 */
    t2 = rt_thread_create("thread2",
                          t2_entry,
                          RT_NULL,
                          THREAD_STACK_SIZE,
                          THREAD_PRIORITY, THREAD_TIMESLICE);
    if (t2 != RT_NULL)
        rt_thread_startup(t2);

    return 0;
}

/* 导出到 msh 命令列表中 */
MSH_CMD_EXPORT(signal_demo, signal demo);
```

完成上述程序编写后,在 MDK 环境中编译工程,确认没有警告和错误后,进行仿真运行。运行结果如图 5 - 34 所示。

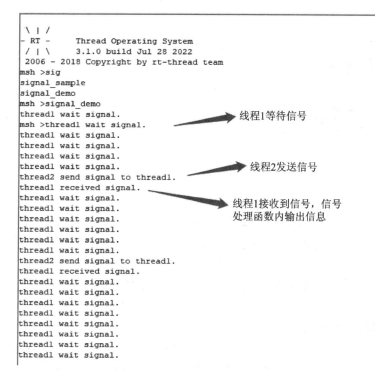

```
   \ | /
 - RT -      Thread Operating System
  / | \       3.1.0 build Jul 28 2022
 2006 - 2018 Copyright by rt-thread team
msh >sig
signal_sample
signal_demo
msh >signal_demo
thread1 wait signal.                         线程1等待信号
msh >thread1 wait signal.
thread1 wait signal.
thread1 wait signal.
thread1 wait signal.
thread1 wait signal.                         线程2发送信号
thread2 send signal to thread1.
thread1 received signal.
thread1 wait signal.                         线程1接收到信号,信号
thread1 wait signal.                         处理函数内输出信息
thread1 wait signal.
thread1 wait signal.
thread1 wait signal.
thread1 wait signal.
thread2 send signal to thread1.
thread1 received signal.
thread1 wait signal.
thread1 wait signal.
thread1 wait signal.
thread1 wait signal.
thread1 wait signal.
thread1 wait signal.
thread1 wait signal.
```

图 5 - 34　消息队列应用示例运行结果

第 **6** 章

中断与时钟

在前面的章节中,主要介绍了线程以及线程间的同步和通信。我们知道线程内核对象是按照系统功能来设计规划的,也就是说是一种可预知的处理方式。但是生活的常识告诉我们,不可预知的突发事件也是时有发生的,对于这类事件,嵌入式系统中往往有两种方式处理,一种是轮询方式,另一种则是中断方式。其中轮询方式就是周期性地检测是否有突发事件发生,但是显然这种方式的时效性不够好,而中断方式则更符合系统的实时性要求。

本章将介绍 RT‐Thread 操作系统中与中断相关的三方面内容,分别是中断、系统时钟以及定时器。三者是有内在逻辑关联的,首先,中断机制是基础,而系统时钟则是以中断方式产生的,可以理解为系统时钟是中断机制的一个实例;产生了系统时钟之后,才有了计时的标准,也就可以使用定时器这种内核对象了。所以本章我们将从中断、系统时钟、定时器三个层次展开。

6.1　中断概述

异常是指任何打断处理器正常执行,并且迫使处理器进入一个由有特权的特殊指令执行的事件。异常通常可以分成两类:同步异常和异步异常。由内部事件(像处理器指令运行产生的事件)引起的异常称为同步异常,例如造成被零除的算术运算引发一个异常。同步异常触发后,系统必须立刻进行处理而不能够依然执行原有的程序指令。

中断属于异步异常,所谓中断是由于 CPU 外部的原因而改变程序执行流程的过程。当 CPU 正在处理内部数据时,外界发生了紧急情况,要求 CPU 暂停当前的工作转去处理这个异步事件。处理完毕后,再回到原来被中断的地址继续原来的工作,这样的过程称为中断。

通过中断机制,在外设不需要 CPU 介入时,CPU 可以执行其他线程;而当外设需要 CPU 时,通过产生中断信号使 CPU 立即停止当前线程转而响应中断请求。这样可以使 CPU 避免把大量时间耗费在等待、查询外设状态的操作上,因此将大大提高系统实时性以及执行效率。

6.2 中断术语及性能

实现中断响应这一功能的系统称为中断系统,申请 CPU 中断的请求源称为中断源。中断是一种异常,异常是导致处理器脱离正常运行转向执行特殊代码的任何事件,如果不及时进行处理,轻则系统出错,重则会导致系统毁灭性的瘫痪。所以正确地处理异常,避免错误的发生是提高软件鲁棒性(稳定性)非常重要的一环。

中断系统运行涉及的相关硬件可以大致划分为三类:各类外部设备、中断控制器(取决于 CPU 采用哪种架构)、CPU 本身。

外部设备:当外设需要请求 CPU 时,产生一个中断信号,该信号连接至中断控制器。

中断控制器:是 CPU 众多外设中的一个,它一方面接收其他外设中断信号的输入,另一方面,它会发出中断信号给 CPU。可以通过对中断控制器编程实现对中断源的优先级、触发方式、打开和关闭源等设置操作。在 Cortex - M 系列控制器中常用的中断控制器是 NVIC(内嵌向量中断控制器,Nested Vectored Interrupt Controller)。NVIC 最多支持 240 个中断,每个中断最多 256 个优先级。

CPU:会响应中断源的请求,中断当前正在执行的线程,转而执行中断处理程序。中断系统内的外部设备、中断控制器(NVIC)以及 CPU 内核三者的工作关系示意图,如图 6 - 1 所示。

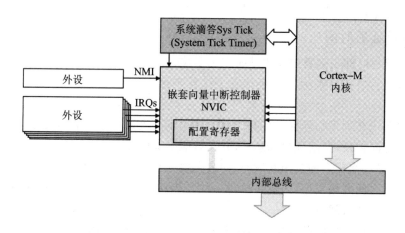

图 6 - 1 中断系统运行关系图

在一个中断系统运行的过程中,除了上述的三个硬件部分以外,必不可少的就是

CPU 内部的各种寄存器(例如 ARM 架构内的 PSR、PC、LR、R12、R3～R0 寄存器)以及软性元素。中断的相关术语及其含义说明如下:

① 中断号:每个中断请求信号都会有特定的标志,使得计算机能够判断是哪个设备提出的中断请求,这个标志就是中断号。

② 中断请求:"紧急事件"需向 CPU 提出申请,要求 CPU 暂停当前执行的线程,转而处理该"紧急事件",这一申请过程称为中断请求。

③ 中断优先级:为使系统能够及时响应并处理所有中断,系统根据中断时间的重要性和紧迫程度,将中断源分为若干个级别,称作中断优先级。

④ 中断处理程序:当外设产生中断请求后,CPU 暂停当前的线程,转而响应中断申请,即执行中断处理程序。

⑤ 中断触发:中断源发出并送给 CPU 控制信号,将中断触发器置"1",表明该中断源产生了中断,要求 CPU 去响应该中断,CPU 暂停当前线程,执行相应的中断处理程序。

⑥ 中断触发类型:外部中断申请通过一个物理信号发送到 NVIC,可以是电平触发或边沿触发。

⑦ 中断向量:中断服务程序的入口地址。

⑧ 中断向量表:存储中断向量的存储区,中断向量与中断号对应,中断向量在中断向量表中按照中断号顺序存储。

⑨ 临界段:代码的临界段也称为临界区,一旦这部分代码开始执行,则不允许任何中断打断。为确保临界段代码的执行不被中断,在进入临界段之前须关中断,而临界段代码执行完毕后,要立即开中断。RT - Thread 支持中断屏蔽和中断使能。

作为衡量中断系统工作效率的中断性能指标,主要有三个,分别是中断延迟时间、中断响应时间、中断恢复时间。抢占式调度内核的中断时序图如图 6 - 2 所示。

1. 中断延迟时间

中断延迟时间受到系统关中断时间的影响,其计算方式为:

中断延迟时间＝最大关中断时间＋硬件开始处理中断到开始执行 ISR 第一条
指令之间的时间

实时系统在进入临界区代码段之前要关中断,执行完临界代码之后再开中断。关中断的时间越长,中断延迟就越长,并且可能引起中断丢失。在确定中断延迟时间时,要使用最坏情况下的关中断时间,即最大关中断时间。关中断的最长时间取决于两种关中断时间的最大值:内核在执行一些临界区的代码时关中断的时间和在应用程序中关中断的时间。

硬件开始处理中断到开始执行 ISR 第一条指令之间的时间则是由硬件决定的。

2. 中断响应时间

作为用户的中断服务程序的第一条指令,中断响应时间受到不同的系统类型

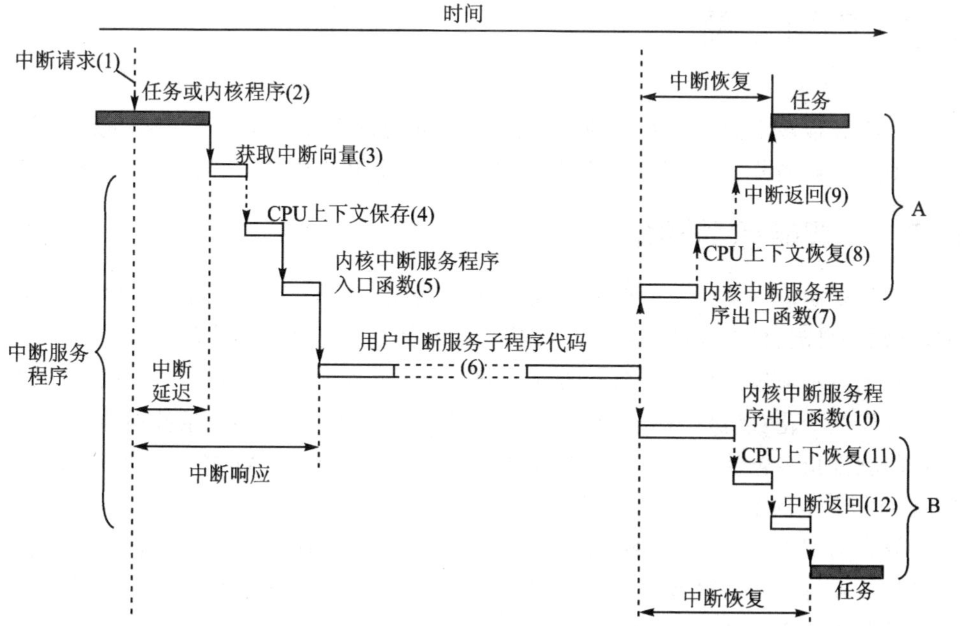

图 6-2 抢占式调度内核的中断时序图

影响。

对于前后台系统和非抢占式调度系统来说,其计算方式为:

$$中断响应时间 = 中断延迟 + 保存 CPU 内部寄存器的时间$$

对于抢占式调度系统来说,处理中断时要先调用内核中断服务程序入口函数通知内核即将进行中断服务,使得内核可以跟踪中断的嵌套,以便在解除中断嵌套后进行重调度,所以中断响应时间的计算方式为:

$$中断响应时间 = 中断延迟 + 保存 CPU 内部寄存器的时间 + 内核中断服务程序$$
$$入口函数的执行时间$$

3. 中断恢复时间

与中断响应时间类似,中断恢复时间的计算方式同样受到不同的系统类型影响。

对于前后台系统和非抢占式调度系统来说,其计算方式为:

$$中断恢复时间 = 恢复 CPU 内部寄存器的时间 + 执行中断返回指令的时间$$

对于抢占式调度系统来说,在用户的中断服务子程序的末尾要调用内核中断服务程序出口函数来判断是否脱离了所有的中断嵌套;如果脱离了嵌套,内核要判断是返回到原来被中断的任务,还是进入另外一个优先级最高的就绪任务,所以中断恢复时间的计算方式为:

$$中断恢复时间 = 内核中断服务程序出口函数执行时间 + 恢复即将运行任务的$$
$$CPU 内部寄存器的时间 + 执行中断返回指令的时间$$

6.3 中断分类

中断有很多不同的类型,我们将从几个不同的角度来区分一下中断的类型,分别是按概念范畴划分、按能否屏蔽划分、按中断源划分和按中断信号的产生方式划分。

6.3.1 按概念范畴划分

首先要明确一下广义中断和狭义中断的概念。所谓广义中断大致包含三种类型,分别是自陷、异常和硬件中断。而狭义中断就是特指这里的硬件中断。

自陷表示通过处理器所拥有的软件指令可预期地使处理器正在执行的程序的执行流程发生变化,以执行特定的程序。自陷是显式的事件,需要无条件地执行。常见架构的软件指令包括 Motorola 68000 系列中的 Trap 指令、ARM 中的 SWI 指令和 Intel 80x86 中的 INT 指令。

异常为 CPU 自动产生的自陷,以处理异常事件。如被 0 除、执行非法指令和内存保护故障等。异常没有对应的处理器指令,当异常事件发生时,处理器也需要无条件地挂起当前运行的程序,执行特定的处理程序。

硬件中断是一个由外部硬件装置产生的事件引起的异步异常。中断事件的来源是外部硬件装置,例如按键中断异常。

自陷和异常为同步事件。它们是由 CPU 内部的电信号产生的中断,其特点为当前执行的指令结束后才转而产生中断,由于是 CPU 主动产生的,其执行点必然是可控的。而中断是由外设产生的电信号引起的,其发生的时间点不可预期。

6.3.2 按能否屏蔽划分

由于中断的发生是异步的,程序的正常执行流程随时有可能被中断服务程序打断。如果程序正在进行某些重要运算,中断服务程序的插入将有可能改变某些寄存器的数据,造成程序的运行发生错误。所以为了保护重要运算的安全性,需要屏蔽中断的影响。

可屏蔽中断是指能够被屏蔽掉的中断。外部设备的中断请求信号一般需要先通过 CPU 外部的中断控制器,再与 CPU 相应的引脚相连。可编程中断控制器可以通过软件进行控制,以禁止或是允许中断。

不可屏蔽中断是指在任何时候中断都是不可屏蔽的。一个比较典型的例子是掉电中断,当发生掉电时,无论程序正在进行什么样的运算,它都肯定无法正常运行下去。这种情况下,急需进行的是一些掉电保护的操作。对这类中断,应随时进行响应。

6.3.3　按中断源划分

硬件中断:由 CPU 外部的设备所产生的中断。它是一种异步事件,可能在程序执行的任何位置发生,发生中断的时间通常是不确定的。

软件中断:同步中断或是自陷,通过处理器的软件指令来实现。产生中断的时机是预知的,可根据需要在程序中进行设定。软件中断的处理程序以同步的方式执行。其处理方式同硬件中断处理程序类似。

软件中断是一种非常重要的机制,系统可通过该机制在用户模式执行特权模式下的操作,是软件调试的一个重要手段,如 Intel 80x86 中的 INT 3,使指令进行单步执行,调试器可以用它来形成观察点,并查看随程序执行而动态变化的事件情况。

6.3.4　按中断信号的产生方式划分

边缘触发中断:当中断线从低变到高或是从高变到低时,中断信号就被发送出去,并只有在下一次的从低变到高或是从高变到低时才会再度触发中断。事件发生的时间非常短,有可能出现中断控制器丢失中断的情况。如果多个设备连接到同一个中断线,即使只有一个设备产生了中断信号,也必须调用中断线对应的所有中断服务程序来进行匹配,否则会出现中断的软件丢失的情况。

电平触发中断:在硬件中断线的电平发生变化时产生中断信号,并且中断信号的有效性将持续保持下去,直到中断信号被清除。它能够减少中断信号传送丢失的情况,能通过更有效的方式来服务中断,每个为该中断服务后的 ISR 都要向外围设备进行确认,然后取消该设备对中断线的操作。当中断线的最后一个设备得到中断服务后,中断线的电平就会发生变化,不用对连接到同一个硬件中断线的所有中断服务程序进行尝试。

6.4　中断处理过程

对于嵌入式操作系统来说,中断处理的一般过程分为中断请求、中断检测、中断响应、中断处理和中断嵌套等过程。

6.4.1　中断处理的一般流程

1. 中断请求

当中断源需要 CPU 为其服务时,它将会向 CPU 发出中断请求信号。中断控制器获取中断源硬件设备的中断向量号,并通过识别的中断向量号,将对应硬件模块的中断状态寄存器中的“中断请求位”置位,以便让 CPU 知道何种中断请求来了。

2. 中断检测

对于具有指令流水线的 CPU,它在指令流水线的译码或者执行阶段识别异常,若检测到一个异常,则强行中止后面尚未达到该阶段的指令。对于在指令译码阶段检测到的异常,以及对于与执行阶段有关的指令异常来说,由于引起的异常与该指令本身无关,指令并没有得到正确执行,所以该类异常保存的程序计数器 PC 值是指向引起该异常的指令,以便异常返回后重新执行。对于中断和跟踪异常(异常与指令本身有关),CPU 在执行完当前指令后才识别和检测这类异常,故该类异常保存的 PC 值是指向要执行的下一条指令。

可以这样理解,CPU 在每条指令结束的时候将会检查中断请求或者系统是否满足异常条件,为此,多数 CPU 专门在指令周期中使用了中断周期。在中断周期中,CPU 将会检测系统中是否有中断请求信号,若此时有中断请求信号,则 CPU 将会暂停当前执行的线程,转而去对中断请求进行响应,若系统中没有中断请求信号则继续执行当前线程。中断检测的处理流程图,如图 6 - 3 所示。

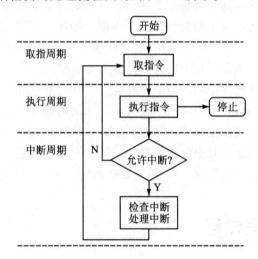

图 6 - 3 中断检测流程图

3. 中断响应

中断响应的过程是由系统自动完成的,对于用户来说是透明的操作。在中断的响应过程中,首先 CPU 会查找中断源所对应的中断模式是否允许产生中断,若中断模块允许中断,则响应该中断请求,中断响应的过程要求 CPU 保存当前环境的"上下文(context)"于栈中。通过中断向量号找到中断向量表中对应的中断服务程序 ISR 的首地址,转而去执行中断服务程序 ISR。

4. 中断处理

中断处理的过程是执行中断服务程序来处理自陷、异常或者中断事件。其结构大致相同，主要内容包括：

① 保存上下文：保存中断服务程序将要使用的所有寄存器的内容，以便于在退出中断服务程序之前进行恢复；

② 如果中断向量被多个设备所共享，为了确定产生该中断信号的设备，可能需要读取中断控制器的寄存器或者轮询这些设备的中断状态寄存器；

③ 获取中断相关的其他信息，并对中断进行具体的处理，如接收或发送数据等；

④ 恢复保存的上下文；

⑤ 执行中断返回指令，使 CPU 的控制返回到被中断的程序继续执行。

5. 中断嵌套

如果对一个中断的处理还没有完成，又发生了另外一个中断，则称系统中发生了中断嵌套。对于中断嵌套的处理分为两种情况：一种是非嵌套的中断处理方式，另一种是嵌套的中断处理方式。

非嵌套的中断处理方式是指在处理一个中断的时候，禁止再发生中断。这种方式按中断发生顺序对中断进行处理，中断服务程序设计简单，没有考虑优先级，不能让高优先级中断得到及时的处理，甚至导致中断丢失。其处理流程示意图，如图 6-4 所示。

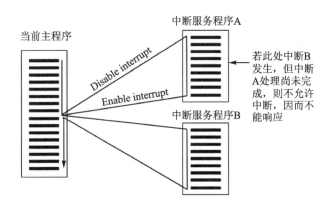

图 6-4 非嵌套的中断处理示意图

嵌套的中断处理方式是指定义了中断优先级，允许高优先级的中断打断低优先级中断的处理过程。其处理流程示意图，如图 6-5 所示。

在嵌套的中断处理方式中，中断被划分为多个优先级，中断服务程序只屏蔽那些比当前中断优先级低或是与当前中断优先级相同的中断，在完成必要的上下文保存后即使能中断。高优先级中断请求到达的时候，需要对当前中断服务程序的状态进行保存，然后调用高优先级中断的服务程序。当高优先级中断的服务程序执行完成

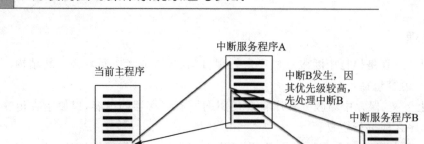

图 6-5　嵌套的中断处理示意图

后,再恢复先前的中断服务程序继续执行。

6.4.2　RT-Thread 中断处理流程

对于 RT-Thread 操作系统这种可抢占式内核系统来说,中断处理过程分为中断前导程序、用户中断服务程序、中断后续程序 3 部分,如图 6-6 所示。

图 6-6　RT-Thread 系统内的中断处理示意图

在 RT-Thread 操作系统中,内核会接管中断服务程序的前导和后续部分。同时,也提供一些相关的中断管理功能。中断接管程序负责中断处理的前导和后续部分的内容。

中断前导程序的主要工作包括:

① 保存 CPU 中断现场,这部分跟 CPU 架构相关,不同 CPU 架构的实现方式有差异。对于 Cortex-M 来说,该工作由硬件自动完成。当一个中断触发并且系统进行响应时,处理器硬件会将当前运行部分的上下文寄存器自动压入中断栈中,这部分的寄存器包括 PSR、PC、LR、R12、R3~R0 寄存器。

② 通知内核进入中断状态,调用 rt_interrupt_enter() 函数,其作用是把全局变量 rt_interrupt_nest 加 1,用它来记录中断嵌套的层数。

中断处理后续的主要工作包括:

① 通知内核离开中断状态,通过调用 rt_interrupt_leave()函数,将全局变量 rt_interrupt_nest 减 1。

② 恢复中断前的 CPU 上下文,如果在中断处理过程中未进行线程切换,那么恢复 from 线程的 CPU 上下文;如果在中断中进行了线程切换,那么恢复 to 线程的 CPU 上下文。这部分实现跟 CPU 架构相关,不同 CPU 架构的实现方式有差异。

用户中断服务程序被组织为一个表,称为虚拟中断向量表,虚拟中断向量表和物理中断向量表以及用户中断服务程序之间的关系如图 6-7 所示。

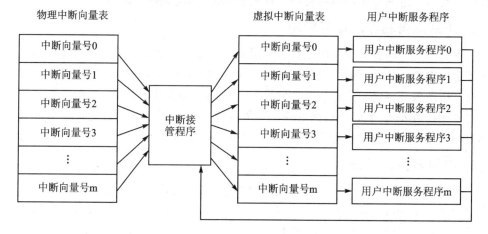

图 6-7　中断接管程序关系图

如果需要在用户中断服务程序中使用关于浮点运算的操作,中断前导和中断后续中还需要分别对浮点上下文进行保存和恢复。

如果中断处理导致系统中出现比被中断任务具有更高优先级的就绪线程出现,那么完成用户中断服务程序后,在中断接管程序的中断后续处理中激活重调度程序,使高优先级线程能在中断处理工作完成后得到调度执行。允许中断嵌套时,如果需要进行线程调度,线程的调度将延迟到最外层中断处理结束时才能发生。

中断服务程序运行时需要一定的堆栈空间。一般情况下,中断服务程序使用被中断线程的线程栈空间。但在允许中断嵌套处理的情况下,如果中断嵌套层次过多,中断服务程序所占用的线程的栈空间可能比较大,将导致线程栈溢出。

解决办法是使用专门的中断栈来满足中断服务程序的需要,降低线程栈空间使用的不确定性。在系统中开辟一个单独的中断栈,为所有中断服务程序所共享。中断栈必须拥有足够的空间,即使在最坏中断嵌套的情况下,中断栈也不能溢出。同时,最好把中断栈放在一个妥善的位置,即便溢出也不会影响重要的系统数据和代码(比如中断向量表)。

使用单独的中断栈能够有效降低整个系统对栈空间的需求。如果实时内核没有提供单独的中断栈,就需要为每个线程栈留出足够的空间,不但要考虑通常的函数调用,还需要满足中断嵌套的需要。

6.4.3 中断服务程序的编写

上述内容中介绍了中断服务程序的作用,那么用户在编写中断服务程序的时候,需要注意哪些方面呢?

1. 中断服务程序要有可重入性

如果处理器或实时内核允许中断嵌套,中断服务程序将可能被另外的中断服务程序所抢占。这使得中断服务程序的代码更加复杂,应是可重入的。

2. 中断服务程序应尽可能短

保证其他中断和系统中的线程能够得到及时处理。必要时可以使用线程的方式来配合。中断服务程序通常只处理一些必要的操作,其他操作则通过线程的方式来进行。中断服务程序只是进行与外围设备相关的数据的读写操作,并在需要的情况下向外围设备发送确认信息,然后唤醒另外的线程进行进一步的处理。用来配合中断服务程序的线程通常被称为 DSR(Deferred Service Routine)。

3. 非阻塞方式通信

为了满足中断服务程序和线程之间的通信等需要,在中断服务程序中可以使用实时内核提供的应用编程接口,但一般只能使用不会导致调用程序可能出现阻塞情况的编程接口,如挂起线程、唤醒线程、释放信号量、非阻塞方式发送消息等;但不要使用获得信号量、阻塞方式等待消息等可能导致中断服务程序的执行流程被阻塞的操作,否则将严重影响整个系统的确定性。

4. 中断服务程序不能进行内存分配和内存释放

这是由于内存分配和内存释放过程中通常都要使用信号量,以实现对维护内存使用情况的全局数据结构的保护。中断服务程序也不能使用包含了这些操作的编程接口,如线程创建与线程删除等操作。

6.5 系统时钟

在嵌入式实时操作系统中,一个至关重要的指标就是实时性,也就是说系统需要通过时间来规范其线程的执行。很显然满足实时性的前提就是系统内要有计时基准,也就是系统时钟。那么系统时钟如何产生呢?

一般嵌入式系统有两种时钟概念,分别是实时时钟和系统时钟。实时时钟又被称为硬件时钟,一般靠电池供电,即使操作系统断电,也可以维持日期和时间。它是独立于操作系统之外的,为整个系统提供一个计时标准的物理时钟。而系统时钟则是系统内核基于硬件时钟产生并控制的一种虚拟时钟。

在不同的操作系统中,实时时钟和系统时钟之间的关系是不同的。实时时钟和系统时钟之间的关系通常也被称作操作系统的时钟运作机制。一般来说,实时时钟是系统时钟的时间基准,实时内核通过读取实时时钟来初始化系统时钟,此后二者保持同步运行,共同维系系统时间。系统时钟并不是物理意义上存在的时钟,只有当系统运行起来以后才有效,并且由实时内核完全控制。

从硬件的实现来看,系统时钟是由定时器或者计数器产生的。如图 6 - 8 所示,它包含一个可装入的计数寄存器,一个时钟输入信号和一个输出脉冲。通过软件可以把初始数据写入到计数寄存器,随后的每一个时钟输入信号都会导致该值被增加(也可能是做减法)。当计数器溢出时,就产生输出脉冲。输出脉冲是系统时钟的硬件基础,因为输出脉冲将送到中断控制器上,产生中断信号,触发时钟中断,由时钟中断服务程序维持系统时钟的正常工作。为了重启定时器,软件需要重新装入一个相同或不同的初始数据到计数寄存器。

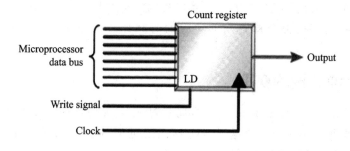

图 6 - 8　系统时钟定时器示意图

6.6　时钟管理

与其他实时内核类似,RT - Thread 操作系统的时钟管理也是以系统时钟为基础的。系统时钟是由硬件时钟设备产生的周期性输出脉冲触发中断而产生的。每一次中断称为一个"时钟节拍",也就是 OS Tick。

6.6.1　时钟节拍的概念

系统基于"时钟节拍"处理所有与时间有关的事件,如线程的延时、线程的时间片轮转调度以及定时器超时等。时钟节拍是特定的周期性中断,这个中断可以被看作系统心跳,中断之间的时间间隔取决于不同的应用,一般是 1～100 ms。时钟节拍率越快,系统的额外开销就越大,从系统启动开始计数的时钟节拍数称为系统时间。

在 RT - Thread 操作系统中,时钟节拍的长度可以在 rt_config. h 文件内通过宏定义 RT_TICK_PER_SECOND 来调整,等于 1/RT_TICK_PER_SECOND 秒。用户在使用系统提供的各类以时钟节拍为参数的接口函数时,需要提前确认一下 RT_TICK_PER_SECOND 的值,以便确定一个 OS Tick 相当于多少秒。

6.6.2 时钟节拍的实现

在 RT - Thread 中,时钟节拍是由配置为中断触发模式的硬件定时器产生的,当中断到来时,将调用一次 void rt_tick_increase (void),通知操作系统已经过去一个系统时钟。不同硬件定时器的中断实现都不同,图 6 - 9 所示为 STM32 定时器的中断实现。

在中断处理程序中调用 rt_tick_increase() 对全局变量 rt_tick 进行自加,可以看到全局变量 rt_tick 每经过一个时钟节拍,值就会加

```
void SysTick_Handler(void)
{
    /* 进入中断 */
    rt_interrupt_enter();

    rt_tick_increase();
    /* 退出中断 */
    rt_interrupt_leave();
}
```

图 6 - 9   STM32 定时器中断实现

1。rt_tick 的值表示系统从启动开始总共经过的时钟节拍数,即系统时间。此外,每经过一个时钟节拍时,都会检查当前线程的时间片是否用完,以及是否有定时器超时。

6.6.3 时钟节拍的获取

在 RT - Thread 操作系统中,由于全局变量 rt_tick 每经过一个时钟节拍,值就会加 1,通过调用 rt_tick_get 会返回当前 rt_tick 的值,即可以获取当前的时钟节拍值。其接口函数原型及参数说明如图 6 - 10 所示。

rt_tick_t rt_tick_get(void);

rt_tick   当前时钟节拍值

图 6 - 10   时钟节拍获取接口原型及参数说明

6.7   定时器管理

定时器的功能是从指定的时刻开始,经过指定时间后触发一个事件,用户可以自定义定时器的周期与频率。类似生活中的闹钟,我们可以设置闹钟每天什么时候响,还能设置响的次数,是响一次还是响多次。

6.7.1 定时器分类

在 RT - Thread 操作系统中,定时器有硬件定时器和软件定时器两种。硬件定时器是芯片本身提供的定时功能,一般是由外部晶振提供给芯片输入时钟,芯片向软件模块提供一组配置寄存器,接受控制输入,到达设定时间值后芯片中断控制器产生时钟中断。硬件定时器的精度一般很高,可以达到纳秒级别,并且是中断触发方式。

软件定时器是由操作系统提供的一类系统接口，它构建在硬件定时器基础之上，使系统能够提供不受数目限制的定时器服务。RT‑Thread 操作系统提供软件实现的定时器，以时钟节拍(OS Tick)的时间长度为单位，即定时数值必须是 OS Tick 的整数倍，例如一个 OS Tick 是 10 ms，那么上层软件定时器只能是 10 ms、20 ms、100 ms 等，而不能定时为 15 ms。RT‑Thread 的定时器也提供了基于时钟节拍整数倍的定时能力。

6.7.2　软件定时器分类

在 RT‑Thread 操作系统中，提供的软件定时器支持单次模式和周期模式。单次模式和周期模式的定时时间到了之后都会调用定时器的超时函数，用户可以在超时函数中加入要执行的逻辑代码。

软件定时器可以分为两类，第一类是单次触发定时器，这类定时器在启动后只会触发一次定时器事件，然后定时器自动停止。第二类是周期触发定时器，这类定时器会周期性地触发定时器事件，直到用户手动停止，否则将永远执行下去。

需要注意的是，在 RT‑Thread 的 tdef.h 文件中，通过宏定义来选择定时器的工作模式，即选择定时器超时函数的执行环境。其中宏定义 RT_TIMER_FLAG_HARD_TIMER 代表 HARD_TIMER 模式，该模式下定时器超时函数是在中断上下文环境执行，而 RT_TIMER_FLAG_SOFT_TIMER 代表 SOFT_TIMER 模式，该模式下的定时器超时函数是在线程上下文环境执行。

RT‑Thread 定时器默认采用 HARD_TIMER 模式，即定时器超时后，超时函数是在系统时钟中断的上下文环境中运行的。对于超时函数的要求与中断服务例程的要求相同，执行时间应该尽量短，执行时不应导致当前上下文挂起、等待，例如在中断上下文中执行的超时函数不应该试图去申请动态内存、释放动态内存等，也不能够执行非常长的时间，否则会导致其他中断的响应时间加长或抢占了其他线程执行的时间。

选择 SOFT_TIMER 模式后，系统会在初始化时创建一个 timer 线程，然后 SOFT_TIMER 模式的定时器超时函数会在 timer 线程的上下文环境中执行。

6.7.3　定时器的工作机制

软件定时器是系统资源，在创建定时器的时候会分配一块内存空间。当用户创建并启动一个软件定时器时，RT‑Thread 会根据当前系统 rt_tick 时间及用户设置的定时确定该定时器唤醒时间 timeout，并将该定时器控制块挂入软件定时器列表 rt_soft_timer_list。在 RT‑Thread 定时器模块中维护着两个重要的全局变量：

rt_tick，是一个 32 位无符号的变量，用于记录当前系统经过的 tick 时间，当硬件定时器中断来临时，将自动增加 1。

软件定时器列表 rt_soft_timer_list。系统新创建并激活的定时器都会以超时时

第6章　中断与时钟

•135•

间升序的方式插入到 rt_soft_timer_list 列表中。系统在定时器线程中扫描 rt_soft_timer_list 中的第一个定时器,看是否已超时,若已经超时了则调用软件定时器超时函数。否则退出软件定时器线程,因为定时时间是升序插入软件定时器列表的,列表中第一个定时器的定时时间都还没到的话,那后面的定时器定时时间自然没到。

如图 6-11 所示,系统当前 tick 值为 20,在当前系统中已经创建并启动了三个定时器,分别是定时时间为 50 个 tick 的 timer1、100 个 tick 的 timer2 和 500 个 tick 的 timer3,这三个定时器分别加上系统当前时间 rt_tick=20,按从小到大的顺序链接在 rt_timer_list 链表中,形成如图 6-11 所示的定时器链表结构。

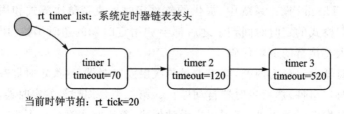

图 6-11　定时器链表示意图

而 rt_tick 随着硬件定时器的触发一直在增长(每一次硬件定时器中断来临,rt_tick 变量就会加 1),50 个 tick 以后,rt_tick 从 20 增长到 70,与 timer1 的 timeout 值相等,这时会触发与 timer1 定时器相关联的超时函数,同时将 timer1 从 rt_timer_list 链表上删除。同理,100 个 tick 和 500 个 tick 过去后,与 timer2 和 timer3 定时器相关联的超时函数会被触发,接着将 time2 和 timer3 定时器从 rt_timer_list 链表中删除。如果系统当前定时器状态在 10 个 tick 以后(rt_tick=30)有一个任务新创建了一个 tick 值为 300 的 timer4 定时器,由于 timer4 定时器的 timeout=rt_tick+300=330,因此它将被插入到 timer2 和 timer3 定时器中间,形成如图 6-12 所示的链表结构。

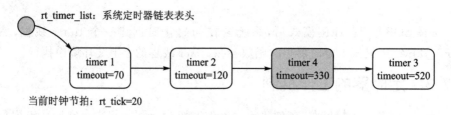

图 6-12　定时器链表插入示意图

6.7.4　定时器的操作接口

在 RT-Thread 操作系统中,提供了一系列接口通过定时器控制块实现了定时器的相关操作,包括创建/初始化定时器、启动定时器、停止/控制定时器、删除/脱离定时器。所有定时器在定时超时后都会从定时器链表中被移除,而周期性定时器会在它再次启动时被加入定时器链表,这与定时器参数设置相关。在每次的操作系统时钟中断发生时,都会更改已经超时的定时器状态参数。

1. 定时器的创建

动态定时器对象的创建可以使用接口 rt_timer_create() 函数,创建定时器对象时会先创建一个定时器对象控制块。在使用该接口函数的时候,需要通过 flag 参数的设置定时模式,在 rtdef.h 中定义定时模式相关的两组宏定义,如图 6-13 所示。

```
#define RT_TIMER_FLAG_ONE_SHOT      0x0    /* 单次定时   */
#define RT_TIMER_FLAG_PERIODIC      0x2    /* 周期定时   */
#define RT_TIMER_FLAG_HARD_TIMER    0x0    /* 硬件定时器 */
#define RT_TIMER_FLAG_SOFT_TIMER    0x4    /* 软件定时器 */
```

图 6-13　定时器模式宏定义

上面两组值可以用"或"逻辑的方式赋给 flag 参数,从而设置定时器模式。当指定的 flag 为 RT_TIMER_FLAG_HARD_TIMER 时,如果定时器超时,定时器的回调函数将在时钟中断的服务例程上下文中被调用;当指定的 flag 为 RT_TIMER_FLAG_SOFT_TIMER 时,如果定时器超时,定时器的回调函数将在系统时钟 timer 线程的上下文中被调用。定时器创建的接口函数原型及参数说明,如图 6-14 所示。

```
rt_timer_t rt_timer_create(const char* name,
                           void (*timeout)(void* parameter),
                           void* parameter,
                           rt_tick_t time,
                           rt_uint8_t flag);
```

name	定时器的名称
void(timeout)(void parametet)	定时器超时函数指针(当定时器超时时,系统会调用这个函数)
parameter	定时器超时函数的入口参数(当定时器超时时,调用超时回调函数会把这个参数作为入口参数传递给超时函数)
time	定时器的超时时间,单位是时钟节拍
flag	定时器创建时的参数,支持的值包括单次定时、周期定时、硬件定时器、软件定时器等(可以用"或"关系取多个值)

图 6-14　定时器创建接口函数原型及参数说明

2. 定时器的初始化

当需要使用静态定时器时,可以使用定时器初始化接口 rt_timer_init() 来完成静态定时器的初始化。由于静态定时器对象是需要用户定义,并且在系统编译时由编译器分配的,所以进行定时器初始化之前,需要我们自己定义的定时器控制块、定时器名称、定时器超时函数等内容,后续作为初始化接口函数的参数使用。定时器初始化接口函数的原型及参数说明如图 6-15 所示。

```
void rt_timer_init(rt_timer_t timer,
                   const char* name,
                   void (*timeout)(void* parameter),
                   void* parameter,
                   rt_tick_t time, rt_uint8_t flag);
```

timer	定时器句柄，指向要初始化的定时器控制块
name	定时器的名称
void(timeout)(void parametet)	定时器超时函数指针(当定时器超时时，系统会调用这个函数)
parameter	定时器超时函数的入口参数(当定时器超时时，调用超时回调函数会把这个参数作为入口参数传递给超时函数)
time	定时器的超时时间，单位是时钟节拍
flag	定时器创建时的参数，支持的值包括单次定时、周期定时、硬件定时器、软件定时器等(可以用"或"关系取多个值)

图 6-15　定时器初始化接口函数原型及参数说明

3. 定时器的删除

当不再需要使用动态定时器时，可以通过定时器删除接口 rt_timer_delete()来完成定时器对象的删除。删除之后系统会把定时器从 rt_timer_list 链表中删除。定时器所有信息都会被系统回收清空，而且不能再次使用这个定时器。注意这个接口只能用于删除由 rt_timer_create()接口创建的动态定时器，否则会提示失败。其接口函数原型及参数说明如图 6-16 所示。

```
rt_err_t rt_timer_delete(rt_timer_t timer);
```

timer	定时器句柄，指向要删除的定时器

图 6-16　定时器删除接口函数原型及参数说明

4. 定时器的脱离

当不再需要使用静态定时器时，需要使用定时器脱离接口 rt_timer_detach()，将静态定时器对象从内核对象管理器中脱离。但是定时器对象所占有的内存不会被释放，邮箱脱离接口的函数原型及参数说明如图 6-17 所示。

```
rt_err_t rt_timer_detach(rt_timer_t timer);
```

timer	定时器句柄，指向要脱离的定时器控制块

图 6-17　定时器脱离接口函数原型及参数说明

5. 定时器的启动

当定时器被创建或者初始化以后，并不会被立即启动，必须在调用启动定时器函数接口 rt_timer_start()后才开始工作。其接口的函数原型及参数说明如图 6 - 18 所示。

rt_err_t rt_timer_start(rt_timer_t timer);

timer	定时器句柄，指向要启动的定时器控制块

图 6 - 18　定时器启动接口函数原型及参数说明

当调用定时器启动函数接口 rt_timer_start()后,定时器的状态将更改为激活状态即 RT_TIMER_FLAG_ACTIVATED,并按照超时顺序插入 rt_timer_list 队列链表中。

6. 定时器的停止

启动定时器以后,当不再需要使用这个定时器时,可以使用定时器停止接口函数 rt_timer_stop()来停止定时器工作。定时器停止接口的函数原型及参数说明如图 6 - 19 所示。

rt_err_t rt_timer_stop(rt_timer_t timer);

timer	定时器句柄，指向要停止的定时器控制块

图 6 - 19　定时器停止接口函数原型及参数说明

调用定时器停止函数接口 rt_timer_stop()后,定时器状态将更改为停止状态,并从 rt_timer_list 链表中脱离出来,不参与定时器超时检查。当一个(周期性)定时器超时的时候,可以调用该函数接口停止(周期性)定时器本身。

7. 定时器的控制

RT - Thread 还提供了定时器控制函数接口 rt_timer_control(),以获取或设置更多定时器的信息。定时器控制接口的函数原型及参数说明如图 6 - 20 所示。

rt_err_t rt_timer_control(rt_timer_t timer, rt_uint8_t cmd, void* arg);

timer	定时器句柄，指向要控制的定时器控制块
cmd	用于控制定时器的命令，当前支持4个命令，为别是设置定时时间、查看定时时间、设置单次触发和设置调期触发
arg	与cmd相对应的控制命令参数。比如，cmd为庙字超时时间时，就可以将超时时间参数通过arg进行设定

图 6 - 20　定时器控制接口函数原型及参数说明

控制定时器函数接口 rt_timer_control()可根据命令类型参数来查看或改变定时器的设置,支持的命令类型有四种,如图 6 - 21 所示。

```
#define RT_TIMER_CTRL_SET_TIME        0x0    /* 设置定时器超时时间     */
#define RT_TIMER_CTRL_GET_TIME        0x1    /* 获得定时器超时时间     */
#define RT_TIMER_CTRL_SET_ONESHOT     0x2    /* 设置定时器为单次定时器  */
#define RT_TIMER_CTRL_SET_PERIODIC    0x3    /* 设置定时器为周期性定时器 */
```

图 6 - 21　定时器控制接口命令

6.8　定时器应用示例

为了便于大家进一步理解定时器的使用方法,这里通过一个示例来展示一下如何创建和使用定时器。

1. 示例要求

创建三个定时器对象。其中一个静态定时器 1,单次定时 100 OS Tick;另外两个动态定时器,其中定时器 2 也是单次定时器,定时为 50 OS Tick,而定时器 3 为周期性定时器,定时周期为 20 OS Tick,一共运行 20 次后停止。

2. 示例实现

我们基于仿真基础工程。首先用 MDK 打开工程,在 rtconfig. h 文件中添加宏定义 ♯ define RT_USING_MEMPOOL。随后在 Applications 文件夹内添加一个新的文件,我们命名为"6 - 1. c"。接着按照示例要求,分别创建三个定时器。创建的过程主要注意各个定时器的类型以及定时时间。具体的程序如例程 6 - 1 所示。

【例程 6 - 1】　定时器应用示例程序

```c
#include <rtthread.h>
#include <rtthread.h>

/* 静态定时器的控制块 */
static struct rt_timer timer1;

/* 动态定时器的控制块 */
static rt_timer_t timer2;
static rt_timer_t timer3;
staticint cnt = 0;

/* 静态定时器 1 超时函数 */
static void timeout1(void * parameter)
{
    rt_kprintf("static one shot timer1 is timeout\n");
}
```

```
/* 动态定时器 2 超时函数 */
static void timeout2(void * parameter)
{
    rt_kprintf("danymic one shot timer2 is timeout\n");
}


/* 动态定时器 3 超时函数 */
static void timeout3(void * parameter)
{
    rt_kprintf("danymic periodic timer3 is timeout %d\n", cnt);

    /* 运行第 20 次,停止周期定时器 */
    if (cnt ++ >= 19)
    {
        rt_timer_stop(timer3);
        rt_kprintf("danymic periodic timer3 was stopped! \n");
    }
}


int timer_demo(void)
{
    /* 初始化静态单次定时器 1 */
        rt_timer_init(&timer1,
                        "timer1",/* 定时器名字是 timer1 */
                        timeout1,/* 超时时回调的处理函数 */
                        RT_NULL, /* 超时函数的入口参数 */
                        100,     /* 定时长度为 30 个 OS Tick */
                        RT_TIMER_FLAG_ONE_SHOT);  /* 单次定时器 */


        /* 启动定时器 1 */
        rt_timer_start(&timer1);
    /* 创建动态单次定时器 2 */
    timer2 = rt_timer_create("timer2", timeout2,
                        RT_NULL,  50,
                        RT_TIMER_FLAG_ONE_SHOT);


    /* 启动定时器 2 */
    if (timer2 != RT_NULL)
        rt_timer_start(timer2);
        /* 创建动态周期定时器 3 */
```

```
    timer3 = rt_timer_create("timer3", timeout3,
                             RT_NULL, 20,
                             RT_TIMER_FLAG_PERIODIC);


    /* 启动定时器 3 */
    if (timer3 != RT_NULL)

        rt_timer_start(timer3);


    return 0;

}


/* 导出到 msh 命令列表中 */
MSH_CMD_EXPORT(timer_demo, timer demo);
```

完成上述程序编写后,在 MDK 环境中编译工程,确认没有警告和错误后,进行仿真运行。运行结果如图 6 - 22 所示。

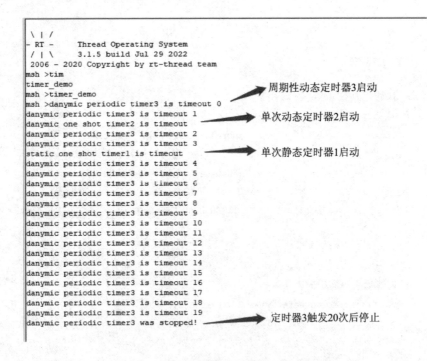

图 6 - 22   定时器应用示例运行结果

第 **7** 章

内存管理

在计算机系统中,变量、中间数据一般存放在 RAM 中,只有在实际使用时才将它们从 RAM 调入到 CPU 中进行运算。一些数据需要的内存大小要在程序运行过程中根据实际情况确定,当用户需要一段内存空间时,向系统提出申请,然后系统选择一段合适的内存空间分配给用户,用户使用完毕后,再释放回系统,以便系统将该段内存空间回收再利用。这就要求系统具有对内存空间进行动态管理的能力,也就是本章我们要介绍的内存管理。

7.1 内存管理基本概念

与一般计算机系统类似,嵌入式系统同样需要支持内存管理。但是需要注意的是,在嵌入式程序设计中内存分配应该是根据所设计系统的特点来决定选择使用动态内存分配还是静态内存分配算法,一些可靠性要求非常高的系统应选择使用静态的,而普通的业务系统可以使用动态来提高内存使用效率。静态可以保证设备的可靠性但是需要考虑内存上限,内存使用效率低,而动态则相反。

RT - Thread 操作系统将内核与内存管理分开实现,操作系统内核仅规定了必要的内存管理函数原型,而不关心这些内存管理函数是如何实现的,所以在 RT - Thread 中提供了多种内存分配算法(分配策略),但是上层接口(API)却是统一的。这样做可以增加系统的灵活性:用户可以选择对自己更有利的内存管理策略,在不同的应用场合使用不同的内存分配策略。

基于嵌入式系统自身特性的要求,作为 RT - Thread 操作系统核心模块的内存管理模块,主要包括内存的初始化、分配以及释放,其内存管理的特点如下。

1. 确保内存分配的确定性

在嵌入式实时操作系统中,对内存的分配时间要求更为苛刻,分配内存的时间必须是确定的。一般内存管理算法是根据需要存储的数据的长度在内存中去寻找一个与这段数据相适应的空闲内存块,然后将数据存储在里面。而寻找这样一个空闲内存块所耗费的时间是不确定的,因此对于实时系统来说,这就是不可接受的,实时系统必须要保证内存块的分配过程在可预测的确定时间内完成,否则实时线程对外部事件的响应也将变得不可确定。

2. 避免内存分配碎片化

在嵌入式系统中,内存是十分有限而且是十分珍贵的,用一块内存就少了一块内存,而在分配中随着内存不断被分配和释放,整个系统内存区域会产生越来越多的碎片。因为在使用过程中,申请了一些内存,其中一些释放了,导致内存空间中存在一些小的内存块,它们地址不连续,不能够作为一整块的大内存分配出去,所以一定会在某个时间,系统已经无法分配到合适的内存了,导致系统瘫痪。其实系统中实际是有内存的,但是因为小块的内存的地址不连续,导致无法分配成功,所以我们需要一个优良的内存分配算法来避免这种情况的出现。

3. 支持内存分配的多样性

嵌入式系统的资源环境也是不尽相同的,有些系统的资源比较紧张,只有数十KB的内存可供分配,而有些系统则存在数 MB 的内存。如何为这些不同的系统选择适合它们的高效率的内存分配算法,就变得复杂化。根据上层应用及系统资源的不同,RT-Thread 操作系统在内存管理上有针对性地提供了不同的内存分配管理算法。

7.2 内存管理工作机制

对比其他嵌入式实时操作系统,RT-Thread 操作系统的内存管理方式更为丰富,系统中内存管理算法总体上可分为两类:静态内存管理(内存池)与动态内存管理(内存堆)。

RT-Thread 的内存管理模块通过对内存的申请、释放操作,来管理用户和系统对内存的使用,使内存的利用率和使用效率达到最优,同时最大限度地解决系统的内存碎片问题。静态内存管理和动态内存管理各有优缺点。

静态内存管理是指在静态内存池中分配用户初始化时预设(固定)大小的内存块。其优点在于分配和释放效率高,静态内存池中无碎片。但缺点在于只能申请到初始化预设大小的内存块,不能按需申请。

动态内存管理是指在动态内存堆中分配用户指定大小的内存块。其优点在于按需分配,在设备中灵活使用,但缺点就是内存堆中可能出现碎片。

7.2.1　静态内存管理

为了提高内存分配的效率,并且避免内存碎片,RT-Thread 提供了静态内存管理方法:内存池(Memory Pool)。

内存池是一种用于分配大量大小相同的小内存对象的技术。它可以极大加快内存分配以及释放的速度。

当一个内存池对象被创建时,内存池对象就被分配给了一个内存池控制块 rt_mempool,内存控制块的参数包括内存池名、内存缓冲区、内存块大小、块数以及一个等待线程列表。

内核负责给内存池分配内存池对象控制块,它同时也接收用户线程的分配内存块申请,当获得申请信息后,内核就可以从内存池中为线程分配内存块。内存池一旦初始化完成,内部的内存块大小将不能再做调整。内存池控制块的结构成员信息如图 7-1 所示。

```
struct rt_mempool
{
    struct rt_object parent;
    void *start_address;                    /* 内存池数据区域开始地址 */
    rt_size_t size;                         /* 内存池数据区域大小 */
    rt_size_t block_size;                   /* 内存块大小 */
    rt_uint8_t *block_list;                 /* 内存块列表 */
    rt_size_t block_total_count;            /* 内存池数据区域中能够容纳的最大内存块数 */
    rt_size_t block_free_count;             /* 内存池中空闲的内存块数 */
    rt_list_t suspend_thread;               /* 因为内存块不可用而挂起的线程列表 */
    rt_size_t suspend_thread_count;         /* 因为内存块不可用而挂起的线程数 */
};
typedef struct rt_mempool* rt_mp_t
```

图 7-1　内存池控制块的结构成员信息

内存池在创建时先向系统申请一大块内存,然后分成同样大小的多个小内存块,小内存块直接通过链表连接起来(此链表也称为空闲链表)。每次分配时,从空闲链表中取出链表头上第一个内存块,提供给申请者。如图 7-2 所示,可以看到物理内存中允许存在多个大小不同的内存池,每一个内存池又由多个空闲内存块组成,内核用它们来进行内存管理。

每一个内存池对象都由上述结构组成,其中 suspend_thread 形成了一个申请线程等待列表,即当内存池中无可用内存块,并且申请线程允许等待时,申请线程将挂起在 suspend_thread 链表上。

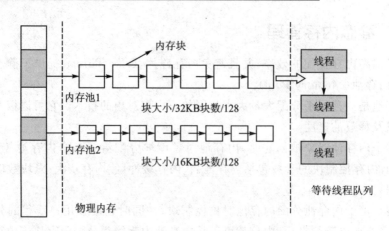

图 7 - 2　内存池对象结构示意图

7.2.2　动态内存管理

　　动态内存管理,即在内存资源充足的情况下,从系统配置的一块比较大的连续内存,根据用户需求,在这块内存中分配任意大小的内存块。当用户不需要该内存块时,又可以释放回系统供下一次使用。与静态内存管理相比,动态内存管理的好处是按需分配,缺点是内存堆中容易出现碎片。从这个角度来看,动态内存管理方式更类似于在裸机系统编程中使用的 malloc 和 free 方式的内存申请和释放的处理方式。

　　RT - Thread 操作系统中,又根据系统的可用内存资源数量分为三种情况。分别是小内存管理算法、Slab 管理算法、Memheap 管理算法。这几类内存堆管理算法在系统运行时只能选择其中之一或者完全不使用内存堆管理器,它们提供给应用程序的 API 接口完全相同。

1. 小内存管理算法

　　小内存管理算法主要针对系统资源比较少、小于 2 MB 内存空间的系统;小内存管理算法是一个简单的内存分配算法。初始时,它是一块大的内存,其大小为(MEM_SIZE),当需要分配内存块时,将从这个大的内存块上分割出相匹配的内存块,然后把分割出来的空闲内存块还回给堆管理系统中。每个内存块都包含一个管理用的数据头,通过这个头把使用块与空闲块用双向链表的方式链接起来(内存块链表),如图 7 - 3 所示。

　　每个内存块(不管是已分配的内存块还是空闲的内存块)都包含一个数据头,其中主要包含两个控制信息,首先是 magic 变量(或称为幻数),它会被初始化成 0x1ea0(即英文单词 heap),用于标记这个内存块是一个内存管理用的内存数据块;magic 变量不仅仅用于标识这个数据块是一个内存管理用的内存数据块,实质也是一个内存保护字:如果这个区域被改写,那么也就意味着这块内存块被非法改写。其次是 used,指示出当前内存块是否已经分配。

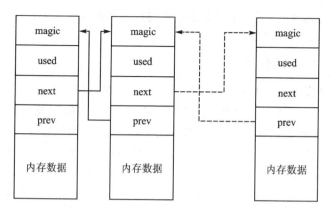

图 7 - 3　小内存管理工作机制示意图

　　内存管理的表现主要体现在内存的分配与释放上,小型内存管理算法可以用以下例子体现出来。内存分配情况如图 7 - 4 所示。空闲链表指针 lfree 初始指向 64 字节的内存块。当用户线程要再分配一个 128 字节的内存块时,此 lfree 指针指向的内存块只有 64 字节并不能满足要求,内存管理器会继续寻找下一个内存块,当找到再下一个内存块,256 字节时,它满足分配的要求。因为这个内存块比较大,分配器将把此内存块进行拆分,余下的内存块(116 字节)继续留在 lfree 链表中。

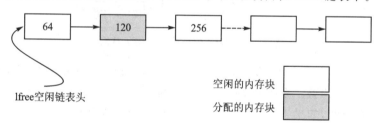

图 7 - 4　小内存管理算法链表结构示意图

　　需要注意的是,在每次分配内存块前,都会留出 12 字节数据头用于 magic、used 信息及链表节点使用。返回给应用的地址实际上是这块内存块 12 字节以后的地址,而数据头部分是用户永远不应该改变的部分。(注:12 字节数据头长度会因系统对齐差异而有所不同)。分配 128 字节后的链表结构如图 7 - 5 所示。

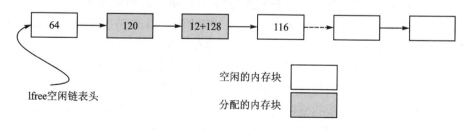

图 7 - 5　分配 128 字节后的链表结构示意图

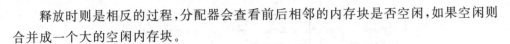

释放时则是相反的过程,分配器会查看前后相邻的内存块是否空闲,如果空闲则合并成一个大的空闲内存块。

2. SLAB 内存管理算法

SLAB 内存管理算法主要在系统资源比较丰富时提供了一种近似多内存堆管理算法的快速算法。SLAB 分配器是在 DragonFly BSD 创始人 Matthew Dillon 实现的 SLAB 分配器基础上,针对嵌入式系统优化的内存分配算法。最原始的 SLAB 算法是 Jeff Bonwick 为 Solaris 操作系统而引入的一种高效内核内存分配算法。

RT - Thread 的 SLAB 分配器实现主要是去掉了其中的对象构造及析构过程,只保留了纯粹的缓冲型的内存堆算法。SLAB 分配器会根据对象的类型(主要是大小)分成多个区(zone),也可以看成每类对象有一个内存堆,如图 7 - 6 所示。

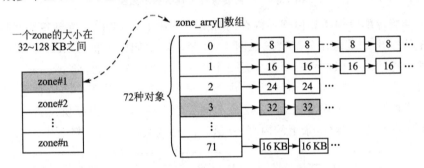

图 7 - 6   SLAB 内存分配结构示意图

在图 7 - 6 中,一个 zone 的大小在 32~128 KB 之间,分配器会在堆初始化时根据堆的大小自动调整。系统中的 zone 最多包括 72 种对象,一次最大能够分配 16 KB 的内存空间,如果超出了 16 KB 则直接从页分配器中分配。每个 zone 上分配的内存块大小是固定的,能够分配相同大小内存块的 zone 会链接在一个链表中,而 72 种对象的 zone 链表则放在一个数组(zone_array[])中统一管理。

在 RT - Thread 操作系统中,使用 SLAB 算法进行动态内存分配的时候,其动态内存分配器两种主要的操作过程如下。

内存分配:假设分配一个 32 字节的内存,SLAB 内存分配器会先按照 32 字节的值,从 zone array 链表表头数组中找到相应的 zone 链表。如果这个链表是空的,则向页分配器分配一个新的 zone,然后从 zone 中返回第一个空闲内存块。如果链表非空,则这个 zone 链表中的第一个 zone 节点必然有空闲块存在(否则它就不应该放在这个链表中),那么就取相应的空闲块。如果分配完成后,zone 中所有空闲内存块都使用完毕,那么分配器需要把这个 zone 节点从链表中删除。

内存释放:分配器需要找到内存块所在的 zone 节点,然后把内存块链接到 zone 的空闲内存块链表中。如果此时 zone 的空闲链表指示出 zone 的所有内存块都已经释放,即 zone 是完全空闲的,那么当 zone 链表中全空闲 zone 达到一定数目后,系统就会把这个全空闲的 zone 释放到页面分配器中去。

3. memheap 内存管理算法

RT‑Thread 还有一种针对多个地址不连续的内存堆的管理算法，即 memheap 管理算法。memheap 方法适用于系统存在多个内存堆的情况，它可以将多个内存"粘贴"在一起，形成一个大的内存堆，用户使用起来会非常方便，如图 7‑7 所示。

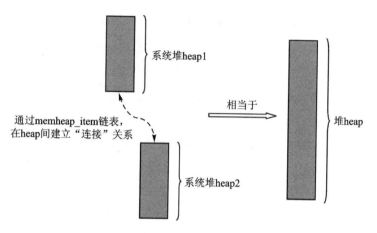

图 7‑7　memheap 内存分配结构示意图

通过宏定义 RT_USING_MEMHEAP_AS_HEAP 打开 memheap 内存管理方式后，系统首先将多块内存加入 memheap_item 链表进行粘贴。当分配内存块时，会先从默认内存堆去分配内存，当分配不到时会查找 memheap_item 链表，尝试从其他的内存堆上分配内存块。应用程序不用关心当前分配的内存块位于哪个内存堆上，就像是在操作一个内存堆。

7.3　内存管理接口函数

在前面的介绍中，我们了解了 RT‑Thread 操作系统中，提供了两种内存管理的方式，分别是静态内存管理和动态内存管理。其中，静态内存管理方式中的内存池对象是以系统内核对象方式来进行管理的，而动态内存管理方式则是通过用户直接操作内存的方式进行管理的。显然对于两类不同的内存管理方式，系统提供的接口函数是不一样的。我们将分别介绍一下两类内存管理方式的操作接口。

7.3.1　静态内存管理接口函数

RT‑Thread 操作系统中，静态内存管理方式采用的是内存池内核对象。作为内核对象，内存池的操作接口是以内存池控制块为操作句柄的。系统通过内存池控制块，支持对内存池的操作，包括内存池的创建、初始化、删除、脱离、分配内存块以及释放内存块。

1．内存池的创建

内存池对象的创建可以使用接口 rt_mp_create()函数,创建内存池对象时会先创建一个内存池对象控制块。内存池创建的接口函数原型及参数说明,如图7－8所示。

```
rt_mp_t rt_mp_create(const char* name,
                     rt_size_t block_count,
                     rt_size_t block_size);
```

name	内存池名
block_count	内存块数量
block_size	内存块容量

图7－8　内存池创建接口函数原型及参数说明

在使用该接口函数的时候,系统会返回一个内存池对象句柄,即指向内存池控制块的指针。前提是在系统资源允许的情况下(最主要的是动态堆内存资源)才能创建成功。创建内存池时,需要给内存池指定一个名称,从系统中申请一个内存池对象,然后从堆内存中划分一块连续的内存区域作为内存池,并将内存区域组织成用于静态分配的空闲块列表。创建内存池成功将返回内存池的句柄,否则返回 RT_NULL。

2．内存池的初始化

当需要初始化内存池对象的时候,可以使用内存池初始化接口 rt_mp_init()来完成内存池的初始化。由于内存池对象需要用户定义,并且在系统编译时由编译器分配,所以进行内存池初始化之前,需要我们自己定义内存池控制块、内存池名称、内存池管理的内存块数量以及内存块大小等内容,后续作为初始化接口函数的参数使用。内存池初始化接口函数的原型及参数说明如图7－9所示。

```
rt_err_t rt_mp_init(rt_mp_t mp,
                    const char* name,
                    void *start, rt_size_t size,
                    rt_size_t block_size);
```

mp	内存池对象
name	内存池名
start	内存池的起始位置
size	内存池数据区域大小
block_size	内存块容量

图7－9　定时器初始化接口函数原型及参数说明

需要注意的是,参数中的内存池块个数等于 size/(block_size＋4 链表指针大小),计算结果取整数。例如:内存池数据区总大小 size 设为 4 096 字节,内存块大小 block_size 设为 80 字节,则申请的内存池块个数为 4 096/(80+4)=48 个。

3. 内存池的删除

当不再需要使用内存池时,可以通过内存池删除接口 rt_mp_delete()来完成内存池对象的删除。删除时,系统会首先唤醒等待在该内存池对象上的所有线程,再释放从内存堆上分配的内存池数据存放区域;然后内存池的所有信息都会被系统回收清空,而且不能再次使用这个内存池。注意这个接口只能用于删除由 rt_mp_create()接口创建的内存池,否则会提示失败。其接口函数原型及参数说明如图 7-10 所示。

```
rt_err_t rt_mp_delete(rt_mp_t mp);
```

| mp | 内存池对象 |

图 7-10　内存池删除接口函数原型及参数说明

4. 内存池的脱离

当需要将内存池对象从对象容器中脱离时,需要使用内存池脱离接口 rt_mp_detach()将内存池对象从内核对象管理器中脱离,但是内存池对象所占有的内存不会被释放。脱离接口的函数原型及参数说明如图 7-11 所示。

```
rt_err_t rt_mp_detach(rt_mp_t mp);
```

| mp | 内存池对象 |

图 7-11　内存池脱离接口函数原型及参数说明

5. 内存块的分配

当内存池被创建或者初始化以后,用户就可以从指定的内存池中获取内存块了。其接口的函数原型及参数说明如图 7-12 所示。

```
void *rt_mp_alloc (rt_mp_t mp, rt_int32_t time);
```

| mp | 内存池对象 |
| time | 超时时间 |

图 7-12　内存块分配接口函数原型及参数说明

当调用内存块分配函数接口 rt_mp_alloc()时,其中 time 参数的含义是申请分配内存块的超时时间。如果内存池中有可用的内存块,则从内存池的空闲块链表上取下一个内存块,减少空闲块数目并返回这个内存块;如果内存池中已经没有空闲内存块,则判断超时时间设置:若超时时间设置为零,则立刻返回空内存块;若等待时间大于零,则把当前线程挂起在该内存池对象上,直到内存池中有可用的自由内存块,或等待时间到达。

6．内存块的释放

当使用完内存块后，必须释放内存块，否则会造成内存泄漏。可以使用内存块释放接口函数 rt_mp_free()。内存块释放接口的函数原型及参数说明如图 7-13 所示。

```
void rt_mp_free (void *block);
```

block	内存块指针

图 7-13　内存块释放接口函数原型及参数说明

使用该函数接口时，首先通过需要被释放的内存块指针计算出该内存块所在的（或所属于的）内存池对象；然后增加内存池对象的可用内存块数目，并把该被释放的内存块加入空闲内存块链表上；接着判断该内存池对象上是否有挂起的线程，如果有则唤醒挂起线程链表上的首个线程。

7.3.2　动态内存管理接口函数

在 RT-Thread 操作系统中，动态内存管理方式并不是以内核对象的形式进行管理的，虽然这种方式存在内存碎片的缺点，但是由于其内存申请的灵活性，所以在实际应用中也是广泛使用的。例如，系统中动态创建信号量、消息队列、互斥量、软件定时器、线程等动态内核对象的时候，并不是在编译时静态分配的，而是在运行时动态分配内存的。

系统中关于动态内存管理（内存堆）的操作，主要包括内存堆的初始化、内存申请、内存释放等操作。

1．内存初始化

当需要使用动态内存时，需要在 heap 和 memheap 两种内存堆中二选一，然后要在系统初始化的时候进行内存堆的初始化。

在使用 heap 内存堆的时候，可以使用 rt_system_heap_init()接口初始化内存堆。其接口的函数原型及参数说明如图 7-14 所示。

```
void rt_system_heap_init(void* begin_addr, void* end_addr);
```

begin_addr	堆内存区域起始地址
end_addr	堆内存区域结束地址

图 7-14　heap 内存堆初始化接口函数原型及参数说明

在初始化的时候需要用户自己知道初始化的是哪段内存，所以必须知道内存的起始地址与结束地址，这个函数会把参数 begin_addr、end_addr 区域的内存空间作为内存堆来使用。

在使用 memheap 内存堆时，可以使用 rt_memheap_init()接口初始化内存堆。其接口的函数原型及参数说明如图 7-15 所示。

```
rt_err_t rt_memheap_init(struct rt_memheap  *memheap,
                         const char         *name,
                         void               *start_addr,
                         rt_uint32_t         size)
```

memheap	memheap控制块
name	内存堆的名称
start_addr	堆内存区域起始地址
size	堆内存大小

图 7 – 15　memheap 内存堆初始化接口函数原型及参数说明

2. 内存申请

当需要使用动态内存申请时,RT – Thread 系统提供了三个接口,分别是内存申请接口 rt_malloc()、重新申请接口 rt_realloc()以及多内存块申请 rt_calloc()。

内存申请接口 rt_malloc()会从系统堆空间中找到适合用户指定大小的内存块,然后把该内存块可用地址返回给用户,其接口的函数原型及参数说明如图 7 – 16 所示。

```
void *rt_malloc(rt_size_t nbytes);
```

nbytes	需要分配的内存块的大小,单位为字节

图 7 – 16　内存申请接口函数原型及参数说明

重新申请接口 rt_realloc(),可以在已分配内存块的基础上重新分配内存块的大小(增大或缩小),其接口的函数原型及参数说明如图 7 – 17 所示。

```
void *rt_realloc(void *rmem, rt_size_t newsize);
```

rmem	指向已分配的内存块
newsize	重新分配的内存大小

图 7 – 17　重新申请接口函数原型及参数说明

多内存块申请 rt_calloc(),可以从内存堆中分配连续内存地址的多个内存块,其接口的函数原型及参数说明如图 7 – 18 所示。

```
void *rt_calloc(rt_size_t count, rt_size_t size);
```

count	内存块数量
size	内存块容量

图 7 – 18　多内存申请接口函数原型及参数说明

3. 内存释放

应用程序使用完从内存分配器中申请的内存后,必须及时释放,否则会造成内存

泄漏,可以使用 rt_free()接口释放内存块,其接口的函数原型及参数说明如图 7 - 19
所示。

```
void rt_free (void *ptr);
```

| ptr | 待释放的内存块指针 |

图 7 - 19   内存释放申请接口函数原型及参数说明

4. 内存钩子函数

在分配内存块过程中,可以使用 rt_malloc_sethook()接口设置一个钩子函数,
其接口的函数原型及参数说明如图 7 - 20 所示。

```
void rt_malloc_sethook(void (*hook)(void *ptr, rt_size_t size));
```

| hook | 钩子函数指针 |

图 7 - 20   内存钩子函数设置接口函数原型及参数说明

参数中的 hook 为指向钩子函数的指针,这个钩子函数需要用户根据需求自行
实现指定的功能。钩子函数 hook()接口的函数原型及参数说明如图 7 - 21 所示。

```
void hook(void *ptr, rt_size_t size);
```

| prt | 分配到的内存块指针 |
| size | 分配到的内存块的大小 |

图 7 - 21   内存申请钩子函数接口函数原型及参数说明

同样,系统也允许用户在内存释放过程中使用 rt_free_sethook()接口设置钩子
函数。其接口的函数原型及参数说明如图 7 - 22 所示。

```
void rt_free_sethook(void (*hook)(void *ptr));
```

| hook | 钩子函数指针 |

图 7 - 22   内存释放钩子设置函数接口函数原型及参数说明

参数中的 hook 为指向钩子函数的指针,这个钩子函数需要用户根据需求自行
实现指定的功能,钩子函数 hook()接口的函数原型及参数说明如图 7 - 23 所示。

```
void hook(void *ptr);
```

| ptr | 待释放的内存块指针 |

图 7 - 23   内存释放钩子函数接口函数原型及参数说明

7.4 内存管理应用示例

为了便于大家进一步理解内存池的使用方法。这里我们通过一个示例来展示一下如何创建内存池以及如何从内存池中申请和释放内存块。

1. 示例要求

要求动态创建三个线程以及一个内存池对象。内存池大小为 1 024,每个内存块大小为 80,共 1 024/(80+4)=12 个内存块。线程的优先级要求线程 1>线程 2>线程 3,其中线程 1 每隔 10 ms 申请一个内存块,线程 2 每隔 20 ms 申请一个内存块,线程 3 每隔 10 ms 释放一个内存块。

2. 示例实现

我们基于仿真基础工程。首先用 MDK 打开工程,在 rtconfig. h 文件中添加宏定义 #define RT_USING_MEMPOOL。在 Applications 文件夹内添加一个新的文件,我们命名为"7-1. c"。其次我们按照示例要求,分别创建三个线程以及内存池。创建的过程主要注意各个线程从内存池中获取和释放内存块的要求。具体的程序如例程 7-1 所示。

【例程 7-1】 内存管理应用示例程序

```
#include <rtthread.h>

#define THREAD_PRIORITY        15
#define THREAD_TIMESLICE       5
#define THREAD_STACK_SIZE      512/* 指向线程控制块的指针 */
static rt_thread_t t1 = RT_NULL;
static rt_thread_t t2 = RT_NULL;
static rt_thread_t t3 = RT_NULL;

/* 内存池空间 */
static rt_uint8_t * ptr[12];
static rt_uint8_t cnt = 0;
static rt_uint8_t mempool[1024];
static struct rt_mempool mp;


/* 线程1入口函数 */
static void t1_entry(void * param)
{

        while(1)
        {
                if (ptr[cnt] == RT_NULL)
                {
```

```
                    /* 申请内存块 */
                    ptr[cnt] = rt_mp_alloc(&mp, RT_WAITING_FOREVER);
                    if (ptr[cnt] != RT_NULL)
                    {
                        rt_kprintf("thread1 allocate block No. %d.\n",cnt);
                        cnt ++;
                        if (cnt >= 12)
                        cnt = 0;
                    }
                }

                rt_thread_mdelay(10);
        }

}


/* 线程 2 入口函数 */
static void t2_entry(void * param)
{

        while(1)
        {

            if (ptr[cnt] == RT_NULL)
            {
                /* 申请内存块 */
                ptr[cnt] = rt_mp_alloc(&mp, RT_WAITING_FOREVER);
                if (ptr[cnt] != RT_NULL)
                {
                    rt_kprintf("thread2 allocate block No. %d.\n",cnt);
                    cnt ++;
                    if (cnt >= 12)
                    cnt = 0;
                }
            }

        rt_thread_mdelay(20);
    }

}
/* 线程 3 入口函数 */
static void t3_entry(void * param)
{
        int r_cnt = 0;
```

```
        while(1)
        {

        rt_kprintf("thread3 release block %d\n", r_cnt);
        rt_mp_free(ptr[r_cnt]);
        ptr[r_cnt] = RT_NULL;
            r_cnt ++;
            if (r_cnt >= 12)
            r_cnt = 0;

            rt_thread_mdelay(10);
    }
}

int mempool_demo(void)
{
    int i;
    for (i = 0; i <12; i ++) ptr[i] = RT_NULL;

    /* 初始化内存池对象 */
    rt_mp_init(&mp, "mp1", &mempool[0], sizeof(mempool), 80);

    /* 创建线程 1 */
    t1 = rt_thread_create("thread1",
                          t1_entry,
                          RT_NULL,
                          THREAD_STACK_SIZE,
                          THREAD_PRIORITY - 1, THREAD_TIMESLICE);
    if (t1 != RT_NULL)
        rt_thread_startup(t1);

    /* 创建线程 2 */
    t2 = rt_thread_create("thread2",
                          t2_entry,
                          RT_NULL,
                          THREAD_STACK_SIZE,
                          THREAD_PRIORITY, THREAD_TIMESLICE);
    if (t2 != RT_NULL)
        rt_thread_startup(t2);

        /* 创建线程 3 */
    t3 = rt_thread_create("thread3",
                          t3_entry,
                          RT_NULL,
                          THREAD_STACK_SIZE,
```

```
                                    THREAD_PRIORITY + 1, THREAD_TIMESLICE);
    if (t3 ! = RT_NULL)
        rt_thread_startup(t3);
    return 0;
}
/* 导出到 msh 命令列表中 */
MSH_CMD_EXPORT(mempool_demo, mempool demo);
```

完成上述程序编写后，在 MDK 环境中编译工程，确认没有警告和错误后，进行仿真运行。运行结果如图 7-24 所示。

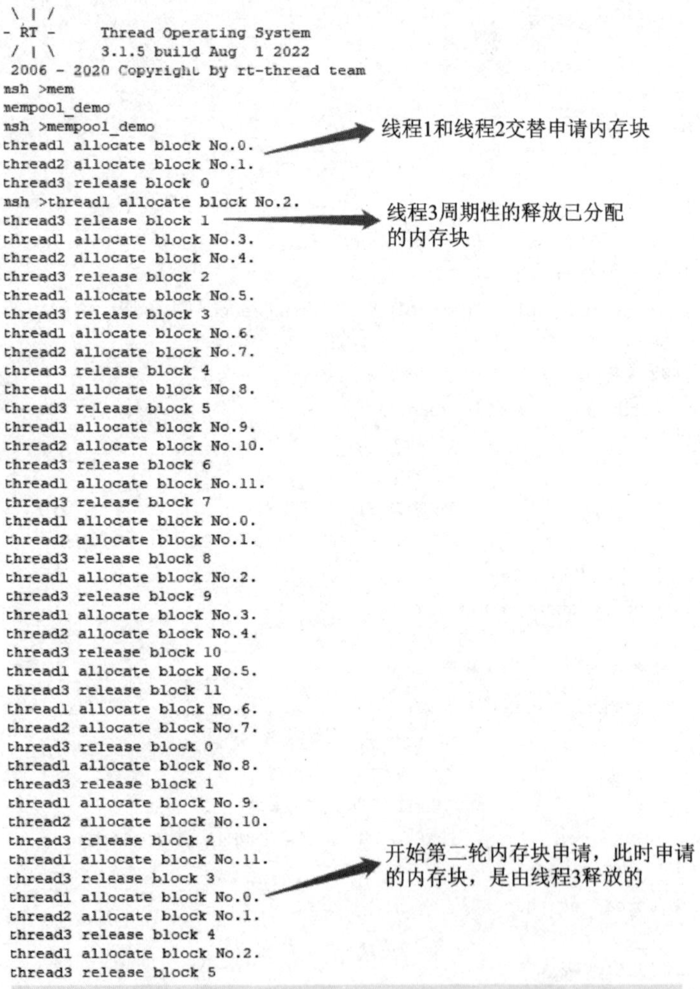

```
 \ | /
- RT -     Thread Operating System
 / | \     3.1.5 build Aug  1 2022
 2006 - 2020 Copyright by rt-thread team
msh >mem
mempool_demo
msh >mempool_demo
thread1 allocate block No.0.
thread2 allocate block No.1.
thread3 release block 0
msh >thread1 allocate block No.2.
thread3 release block 1
thread1 allocate block No.3.
thread2 allocate block No.4.
thread3 release block 2
thread1 allocate block No.5.
thread3 release block 3
thread1 allocate block No.6.
thread2 allocate block No.7.
thread3 release block 4
thread1 allocate block No.8.
thread3 release block 5
thread1 allocate block No.9.
thread2 allocate block No.10.
thread3 release block 6
thread1 allocate block No.11.
thread3 release block 7
thread1 allocate block No.0.
thread2 allocate block No.1.
thread3 release block 8
thread1 allocate block No.2.
thread3 release block 9
thread1 allocate block No.3.
thread2 allocate block No.4.
thread3 release block 10
thread1 allocate block No.5.
thread3 release block 11
thread1 allocate block No.6.
thread2 allocate block No.7.
thread3 release block 0
thread1 allocate block No.8.
thread3 release block 1
thread1 allocate block No.9.
thread2 allocate block No.10.
thread3 release block 2
thread1 allocate block No.11.
thread3 release block 3
thread1 allocate block No.0.
thread2 allocate block No.1.
thread3 release block 4
thread1 allocate block No.2.
thread3 release block 5
```


图 7-24　内存池资源丰富时运行结果

在图 7 - 24 中,可以发现在程序刚开始的阶段,内存池中内存块资源比较丰富, 线程 1 和线程 2 都可以顺利交替地申请到所需的内存块。但是由于线程 3 释放内存 块的速度低于另外两个线程申请内存块的速度,所以一段时间后出现了"僧多粥少" 的现象,所以程序运行一段时间后,线程 1 和线程 2 只有在线程 3 释放了某个内存块 后,才有可能申请到该内存块,如图 7 - 25 所示。

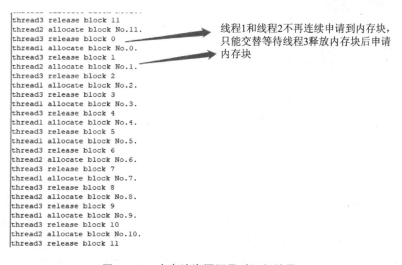

图 7 - 25　内存池资源不足时运行结果

第 **8** 章

组件应用

在前面的章节中,我们介绍了与 RT－Thread 操作系统内核原理相关的内容。虽说 RT－Thread 操作系统在系统内核部分已经做了很好的设计,例如基于面向对象思想设计的内核对象体系,但是与其他嵌入式实时操作系统的内核调度思想相比,只能说是各有千秋。显然,作为国产宝藏级操作系统的 RT－Thread 操作系统并不是对以往实时操作系统的简单复制。最值得推崇的是,RT－Thread 操作系统并不是一个单一的实时操作系统内核,而是从行业产业的生态层面构建的一套物联网组件式开发平台。站在这样的高度,可以说格局已经打开了。

RT－Thread 操作系统意图构建的生态体系涉猎是很广泛的,例如多产品线的拓展(RT－ThreadNano、RT－ThreadMaster、RT－ThreadSmart)、多技术的融合(嵌入式、物联网、人工智能等)、多种 BSP 的支持(主流芯片和开发板的 BSP)、多开发工具的兼容(MDK、IAR 以及自主开发的 RT－ThreadStudio 等)、多厂商的合作(芯片厂商、软件厂商等)、多行业的覆盖(教学、军工、民用、航天等)。诸如此类,在本书中我们无法面面俱到。

在本章中,我们以 RT－Thread 操作系统开发项目的便利性作为切入点,为大家介绍一下系统中的组件功能。

8.1　组件概述

在前面提到的 RT－Thread 物联网组件式平台概念中,包含四个层次,分别是硬件层、驱动层、组件层、应用层。以往的嵌入式系统开发中,大家比较头疼的就是软硬件的结合问题。很多初学者都被这道门槛拒之门外了。

针对不同嵌入式系统的芯片架构、板载资源、传感器件等硬件设备,要求开发人员编写相应的驱动程序操控硬件,继而调用驱动程序,根据系统功能需求编写应用程序。显然,这就要求开发人员要同时具备软硬件的开发、调试能力。如果再考虑到系统的兼容性、移植性等问题,相关技术难度便长期困扰着嵌入式领域的开发人员,也限制了嵌入式项目的开发效率。

　　RT－Thread 针对这个行业痛点,在物联网组件式平台中,引入了一个组件层的概念。组件层存在的意义在于标准化开发模式,提升开发效率,使得开发人员可以利用丰富的组件功能,更专注于系统应用的开发。这个过程就类似于乐高积木的思想,有了标准化的积木组件和接口标准,使用者只需要根据搭建的目标选择合适的积木即可,而不是自己从头去做一块需要的积木。两者之间的效率差异是显而易见的。

　　组件层中主要提供了三大类组件功能,分别是工具组件、BSP(板级支持包)以及软件包。目前 RT－Thread 操作系统已支持的组件多达近百种,由于篇幅有限,本章将选取四个组件介绍其功能,其中工具类组件包括 ENV 辅助工具以及 FinSH 控制台组件工具,软件包类组件包括文件系统以及网络通信,关于 BSP 类的组件功能将在后续的系统移植章节介绍。建议对组件功能感兴趣的读者,移步 RT－Thread 官网了解更多组件信息,相信一定会对项目的开发大有裨益。

8.2　ENV 辅助工具

　　ENV 辅助工具是为 RT－Thread 工程项目开发场景提供的辅助开发环境,有助于开发者基于全功能版本的 RT－Thread 源码搭建适合自己项目的工程,并在此基础上进行应用开发。ENV 辅助工具环境由 SCons 编译构建工具、menuconfig 图形化系统配置工具、pkgs 软件包管理工具以及 QEMU 模拟器工具等组成。

8.2.1　ENV 辅助工具的获取

　　ENV 辅助工具是一款绿色软件,目前版本为 1.2.0。现今有两种方式可以获取 ENV 辅助工具,并用于我们的项目开发中。具体采用哪种方式,取决于项目选择的 IDE 环境。

　　对于大部分采用 MDK、IAR 等传统嵌入式 IDE 环境的项目来说,需要从 RT－Thread 官方网站下载 ENV 工具。下载选项如图 8－1 所示。

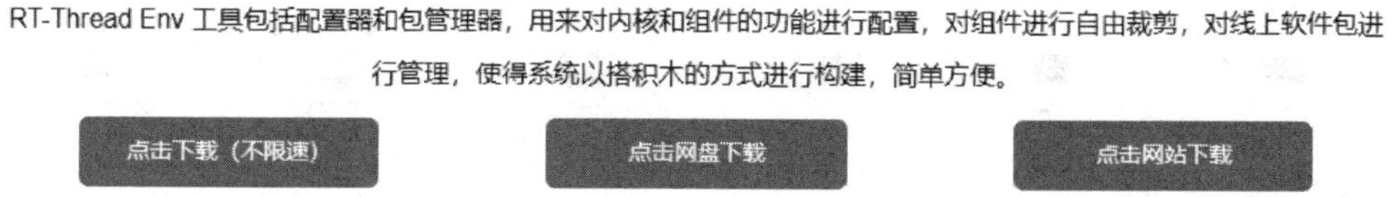

RT-Thread Env 工具包括配置器和包管理器,用来对内核和组件的功能进行配置,对组件进行自由裁剪,对线上软件包进行管理,使得系统以搭积木的方式进行构建,简单方便。

图 8－1　ENV 辅助工具下载选项

下载 ENV 辅助工具后,解压缩文件,文件目录如图 8-2 所示。点击文件 env. exe 即可在当前路径下打开 ENV 辅助工具,其运行界面如图 8-3 所示。

名称	修改日期	类型	大小
local_pkgs	2022/5/20 15:01	文件夹	
packages	2020/2/29 16:23	文件夹	
sample	2020/2/29 16:17	文件夹	
tools	2020/2/29 16:23	文件夹	
Add_Env_To_Right-click_Menu.png	2020/2/29 16:17	PNG 文件	359 KB
ChangeLog.txt	2020/2/29 16:17	文本文档	6 KB
env.bat	2020/2/29 16:17	Windows 批处理…	1 KB
env.exe	2020/2/29 16:17	应用程序	3,618 KB
env_log_err	2022/8/2 13:54	文件	1 KB
env_log_std	2022/8/2 13:54	文件	1 KB
Env_User_Manual_zh.pdf	2020/2/29 16:17	WPS PDF 文档	646 KB
Package_Development_Guide_zh.pdf	2020/2/29 16:17	WPS PDF 文档	218 KB

图 8-2 ENV 辅助工具文件目录

图 8-3 ENV 辅助工具运行界面

如果项目的 IDE 环境是 RT-ThreadStudio,则无需单独下载 ENV 辅助工具软件。因为在 RT-ThreadStudio 开发环境中已经内置了 ENV 辅助工具的功能,并且相比于上述单独的 ENV 辅助工具,RT-ThreadStudio 开发环境中的 ENV 配置界面更便捷美观,可以说更符合"图形化配置工具"的概念。RT-ThreadStudio 开发环境中的配置界面,如图 8-4 所示。

图 8-4 RT-ThreadStudio 内图形化配置界面

8.2.2　ENV 辅助工具的注册

为了便于使用,对于单独安装的 ENV 辅助工具,需要在使用前完成对 ENV 工具的注册,也就是将 ENV 工具添加到右键快捷菜单中。注册的具体过程如下。

首先如图 8-2 所示,进入 ENV 工具目录,双击 env. exe 或 env. bat 文件,打开 ENV 工具。出现如图 8-3 所示的 ENV 控制台界面。右击控制台界面上方标题区域,在右键菜单中找到 settings 选项,如图 8-5 所示。

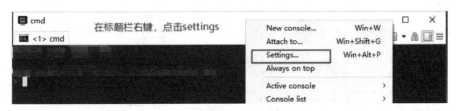

图 8-5　ENV 工具配置选项

点击 settings 选项,在随后弹出的窗口菜单中,找到 Integration 选项,在其右侧界面内找到 Register 选项,点击该选项完成注册,最后点击 Save setting 结束注册过程。整个过程如图 8-6 所示。

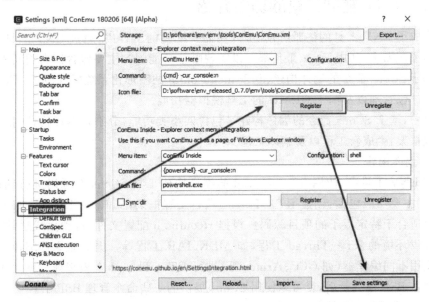

图 8-6　ENV 工具注册过程

完成了 ENV 工具的注册后,打开电脑中任意一个 RT-Thread 的 BSP 工程目录,在其空白处右击,在右键菜单中选择 ConEmu Here 即可打开 Env 工具,此时 ENV 中的路径也会自动切换至当前工程路径,随后在 ENV 工具中执行的命令和配置也都是对该工程执行的,如图 8 − 7 所示。

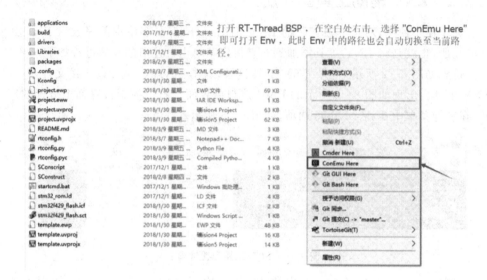

打开 RT-Thread BSP，在空白处右击，选择 "ConEmu Here" 即可打开 Env，此时 Env 中的路径也会自动切换至当前路径。

图 8 − 7 注册后 ENV 工具打开方式

8.2.3 ENV 辅助工具的功能介绍

完成了 ENV 工具的注册后,就可以在需要配置的工程内,通过 ENV 工具来配置工程了。那么,利用 ENV 工具都可以实现哪些功能呢？主要包含四大类功能,分别是基于 SCons 命令的编译构建、基于 menuconfig 的图形化系统配置、基于 pkgs 命令的软件包管理以及基于 QEMU 的工具模拟器功能。

第一,基于 SCons 命令的编译构建又包含四小类功能,分别是编译构建、搭建项目工程框架、生成新工程以及编译工程。

① 编译构建。

在 ENV 工具中,使用 RT − Thread 的编译构建工具 SCons 对源码进行编译构建,它的主要功能包括:创建 RT − Thread 项目工程框架,从 RT − Thread 源码中提取一份适合于特定板子的项目源码。根据 rtconfig.h 配置文件,自动生成适配主流集成开发环境的 RT − Thread 工程,如 MDK、IAR 工程等。提供命令行编译方式,支持使用不同编译器(如 GCC、Armcc 等)进行 RT − Thread 工程编译。使用 ENV 工具进入 BSP 根目录后,就可以使用 SCons 提供的一些命令管理 BSP 了。

② 搭建项目工程框架。

可以使用 scons--dist 命令生成 RT − Thread 基础项目工程框架。首先从 RT − Thread 源码中选择一份对应的 BSP,然后在 BSP 根目录中使用 scons--dist 命令在 BSP 目录下生成 dist 目录,这便是构建的新项目工程框架。其中包含 RT − Thread 源码及 BSP 相关工程,不相关的 BSP 文件夹及 Libcpu 都会被移除,并且可以随意复制此工程到任何目录下使用。

③ 生成新工程。

如果使用 MDK/IAR 等集成开发环境(IDE)来进行项目开发,配置工程后可以使用以下命令中的一种重新生成新工程,这样配置选项相关的源代码就会自动加入到新工程,然后可以使用 IDE 打开工程再进行编译下载。

生成 MDK5 工程使用的 Scons 命令为 scons--target=mdk5,而生成 MDK4 工程使用的 Scons 命令为 scons--target=mdk4,如果需要生成 IAR 工程则使用命令 scons--target=iar。

④ 编译工程。

在 BSP 目录下使用 scons 命令即可通过默认的 ARM_GCC 工具链编译 BSP,ARM 平台芯片的 BSP 基本都支持此命令。

第二,基于 menuconfig 的图形化系统配置,是一种基于 Kconfig 的图形化配置工具,RT-Thread 使用它对整个系统进行配置、裁剪,最终生成工程需要的 rtconfig.h 配置文件。menuconfig 主要有两大类配置功能。

① 系统配置与裁剪。

通过图形化方式对 RT-Thread 内核、组件和软件包进行配置和裁剪,自动生成 rtconfig.h 配置文件。

② 处理配置项依赖关系。

在 BSP 根目录下,右击打开 ENV 辅助工具,在其控制台窗口内输入 menuconfig 命令后即可打开图形化配置界面。目前,配置菜单主要分为四大类,如图 8-8 所示。

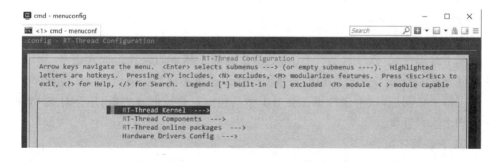

图 8-8 menuconfig 图形化配置选项

在这四大类配置选项中,又各自包含多种类型的配置项,修改方法也有所不同。常见类型包括,开/关型:使用空格键来选中或者取消选项,括号里有符号"*"则表示选中。数值、字符串型:按下回车键后会出现对话框,在对话框中对配置项进行修改。选择好配置项之后按 Esc 键退出,选择"保存修改"即可自动生成 rtconfig.h 配置文件。menuconfig 配置项的常见快捷键如图 8-9 所示。

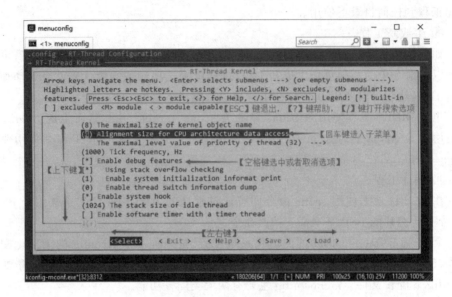

图 8 - 9　menuconfig 配置快捷键

第三,基于 pkgs 命令的软件包管理功能,RT - Thread 提供一个软件包管理平台,以开源仓库的形式部署在 github 上,其中存放了官方提供或开发者提供的软件包。该平台为开发者提供了众多可重用软件包的选择。这也是 RT - Thread 生态的重要组成部分,也是开发者的宝藏福音。

pkgs 软件包管理工具作为 ENV 的组成部分,为开发者提供了软件包的升级、下载、更新和删除功能。需要注意的是,使用 pkgs 软件包管理工具之前,需要先安装git 工具。

① 升级软件包。

基于开源模式,软件包系统不断壮大,会有越来越多的软件包加入进来,所以本地看到 menuconfig 中的软件包列表可能会与服务器不同步。使用 pkgs--upgrade 命令即可解决该问题,这个命令不仅会对本地的包信息进行同步更新,还会对 ENV 的功能脚本进行升级。

② 下载软件包。

在 menuconfig 的软件包配置菜单中选择自己需要使用的软件包,此时软件包只是被选中,但是未下载,退出保存配置后输入 pkgs--update 命令,才会自动下载该软件包。

③ 更新软件包。

如果选中的软件包在服务器端有更新,并且选择的版本号是 latest。此时输入pkgs--update 命令,该软件包将会在本地进行更新。

④ 删除软件包。

如果无须使用某个软件包,需要先在 menuconfig 中取消其选中状态,然后再执行 pkgs--update 命令。此时本地已下载但未被选中的软件包将会被删除。

最后,基于 QEMU 的工具模拟器功能,在没有硬件环境的条件下,可以使用 QEMU 模拟器来虚拟硬件环境。QEMU 是一个支持跨平台虚拟化的虚拟机,它可以虚拟很多硬件环境。RT‐Thread 提供了 QEMU 模拟的 ARM vexpress A9 板级支持包(BSP),用户可基于此 BSP 运行 RT‐Thread。虚拟的硬件环境可以辅助应用开发调试,降低开发成本,并提高开发效率。可以参考官方文档了解如何使用 QEMU 模拟器。

8.3　FinSH 控制台

众所周知,嵌入式开发是软硬件结合的过程。在这一过程中,软硬件之间的信息交互和调试环节是必不可少的。为了便于开发者完成这一过程,嵌入式领域采用了 shell 技术开发一类软件,它可以接收开发者输入的命令,解释命令并将其传递给操作系统,并将操作系统执行的结果反馈给开发者。shell 软件就像是在开发者和计算机之间架起了一座沟通的桥梁。

FinSH 控制台组件就是 RT‐Thread 的 shell 命令行组件,它提供了一套供开发者以命令行方式调用的操作接口,主要用于调试或查看系统信息,它可以使用串口/以太网/USB 等与 PC 机进行通信。

其实,FinSH 控制台组件我们并不陌生,在前几章的应用示例运行效果的验证部分,我们都是在仿真环境下,通过 UART2 虚拟串口窗口查看运行效果。这里显示系统运行信息以及响应开发者命令的角色就是 FinSH 组件工具。本节将进一步介绍 FinSH 组件相关的内容,便于大家更好地理解和使用 FinSH 组件进行项目开发。使用 FinSH 可以查看所有线程、信号量、设备等信息,并能执行用户自定义的命令,是系统调试的得力助手。

8.3.1　FinSH 控制台输入模式

在 RT‐Thread 操作系统中,FinSH 控制台支持两种输入模式,分别是传统命令行模式和 C 语言解释器模式。考虑到命令的执行效率,目前主要使用传统命令行模式。

1. 传统命令行模式

此模式又称为 msh(module shell),在 msh 模式下,FinSH 与传统 shell(dos/bash)执行方式一致,例如,可以通过 cd/命令将目录切换至根目录。

　　msh 模式下,将输入的信息以空格区分成命令和参数,其命令执行格式为
"command [arg1] [arg2] [⋯]"。其中 command 既可以是 RT-Thread 内置的命
令,也可以是用户自定义的 msh 命令。如图 8-10 所示,在 FinSH 控制台内输入内
置命令 help,会显示当前系统所支持的所有 msh 命令列表。

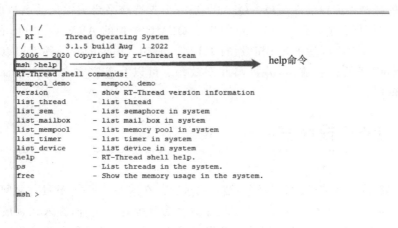

图 8-10　msh 命令执行效果

2. C 语言解释器模式

　　此模式又称为 C-Style 模式。在 C 语言解释器模式下,FinSH 能够解析并执行
大部分 C 语言的表达式,并使用类似 C 语言的函数调用方式访问系统中的函数及全
局变量,此外它也能够通过命令行方式创建变量。在该模式下,输入的命令必须类似
于 C 语言中的函数调用方式,即必须携带()符号,例如,要输出系统当前所有线程及
其状态,在 FinSH 中输入 list_thread()即可打印出需要的信息。

　　如果在 RT-Thread 中同时使能了这两种输入模式,那么它们可以动态切换,在
msh 模式下输入 exit 后回车,即可切换到 C-Style 模式。在 C-Style 模式下输入
msh()后回车,即可进入 msh 模式。两种模式的命令不通用,msh 命令无法在 C-
Style 模式下使用,反之亦然。

8.3.2　FinSH 控制台内置命令

　　在 RT-Thread 中默认内置了一些 FinSH 命令,由于 msh 模式和 C-Style 模
式的内置命令基本一致,而 msh 模式更为常用,所以这里我们以 msh 为例介绍一些
常用的 FinSH 内置命令。

1. 线程状态显示命令

　　显示线程状态的命令为 list_thread。输入该命令后,会列出系统中的所有线程
信息,包括线程的名称(thread)、优先级(pri)、状态(status)、栈的大小(stack size)、
栈的最大使用量(max userd)等信息,显示效果如图 8-11 所示。

```
msh >list_thread
thread   pri status     sp         stack size max used left tick error
-------- --- ---------- ---------- ---------- -------- ---------- ---
tshell   21  ready      0x0000008c 0x00000400    47%   0x00000004 000
tidle    31  ready      0x00000054 0x00000100    32%   0x00000014 000
main     10  suspend    0x00000084 0x00000200    47%   0x00000013 000
msh >
```

图 8 - 11　list_thread 命令执行效果

在实际应用中,这个命令可以辅助开发人员为每个线程选择合适的线程栈大小。这一点比其他实时操作系统,只能靠经验和试探的方式更为有效且准确。

2. 信号量状态显示命令

当开发者需要观测系统中当前信号量对象的运行状态时,可以使用 list_sem 命令来显示系统中所有信号量信息,包括信号量的名称(semaphor)、信号量的值(v)和等待这个信号量的线程数目(suspend thread)等信息,显示效果如图 8 - 12 所示。

```
msh >list_sem
semaphor v    suspend thread
-------- ---  --------------
shrx     000  0
heap     001  0
msh >
```

图 8 - 12　list_sem 命令执行效果

3. 事件集状态显示命令

当开发者需要观测系统中当前事件集对象的运行状态时,可以使用 list_event 命令来显示系统中所有事件集信息,包括事件集的名称(event)、事件集中当前发生的事件(set)和等待这个事件数量的线程数目(suspend thread),显示效果如图 8 - 13 所示。

4. 互斥量状态显示命令

当开发者需要观测系统中当前互斥量对象的运行状态时,可以使用 list_mutex 命令来显示系统中所有互斥量名称(mutex)、互斥量的所有者(owenr)、所有者在互斥量上持有的嵌套次数(hold)以及等待这个互斥量的线程数目(suspend thread)等信息,显示效果如图 8 - 14 所示。

```
msh >list_event
event        set       suspend thread
--------  ----------  --------------
```

图 8 - 13　list_event 命令执行效果

```
msh >list_mutex
mutex       owner    hold suspend thread
--------  --------  ---- --------------
msh >
```

图 8 - 14　list_mutex 命令执行效果

5. 邮箱状态显示命令

当开发者需要观测系统中当前邮箱对象的运行状态时,可以使用 list_mailbox 命令来显示系统中所有邮箱名称(mailbox)、邮箱中邮件的数目(entry)、邮箱能容纳的最大邮件数目(size)以及等待这个邮箱的线程数目(suspend thread)等信息,显示效果如图 8 - 15 所示。

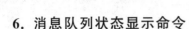

6. 消息队列状态显示命令

当开发者需要观测系统中当前消息队列对象的运行状态时,可以使用 list_msgqueue 命令来显示系统中所有消息队列的名称(msgqueue)、包含的消息数目(entry)和等待这个消息队列的线程数目 (suspend thread)等信息,显示效果如图 8 – 16 所示。

```
msh >list_mailbox
mailbox  entry size suspend thread
-------- ----- ---- --------------
msh >
```

```
msh >list_msgqueue
msgqueue entry suspend thread
-------- ----- --------------
msh >
```

图 8 – 15 list_mailbox 命令执行效果   图 8 – 16 list_msgqueue 命令执行效果

7. 内存池状态显示命令

当开发者需要观测系统中当前内存池对象的运行状态时,可以使用 list_mempool 命令来显示系统中所有内存池的名称(mempool)、内存块的大小(block)、总内存块数量(total)、空闲内存块数量(free)以及等待这个内存池的线程数目(suspend thread)等信息,显示效果如图 8 – 17 所示。

8. 定时器状态显示命令

当开发者需要观测系统中当前定时器对象的运行状态时,可以使用 list_timer 命令来显示系统中所有定时器的名称(timer)、是否是周期性定时器(periodic)、定时器超时的节拍数(timeout)以及定时器状态(flag)等信息,显示效果如图 8 – 18 所示。

```
msh >list_mempool
mempool  block total free suspend thread
-------- ----- ----- ---- --------------
msh >
```

```
msh >list_timer
timer       periodic     timeout      flag
--------    ----------   ----------   -----------
tshell      0x0000000a   0x00068321   deactivated
tidle       0x00000000   0x00000000   deactivated
main        0x000001f4   0x000683f9   activated
current tick:0x00068337
msh >
```

图 8 – 17 list_mempool 命令执行效果   图 8 – 18 list_timer 命令执行效果

9. 设备状态显示命令

当开发者需要观测系统中当前设备对象的运行状态时,可以使用 list_device 命令来显示系统中所有的设备信息,包括设备名称(device)、设备类型(type)和设备被打开的次数(ref count)等信息,显示效果如图 8 – 19 所示。

10. 动态内存状态显示命令

当开发者需要观测系统中当前动态内存信息时,可以使用 free 命令来显示系统中所有的内存信息,包括内存总大小 (total memory)、已使用的内存大小 (used memory)以及最大分配内存 (maximum allocated memory)等信息,显示效果如图 8 - 20 所示。

```
msh >list_device
device          type          ref count
--------  -----------------  -----------
msh >
```

```
msh >free
total memory: 15336
used memory : 1976
maximum allocated memory: 1976
msh >
```

图 8 - 19　list_device 命令执行效果　　　**图 8 - 20　free 命令执行效果**

8.3.3　FinSH 控制台自定义命令

在了解了上述系统内置的 msh 命令后,对于开发者来说,能否根据需要自行定义 msh 命令呢? 答案是肯定的,RT - Thread 操作系统提供了宏接口,在 msh 模式以及 C - Style 模式下都允许开发者导出自定义 FinSH 命令,导出后的自定义命令可以与内置命令一样在 FinSH 控制台中使用。

在 msh 模式下,可以使用宏接口 MSH_CMD_EXPORT(name, desc)自定义 msh 命令。其中参数 name 为要导出的命令名称,desc 为导出命令的描述。 如图 8 - 21 所示,我们在第 7 章内存池应用示例中,利用宏接口 MSH_CMD_EXPORT (name, desc)将内存池处理过程导出为 msh 命令。后续在 FinSH 控制台中,直接使用自定义命令 mempool_demo 运行。

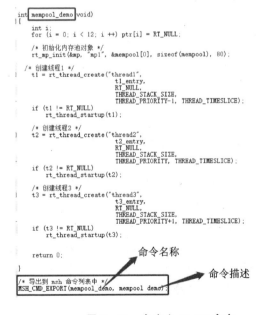

图 8 - 21　自定义 FinSH 命令

在 C - Style 模式下,可以使用宏接口 FINSH_FUNCTION_EXPORT(name, desc)导出自定义命令。其中参数 name 为要导出的命令名称,desc 为导出命令的描述。由于实际应用中,并不推荐使用这种输入模式,所以这里不再实际举例。

8.4　文件系统

在早期的嵌入式系统中,需要存储的数据比较少,数据类型也比较单一,往往使用直接在存储设备中的指定地址写入数据的方法来存储数据。然而随着嵌入式设备功能的发展,需要存储的数据越来越多,也越来越复杂,这时仍使用旧方法来存储并管理数据就变得非常烦琐困难。因此我们需要新的数据管理方式来简化存储数据的组织形式,这就是文件系统的由来。

文件系统是一套实现了数据的存储、分级组织、访问和获取等操作的抽象数据类型(abstract data type),是一种用于向用户提供底层数据访问的机制。文件系统通常存储的基本单位是文件,即数据是按照一个个文件的方式进行组织的。当文件比较多时,将导致文件不易分类、重名的问题,而文件夹可作为一个容纳多个文件的容器而存在。

8.4.1　常用文件系统

嵌入式系统中,根据不同的系统特点,采用不同的文件系统管理方式,这里我们列举几个较为常用的文件系统类型。

FatFS:是专为小型嵌入式设备开发的一个兼容微软 FAT 格式的文件系统,采用 ANSI C 编写,具有良好的硬件无关性以及可移植性,是 RT‐Thread 中最常用的文件系统类型,比如 U 盘的读写。

DevFS:即设备文件系统,在 RT‐Thread 操作系统中开启该功能后,可以将系统中的设备在 /dev 文件夹下虚拟成文件,使得设备可以按照文件的操作方式使用 read、write 等接口进行操作。

LittleFs:一个为微控制器设计的小故障安全文件系统。特点是:低资源(ROM、RAM)消耗,掉电保护(适合随机掉电),擦写均衡(提高寿命)。

Jffs2:是一种日志闪存文件系统,主要用于 NOR 型闪存,基于 MTD 驱动层,特点是:可读写的、支持数据压缩的、基于哈希表的日志型文件系统,并提供了崩溃 / 掉电安全保护,提供写平衡支持等。

NFS:网络文件系统(Network File System),是一项在不同机器、不同操作系统之间通过网络共享文件的技术。在操作系统的开发调试阶段,可以利用该技术在主机上建立基于 NFS 的根文件系统,挂载到嵌入式设备上,可以很方便地修改根文件系统的内容。

为了统一众多不同类型的文件系统,虚拟文件系统对实际文件系统进行抽象,采用统一的文件系统向用户提供相应的一组统一的标准的文件操作接口(open,read,close,select,poll 等)。

8.4.2　DFS 简介

　　DFS(Device File System)是一种抽象的文件机制,RT - Thread 中对文件系统的相关操作实际上都是通过操作 DFS 实现的,也就是说 DFS 是对各种文件系统的抽象。DFS 使得其他部分无须关心不同文件系统之间的差异,使得 RT - Thread 可以支持多种类型的文件系统。DFS 的目录结构,如图 8 - 22 所示。

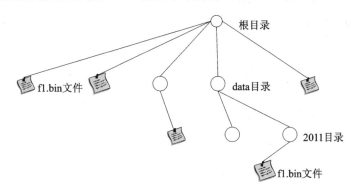

图 8 - 22　DFS 目录结构

　　在 RT - Thread 的 DFS 中,文件系统有统一的根目录,使用"/"来表示。而在根目录下的 f1. bin 文件则使用/f1. bin 来表示,2011 目录下的 f1. bin 目录则使用 /data/2011/f1. bin 来表示。即目录的分割符号是"/",这与 UNIX/Linux 完全相同,与 Windows 则不相同。

8.4.3　DFS 架构

　　RT - Thread 操作系统中,DFS 的层次架构如图 8 - 23 所示,主要分为 POSIX 接口层、虚拟文件系统层和设备抽象层。

　　POSIX 表示可移植操作系统接口(Portable Operating System Interface of UNIX, POSIX),POSIX 标准定义了操作系统应该为应用程序提供的接口标准,是 IEEE 为要在各种 UNIX 操作系统上运行的软件而定义的一系列 API 标准的总称。POSIX 接口层的主要功能是为应用程序提供统一的文件和目录操作接口,例如 read、write、poll/select 等操作。

　　虚拟文件系统层:主要功能是支持多种类型的文件系统,如 FatFS、RomFS、DevFS 等,并提供普通文件、设备文件、网络文件描述符的管理。

　　设备抽象层:不同文件系统类型是独立于存储设备驱动而实现的,因此把底层存储设备的驱动接口和文件系统对接起来之后,才可以正确地使用文件系统功能。设备抽象层将物理设备如 SD Card、SPI FLASH、Nand FLASH,抽象成符合文件系统能够访问的设备,例如 FAT 文件系统要求存储设备必须是块设备类型,再如通过闪存转换层(FTL -地址映射,磨损均衡,垃圾回收管理),使得 Nand FLASH 能够支持

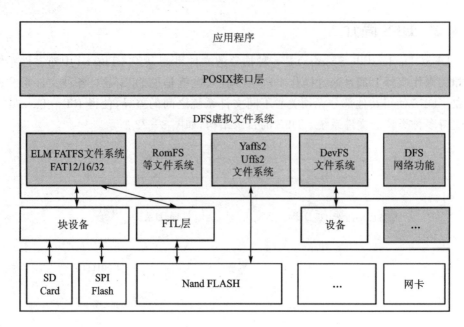

图 8 - 23　DFS 架构示意图

FLASH 文件系统。

8.4.4　DFS 数据结构

　　RT - Thread 操作系统中,DFS 内部的数据结构主要包含三个表:filesystem_operation_table、filesystem_table、fd_table,以及一个文件系统互斥锁 fslock 用于解决系统冲突。

　　文件系统操作表(filesystem_operation_table)的每一个表项都表示一个文件系统对应的一套操作函数及相关属性。不管是什么文件系统,其操作函数的形式都是一致的,通过 dfs_register 注册的文件系统操作会被加入这个表中。

　　文件系统表(filesystem_table)记录的是当前挂载的文件系统,其每一个表项表示的就是一个文件系统。通过 dfs_mount 挂载的文件系统操作会被加入这个表中,其中包含了文件系统被挂载到的设备 dev_id,所以通过这个表就把文件系统操作与设备绑定了起来。

　　文件描述符表(fd_table)记录当前打开的文件集合,每一个表项表示一个打开的文件句柄。

　　DFS 操作主要围绕这三张表,例如,添加、删除、查找、获取等操作,而真正的文件操作并不是在 DFS 框架内实现的,而是由中间层的具体文件系统来实现,中间层的文件系统,比如 elmfat 文件系统通过向 filesystem_operation_table 注册其操作集,向 filesystem_table 挂载其文件系统,这样一来,系统就可以通过这两张表找到对应的具体操作函数了。

8.4.5　DFS 使用步骤

RT‑Thread 操作系统中,虚拟文件系统组件 DSF 的使用主要包括 DFS 组件初始化、具体类型文件系统注册、文件系统挂载、文件系统卸载这四个步骤。

1. DFS 组件初始化

dfs_init()函数会初始化 DFS 所需的相关资源,创建一些关键的数据结构,包括:filesystem_operation_table、filesystem_table、fd_table,以及创建当前目录表 working_directory。有了这些数据结构,DFS 便能在系统中找到特定的文件系统,并获得对特定存储设备内文件的操作方法。

dfs_init()函数通过宏接口 INIT_PREV_EXPORT(dfs_init)加入了自动初始化机制,在系统上电后会自动运行 dfs_init()。

2. 具体类型文件系统注册

在 DFS 组件初始化之后,还需要初始化使用的具体类型的文件系统,也就是将具体类型的文件系统注册到 DFS 中。注册文件系统的接口为 dfs_register()。该接口函数的主要功能包括,检查这个文件系统是否已经存在于文件系统操作表的目录中、在文件系统操作表中找出一个空的文件类型条目、将这个文件系统的数据结构地址赋值给空的文件系统操作表目录。

3. 文件系统挂载

在挂载文件系统之前,如果是用作存储设备,还需要先将存储设备注册为块设备,然后格式化成对应的文件系统后,才能挂载。

在 RT‑Thread 中,挂载是指将一个存储设备挂接到一个已存在的路径上。我们要访问存储设备中的文件,必须将文件所在的分区挂载到一个已存在的路径上,然后通过这个路径来访问存储设备。挂载文件系统的接口函数为 dfs_mount()。该接口函数的主要功能如下:

① 在文件系统操作表中找出特定的文件系统;
② 为特定文件系统建立完整路径;
③ 检查路径是否存在;
④ 检查文件系统是否挂载在文件系统表中;
⑤ 检查文件系统表是否有空余,如果有,把空余地址指给此文件系统;
⑥ 注册文件系统;
⑦ 调用此文件系统的挂载接口。

4. 文件系统卸载

当某个文件系统不需要再使用了,那么可以将它卸载掉。卸载文件系统的接口函数为 dfs_unmount(),该接口函数的主要功能如下:

① 检查路径是否存在；

② 在文件系统表中找到此文件系统；

③ 清除文件系统表的这个条目内容；

④ 调用此文件系统的卸载接口。

8.4.6　DFS 管理接口

RT-Thread 操作系统中，DFS(Device File System)虚拟文件系统提供了一系列的文件、目录以及命令行管理接口，这里列举说明一下常用接口及其作用。

DFS 对文件进行操作的相关函数如表 8-1 所列，对文件的操作一般都要基于文件描述符 fd。

表 8-1　文件操作接口函数表

接口函数原型	操作说明
int open(const char * file, int flags,…)	打开文件
int close(int fd)	关闭文件
int read(int fd, void * buf, size_t len)	读文件内容
int write(int fd, const void * buf, size_t len)	向文件中写数据
int rename(const char * old, const char * new)	重命名文件
int stat(const char * file, struct stat * buf)	获取文件状态
int unlink(const char * pathname)	删除指定目录下文件
int fsync(int fildes)	同步已修改数据
int statfs(const char * path, struct statfs * buf)	查询文件系统相关信息
int select(int nfds,fd_set * readfd,fd_set * writefds,fd_set * exceptfds, struct timeval * timeout)	监测 I/O 设备有无事件

DFS 对目录进行操作的相关函数如表 8-2 所列，对目录的操作一般都基于目录地址。

表 8-2　目录操作接口函数表

接口函数原型	操作说明
int mkdir(const char path, mode_t mode)	创建目录
int rmdir(const char pathname)	删除目录
DIR opendir(const char name)	打开目录
int closedir(DIR * d)	关闭目录
struct dirent * readdir(DIR * d)	读取目录
long telldir(DIR * d)	获取目录流的读取位置
void seekdir(DIR * d, off_t offset)	设置下次读取目录的位置
void rewinddir(DIR * d)	重设目录流的读取位置

DFS 注册完成后,我们可以在系统运行时查看到 DFS 相关的 FinSH 命令。常用的 DFS 相关的 FinSH 命令及其操作说明如表 8-3 所列。

表 8-3 DFS 相关 FinSH 命令列表

命 令	说 明
ls	显示文件和目录的信息
cd	进入指定目录
cp	复制文件
rm	删除文件或目录
mv	将文件移动位置或改名
echo	将指定内容写入指定文件,当文件存在时,写入该文件,文件不存在时创建文件后写入
cat	展示文件内容
pwd	打印当前目录地址
mkdir	创建文件夹
mkfs	格式化文件系统

8.4.7 文件系统应用示例

为了便于大家进一步理解文件系统的使用方法,这里我们通过一个示例来展示一下如何挂载文件系统。

1. 示例要求

基于"stm32f103-atk-warshipv3"BSP 工程,注册 SD 设备以及文件系统,编写程序实现文件系统挂载,通过串口查看文件信息。

2. 示例实现

(1) 文件系统注册

基于"stm32f103-atk-warshipv3"BSP 工程。首先用 CubeMX 工具配置 SD 卡读写接口 SDIO,配置选项如图 8-24 所示。

随后,在工程的根目录下,打开 ENV 辅助工具的控制台,输入 menuconfig 命令,完成 SD 卡以及文件系统的使能。配置界面如图 8-25 所示。

配置保存后,按 Esc 键退出配置界面,返回 ENV 控制台界面,输入编译构建命令 scons--target=mdk5。注意这里的编译命令,需要根据工程使用的 IDE 环境确定。生成新的工程并确认无编译错误后,下载至开发板中,通过串口查看 SD 卡设备以及文件系统的注册情况,如图 8-26 所示。

(2) 文件系统挂载

完成了 SD 卡设备和文件系统注册后,需要进一步编写程序完成文件系统的挂

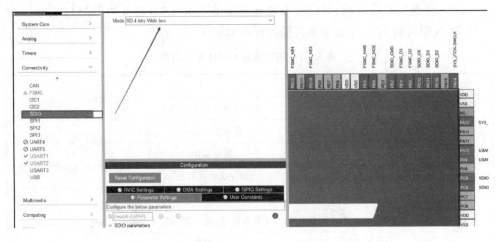

图 8-24　SDIO 接口硬件使能

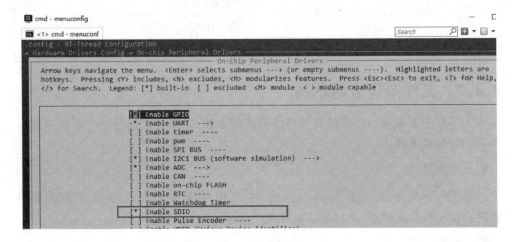

图 8-25　SDIO 接口软件使能

图 8-26　文件系统注册效果

载。首先打开工程，在 Applications 文件夹内添加一个新的文件，被命名为"8-1.c"。在文件中实现文件系统线程。具体的程序如例程 8-1 所示。

【例程 8 - 1】 文件系统应用示例程序

```c
# include "FileSystem.h"

//SD 卡挂完成的信号量
static rt_sem_t SD_CardFinsh_mutex = RT_NULL;
static rt_thread_t thread_filesystem;

static void MountSDcard(void)
{
    rt_device_t dev;

    while (1)
    {
        dev = rt_device_find("sd0");

        if (dev ! = RT_NULL)
        {
            if (dfs_mount("sd0", "/", "elm", 0, 0) == RT_EOK)
            {
                rt_kprintf("SD mount to / success\n");
                //释放 SD_CardFinsh_mutex 信号量
                rt_sem_release(SD_CardFinsh_mutex);
            }
            else
            {
                rt_kprintf("SD mount to / failed\n");
            }
            break;
        }
        rt_thread_delay(50);
    }
}

void FlieSystem_entry(void * parameter)
{
    static rt_err_t result;

    MountSDcard();
```

```
    while (1)
    {
        /* 永久方式等待信号量 */
        result = rt_sem_take(SD_CardFinsh_mutex, RT_WAITING_FOREVER);

        if (result ! = RT_EOK)
        {
            rt_kprintf("t2 take a SD_CardFinsh_mutex semaphore, failed.\n");
            rt_sem_delete(SD_CardFinsh_mutex);
            return;
        }
        else
        {
            rt_sem_delete(SD_CardFinsh_mutex);
            return;
        }
    }
}


static int FileSystemInit(void)
{
    /* 创建一个信号量 */
    SD_CardFinsh_mutex = rt_sem_create("SDCard_mutex", 0, RT_IPC_FLAG_FIFO);

    //创建 sd 线程
    thread_filesystem = rt_thread_create("file_sys", FlicSystem_entry, RT_NULL,
2048, 20, 10);

    if (thread_filesystem ! = RT_NULL)
    {
        rt_thread_startup(thread_filesystem);
    }
}
INIT_APP_EXPORT(FileSystemInit);
```

完成上述程序编写后,在 MDK 环境中编译工程,确认没有警告和错误后,下载至开发板中,通过串口工具,输入 ls 命令查看 SD 卡设备内的文件信息。运行结果如图 8-27 所示。

图 8 - 27 文件信息查看效果

8.5 网络通信

RT - Thread 作为一个物联网操作系统平台,网络通信的支持也是必要的。RT - Thread 操作系统为了能够支持各种网络协议栈,提供了 SAL 组件,全称为 Socket Abstracion Layer,即套接字抽象层。

8.5.1 Socket(套接字)模型

在网络通信领域,相信大家对于 Socket 通信模型并不陌生,Socket 编程模型如图 8 - 28 所示。

在上面网络客户端操作过程中,当进行 recv 操作时,如果对应的通道数据没有准备好,那么系统就会让当前任务进入阻塞状态,当前任务不能再进行其他操作。其中客户端的使用流程包括如下内容。

socket()创建一个 socket,返回套接字的描述符,并为其分配系统资源。

connect()向服务器发出连接请求。

send()/recv()与服务器进行通信。

closesocket()关闭 socket,回收资源。

在 Socket 编程模型中,与客户端之间进行数据通信的是服务器端,在通信过程中服务器端的使用流程包括如下内容。

socket()创建一个 socket,返回套接字的描述符,并为其分配系统资源。

bind()将套接字绑定到一个本地地址和端口上。

listen()将套接字设为监听模式并设置监听数量,准备接收客户端请求。

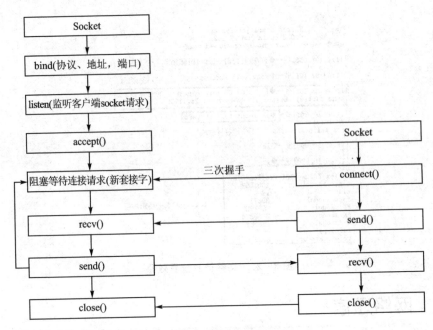

图 8 - 28　Socket 编程模型

accept()等待监听的客户端发起连接,并返回已接受连接的新套接字描述符。

recv()/send()用新套接字与客户端进行通信。

closesocket()关闭 socket,回收资源。

8.5.2　SAL 组件简介

在 RT - Thread 操作系统中,SAL 组件的主要功能包括,抽象统一多种网络协议栈接口;提供 Socket 层面的 TLS 加密传输特性;支持标准 BSD Socket API;统一的 FD 管理,便于使用 read/write poll/select 来操作网络功能。SAL 网络架构如图 8 - 29 所示。

对于不同的协议栈或网络功能实现,网络接口的名称可能各不相同,以 connect 连接函数为例,lwIP 协议栈中接口名称为 lwip_connect,而 AT Socket 网络实现中接口名称为 at_connect。

SAL 组件提供对不同协议栈或网络实现接口的抽象和统一,组件在 socket 创建时通过判断传入的协议簇(domain)类型来判断使用的协议栈或网络功能,完成 RT - Thread 系统中多协议的接入与使用。目前 SAL 组件支持的协议栈或网络实现类型如下:

lwIP 协议栈:family = AF_INET、sec_family = AF_INET;

AT Socket 协议栈:family = AF_AT、sec_family = AF_INET WIZnet;

硬件 TCP/IP 协议栈:family = AF_WIZ、sec_family = AF_INET。

图 8 - 29　SAL 网络框架

在 Socket 中,它使用一个套接字来记录网络的一个连接,套接字是一个整数,就像我们操作文件一样,利用一个文件描述符,可以对它进行打开、读、写、关闭等操作。类似的,在网络中,我们也可以对 Socket 套接字进行这样的操作,比如开启一个网络的连接、读取连接主机发送来的数据、向连接的主机发送数据、终止连接等。

8.5.3　AT 设备通信

有了 SAL 组件,RT - Thread 系统就可以支持多种协议的网络通信了。这里我们以 AT Socket 协议为例,进一步介绍较为常用 AT 设备的网络通信。针对 AT 设备的网络通信,RT - Thread 系统提供了 AT 组件。AT 设备(ESP8266)基于 AT Socket 的通信功能架构,如图 8 - 30 所示。

1. AT 命令

AT 命令集是一种应用于 AT 服务器(AT Server)与 AT 客户端(AT Client)间的设备连接与数据通信的方式,其基本结构如图 8 - 31 所示。

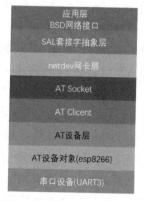

图 8 - 30　AT 设备通信架构

图 8 - 31　AT 指令基本结构

AT 命令由三部分组成,分别是:前缀、主体和结束符。其中前缀由字符 AT 构成;主体由命令、参数和可能用到的数据组成;结束符一般为 ("\r\n")。

响应数据：AT Client 发送命令之后收到的 AT Server 响应状态和信息。

URC 数据：AT Server 主动发送给 AT Client 的数据，一般出现在一些特殊的情况，比如 Wi-Fi 连接断开、TCP 接收数据等，这些情况往往需要用户做出相应操作。

2. AT 组件

AT 组件是基于 RT-Thread 系统的 AT Server 和 AT Client 的实现，组件完成 AT 命令的发送、命令格式及参数判断、命令的响应、响应数据的接收、响应数据的解析、URC 数据处理等整个 AT 命令数据交互流程。

通过 AT 组件，设备可以作为 AT Client 使用串口连接其他设备发送并接收解析数据，可以作为 AT Server 让其他设备甚至电脑端连接完成发送数据的响应，也可以在本地 shell 启动 CLI 模式使设备同时支持 AT Server 和 AT Client 功能，该模式多用于设备开发调试。

3. AT 协议簇

AT 设备网卡的初始化和注册建立在协议簇类型上，所以每种网卡对应唯一的协议簇类型。每种协议栈对应一种协议簇类型（family），AT 协议簇对应的协议栈是 AT Socket 协议栈，每种 AT 设备都对应唯一的 AT Socket 协议栈。AT 协议簇如图 8-32 所示。

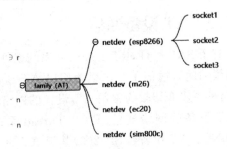

图 8-32　AT 协议簇

AT 设备的具体网卡对象，例如（esp8266 网卡、esp32 网卡等）注册到 at_device_class_list 列表，对 at_device_class_list 创建的网卡对象进行填充。网卡注册在驱动层进行。

AT 设备对象注册到 at_device_list 列表，对 AT 设备的具体网卡对象进行统一管理。AT 设备注册在应用层进行。

4. AT Socket

AT Socket 是 AT Client 功能的延伸，使用 AT 命令收发作为基础功能，提供 ping 或者 ifconfig 等命令用于测试设备网络连接环境，ping 命令原理是通过 AT 命令发送请求到服务器，服务器响应数据，客户端解析 ping 数据并显示。ifocnfig 命令可以查看当前设备网络状态和 AT 设备生成的网卡基本信息。AT Socket 功能的使用依赖于如下几个组件：

AT 组件：AT Socket 功能基于 AT Client 功能的实现；

SAL 组件：SAL 组件主要是 AT Socket 接口的抽象，实现标准 BSD Socket API；

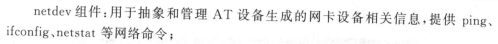

netdev 组件：用于抽象和管理 AT 设备生成的网卡设备相关信息，提供 ping、ifconfig、netstat 等网络命令；

AT Device 软件包：针对不同设备的 AT Socket 移植和示例文件，以软件包的形式给出。

8.5.4　网络通信应用示例

为了便于大家进一步理解网络通信的实现方法，这里我们通过一个 ESP8266 的通信示例来展示一下 AT 设备的网络通信。

1. 示例要求

基于"stm32f103－atk－warshipv3"BSP 工程，实现 AT 设备（ESP8266）的网络连接。通过串口查看设备的通信信息。

2. 示例实现

（1）通信端口硬件使能

我们基于"stm32f103－atk－warshipv3"BSP 工程。首先用 CubeMX 工具配置 ESP8266 设备的通信端口"UART3"，配置选项如图 8－33 所示。

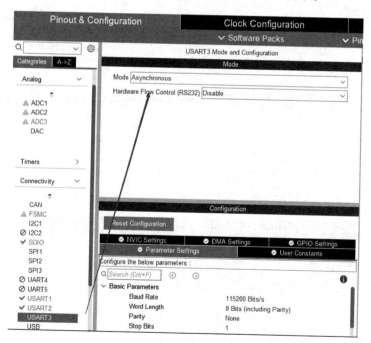

图 8－33　通信端口硬件使能

（2）通信端口软件使能

在工程的根目录下，打开 ENV 辅助工具的控制台，输入 menuconfig 命令，完成通信端口的使能。配置界面如图 8 – 34 所示。

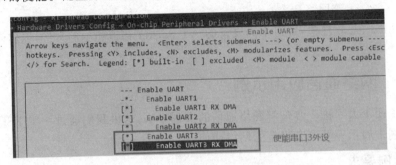

图 8 – 34　通信端口软件使能

(3) 配置 AT 设备

如图 8 – 35 所示,我们在 menuconfig 图形配置界面中,需要完成对 ESP8266 通信模组的配置,包括 Wi – Fi 通信的账号、密码、端口以及缓冲区大小等信息。

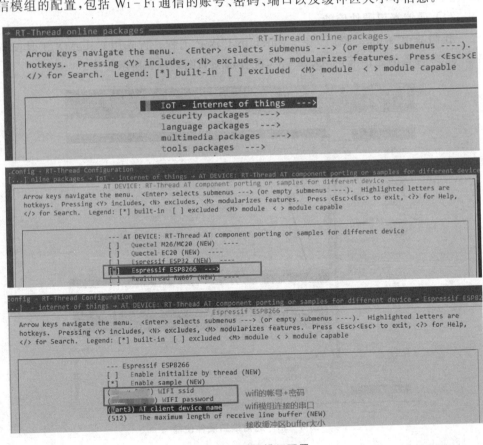

图 8 – 35　通信模组配置

(4) 生成工程

配置保存后,按 Esc 键退出配置界面,返回 ENV 控制台界面,输入软件包更新命令 pkgs --update 下载 AT_DEVICE 软件包。下载完成后输入编译构建命令 scons--target＝mdk5,注意这里的编译命令,需要根据工程使用的 IDE 环境确定。生成新的工程并确认无编译错误后,下载至开发板中,通过串口查看 ESP8266 模组的连接情况,如图 8－36 所示。可以看到,AT_Client 已经成功初始化。

```
     \ | /
- RT -     Thread Operating System
 / | \     4.0.3 build Jun  5 2021
2006 - 2021 Copyright by rt-thread team
[13:19:38.765]收←◆□[32m[51] I/drv.lcd: LCD ID:5510
□[0m
[13:19:38.889]收←◆sram init ok!
□[32m[175] I/sal.skt: Socket Abstraction Layer initialize success.
□[0m□[32m[183] I/at.clnt: AT client(V1.3.1) on device uart3 initialize success.
□[0m
[13:19:38.943]收←◆□[32m[233] I/SDIO: SD card capacity 30534656 KB.
□[0mfound part[0], begin: 4194304, size: 29.119GB

[13:19:39.402]收←◆SD mount to / success

[13:19:45.994]收←◆□[32m[7279] I/at.dev.esp: esp0 device wifi is connected.
□[0m□[32m[7285] I/at.dev.esp: esp0 device network initialize successfully.
□[0mmsh />
[13:19:46.123]收←◆CTP ID:9147
sram malloc success
```

图 8－36　ESP8266 模组连接情况

完成了 AT 设备的初始化后,需要进一步测试 ESP8266 模组的网络连接状态。我们通过 FinSH 命令 ipconfig 查看 ESP8266 设备的 ip 信息。查看结果如图 8－37 所示,AT 设备已经分配到 ip 地址为“192.168.2.104”。

```
[13:19:45.994]收←◆□[32m[7279] I/at.dev.esp: esp0 device wifi is connected
□[0m□[32m[7285] I/at.dev.esp: esp0 device network initialize successfully.
□[0mmsh />
[13:19:46.123]收←◆CTP ID:9147
sram malloc success

[13:20:28.777]发→◇ifconfig
□
[13:20:28.777]收←◆ifconfig
network interface device: esp0 (Default)
MTU: 1500
MAC: dc 4f 22 7d 46 1d
FLAGS: UP LINK_UP INTERNET_UP DHCP_ENABLE
ip address: 192.168.2.104
gw address: 192.168.2.1
net mask  : 255.255.255.0
dns server #0: 192.168.2.1
dns server #1: 0.0.0.0
msh />
```

图 8－37　设备 IP 信息

最后,通过 FinSH 命令 ping 的方式,实际确认一下 ESP8266 通信模组的网络通信能力,确认结果如图 8-38 所示。我们以成功 ping 通百度网址,说明此时 AT 设备的网络通信已经成功。

```
[13:23:22.829]发→◇ping www.baidu.com
□
[13:23:22.833]收←◆ping www.baidu.com
[13:23:23.796]收←◆32 bytes from 110.242.68.4 icmp_seq=0 time=29 ms
[13:23:25.821]收←◆32 bytes from 110.242.68.4 icmp_seq=1 time=19 ms
[13:23:27.885]收←◆32 bytes from 110.242.68.4 icmp_seq=2 time=20 ms
[13:23:28.821]收←◆32 bytes from 110.242.68.4 icmp_seq=3 time=20 ms
[13:23:29.825]收←◆...
```

图 8-38　文件信息查看效果

第二部分　实战篇

第二部分　文故篇

第 **9** 章

开发环境介绍

通过原理篇的学习,大家对 RT‑Thread 操作系统已经有了比较系统的了解。从本章开始,我们将进入实战篇的学习。工欲善其事,必先利其器,在正式介绍实战案例之前,先介绍一下项目实施的软硬件环境。

物联网应用中嵌入式系统的开发包括的内容很多,其中硬件驱动、软件设计和软硬件调试是最基本的。本章主要涉及到硬件资源、软件工具和系统移植。

9.1 硬件资源介绍

本书中的实战案例均采用 ALIENTEK 战舰 V3 STM32F103 开发板为硬件开发环境(简称开发板)。本节将介绍一下该开发板的硬件资源。

9.1.1 开发板配件

战舰 V3 STM32F103 开发板配件(见图 9‑1)包括:战舰 V3 STM32F103 开发板底板 1 个、4.3 英寸电容触摸屏模块 1 个、12 V/1 A 电源适配器 1 个、FC 游戏手柄 1 个、红外遥控器 1 个、杜邦线 2 根、RS232 串口线 1 根、DVD 光盘 1 个、T 口 USB 数据线 1 条。

9.1.2 上电检测

在利用开发板进行实战练习之前,建议使用厂商提供的方法进行上电检测,以确保各个配件的初始状态正常,排除硬件问题对实战项目效果的影响。拿出开发板后,先接上 12 V/1 A 的电源适配器给开发板供电(也可以是 USB 线供电,注意接口最好接 USB_232 这个端口),插上液晶屏(默认一般是预先插好的),插上 SD 卡(非必要)。最后,按电源开关,给开发板上电,如图 9‑2 所示。

图 9－1　战舰 V3 STM32F103 开发板配件　　图 9－2　战舰 V3 STM32F103 开发板上电检测图

9.1.3　板载资源

战舰 V3 STM32F103 开发板的板载资源较为丰富,结合选配的电容屏可以满足大部分实战案例项目的硬件需要。其板载资源说明图如图 9－3 所示。

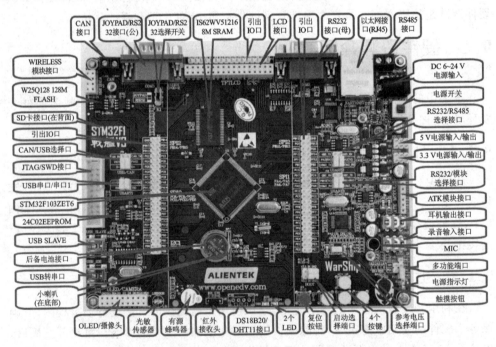

图 9－3　战舰 V3 STM32F103 开发板的板载资源说明图

9.1.4　调试工具

在嵌入式开发过程中,软件程序的烧写、调试和仿真等过程都需要使用适合的调试工具。战舰 V3 STM32F103 开发板可以适用主流的 JTAG/SWD 调试工具,例如 J‑LINK 调试工具和 ST‑LINK 调试工具。本节以 ST‑LINK V2 调试工具为例,从硬件连接、驱动安装、编程软件配置、固件升级四个方面进行介绍。

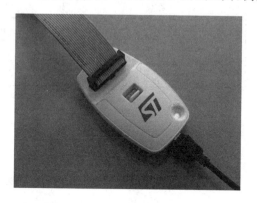

图 9‑4　ST‑LINK V2 调试工具

1. 硬件连接

如图 9‑4 所示,ST‑LINK V2 调试工具一端通过 USB 与计算机连接,另一端连接至开发板的 JTAG/SWD 接口,如图 9‑5 所示。工作过程中 LED 灯状态说明如表 9‑1 所列。

图 9‑5　战舰 V3 STM32F103 开发板的 JTAG/SWD 接口

表 9 - 1   ST - LINK V2 运行中 LED 状态说明

LED 颜色	状态说明
闪烁红色	ST - LINK/V2 连接到计算机后,第一次 USB 枚举过程
红色	ST - LINK/V2 与计算机已建立连接
闪烁绿色/红色	目标板与计算机在进行数据交换
绿色	通信完成
橙色(红色＋绿色)	通信失败

2. 驱动安装

在使用 ST - LINK 之前,需要安装驱动。首先,大家可以从 ST 官网下载驱动文件,可根据计算机的系统环境选择驱动文件,包括 dpinst_x86. exe 和 dpinst_amd64. exe。安装完成后安装界面提示如图 9 - 6 所示。

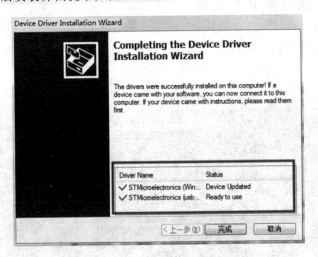

图 9 - 6   ST - LINK V2 驱动安装完成

驱动安装成功之后,把 ST - LINK 通过 USB 连接到计算机,然后打开设备管理器时,可以看到会多出一个设备,如图 9 - 7 所示。

3. 编程软件(MDK)配置

完成了 ST - LINK 调试工具的硬件连接和驱动安装之后,仍然需要在编程软件中

图 9 - 7   ST - LINK V2 驱动安装完成

进行相关的配置,才能正常进行程序的烧写和调试。本书中使用的编程软件为 MDK 开发工具,其详细内容会在下一节进行介绍。本节只体现如何在 MDK 中进行 ST - LINK 工具的配置。

首先选择调试器，在 Debug 选项卡中，如图 9 - 8 所示，选择 ST - Link Debugger，如果使用的是 J - LINK，那么需要选择 J - LINK/J - TRACE Cortex。

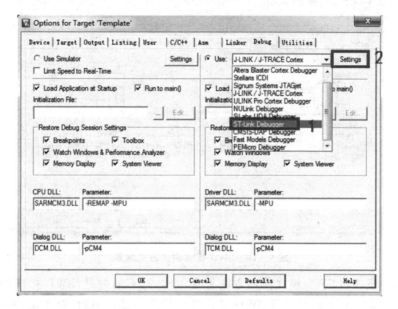

图 9 - 8　选择 ST - Link Debugger

在选择完调试器之后，点击右边的 Settings 按钮，出现如图 9 - 9 所示界面。

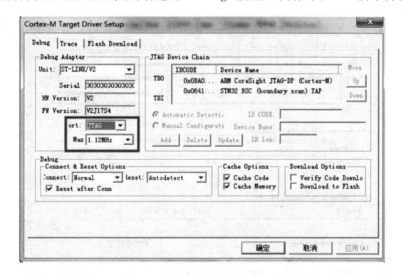

图 9 - 9　JTAG 模式调试方式配置

这里默认情况选择的是 JTAG 调试方式，速度是 1.12 MHz。关于速度，与 ST - Link 固件版本有关。所以这里大家只需要选择一个合适的速度即可（一般为 1～5 MHz 之间）。当然也可以修改为 SWD 方式，修改方法非常简单，配置如图 9 - 10 所示。

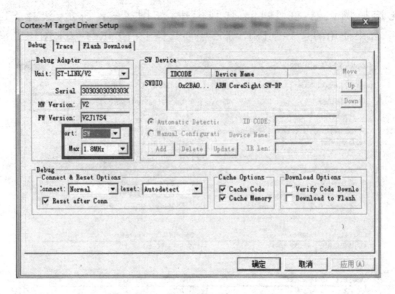

图 9 - 10　SWD 模式调试方式配置

　　JTAG 模式和 SWD 模式使用方法都是一样的,不同的是,SWD 接口调试更加节省端口,因此建议大家使用 SWD 模式进行仿真调试。最后,对于 Utilities 选项卡,大家需要核对一下自己的 Utilities 界面是否如图 9 - 11 所示。如果不是,参照配置修正即可。

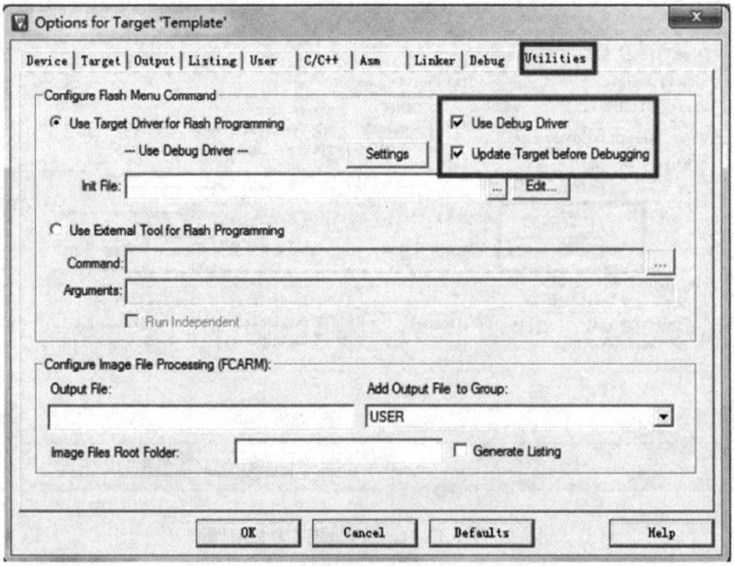

图 9 - 11　Utilities 选项卡配置

4. 固件升级

一般情况下,只有当 ST - LINK 无法正常使用时才建议大家进行固件升级。首先,仍然需要先从官网获取固件升级包。固件升级包下载运行后,打开如图 9 - 12 所示界面。

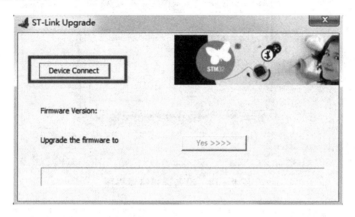

图 9 - 12　ST - LINK Upgrade 操作界面

此时,要把 ST - LINK 通过 USB 连接到计算机。连接后再点击界面的 Device Connect 按钮,如果连接成功,会出现如图 9 - 13 所示的提示信息。

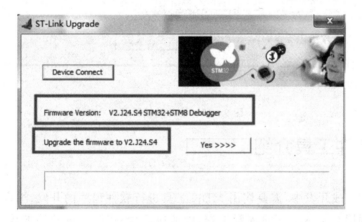

图 9 - 13　设备连接后界面

点击 Device Connect 按钮后,也可能提示没有找到 ST - LINK 或者如图 9 - 14 所示的错误信息。

界面提示 Please restart it,也就是重启,这时,请拔掉 ST - LINK 的 USB 线,然后重新插到计算机之后再重复上面的步骤即可。正确连接到 ST - LINK 之后,只需点击 YES 按钮,即可完成 ST - LINK 最新固件升级,如图 9 - 15 所示。需要注意的是,升级过程中千万不能切断端口 USB 线或者计算机的网络,升级完成之后,就可以正常使用了。

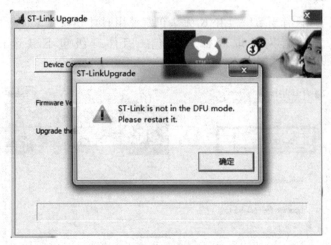

图 9 - 14　设备连接错误界面

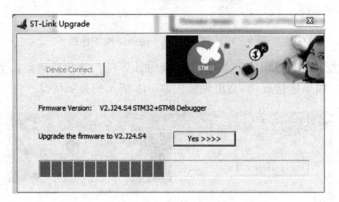

图 9 - 15　设备升级界面

9.2　软件工具介绍

本书的实战开发中,需要使用 MDK 工具进行软件程序的开发、编译和调试,同时也需要利用 CubeMX 工具配置工程,以适应芯片、传感器等硬件参数。本节将介绍一下软件工具部分的使用方法。

9.2.1　MDK 开发工具

MDK 即 RealView MDK 或 MDK - ARM(Microcontroller Development Kit),是 ARM 公司收购 Keil 公司以后,基于 μVision 界面推出的针对 ARM7、ARM9、Cortex - M0、Cortex - M1、Cortex - M2、Cortex - M3、Cortex - R4 等 ARM 处理器的嵌入式软件开发工具。MDK - ARM 集成了业内领先的技术,包括 μVision4 集成开

发环境与 RealView 编译器 RVCT；支持 ARM7、ARM9 和最新的 Cortex - M3/M1/M0 核处理器，自动配置启动代码；集成 Flash 烧写模块，强大的 Simulation 设备模拟，性能分析等功能。与 ARM 之前的工具包 ADS 等相比，RealView 编译器的最新版本可将性能改善超过 20%。

1. 软件下载

登录 Keil 的官网获取最新版本的开发工具，如图 9 - 16 所示，针对不同的主控芯片，当前 Keil 有四款软件开发工具，分别是 MDK - Arm、C51、C251、C166。由于战舰 V3 开发板上的主控芯片 STM32F103 属于 Cortex - M 系列芯片，所以我们需要下载 MDK - Arm 开发工具。如果是非官方途径获取的 MDK，需确保为 Ver5.2 以上的版本。

图 9 - 16　Keil 软件产品下载界面

2. 软件安装

MDK - Arm 工具的安装主要包括三个方面，分别是 MDK 安装、Pack 安装、软件授权。首先，双击获取到 MDK 安装文件，如图 9 - 17 所示，点击 Next 按钮，根据

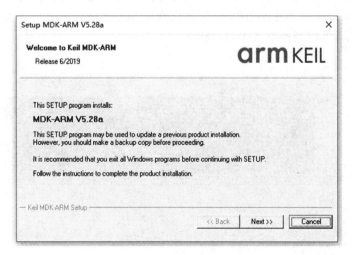

图 9 - 17　MDK 软件安装向导界面

软件的安装向导依次完成软件授权认可、安装路径选择、联系方式填写等步骤即可完成 MDK 安装。

完成 MDK 安装之后,需要根据项目所需,安装软硬件的支持包,即 Pack 安装。Pack 安装有离线和在线安装两种方式。离线安装需要预先下载离线安装包,例如,Keil. STM32F1XX_DFP. 2. 3. 0. pack。双击安装文件,进入器件库安装向导,如图 9-18 所示。

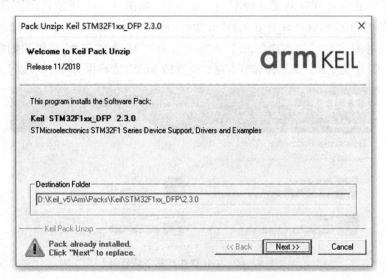

图 9-18 器件库安装向导界面

另外,也可以在启动 MDK 后,进入器件库界面进行在线 Pack 的选择和安装,如图 9-19 所示。MDK 启动后,在主界面选择方框内的按钮,以启动器件库界面,如图 9-20 所示。通过器件库选择界面,可以搜索并安装需要的软硬件支持包。注意在线安装时,需要确保网络处于连接状态。

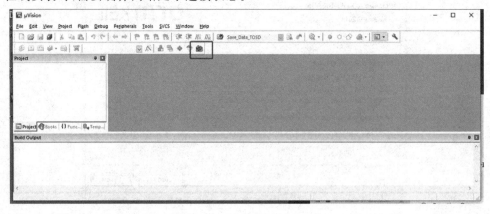

图 9-19 MDK 启动界面

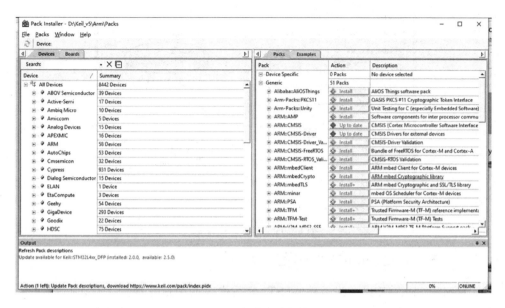

图 9 - 20　器件库选择界面

完成器件库支持包的安装之后，MDK 工具已经具备了基本的开发、编译能力。但是当需要向芯片中烧写程序时，由于软件授权的限制，在未授权状态下，只可以烧写 16 KB 以内的文件。如果无法满足项目的需求，需要购买正版的 MDK - ARM 软件，以便进行正常的程序烧写。具体激活的配置为，在 MDK 工具首页，选择 File—License Management，如图 9 - 21 所示。

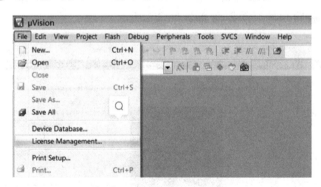

图 9 - 21　授权管理选项

打开权限管理界面，如图 9 - 22 所示，可以查看到软件的 ID 号为 CW55I - 1PYM2，然后通过正版渠道获取授权 ID 号，按照图中圈内所示步骤，输入授权 ID 号，点击 Add LIC 按钮，授权列表内即可显示已授权信息。

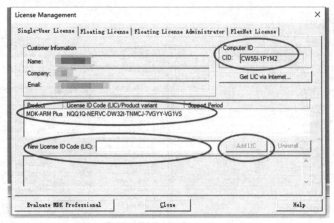

图 9-22　授权管理选项

9.2.2　STM32CubeMX 配置工具

STM32CubeMX 是意法半导体(ST)公司推出的图形化配置工具,通过傻瓜化的操作便能实现相关配置,最终能够生成 C 语言代码,支持多种工具链,比如 MDK、IAR For ARM、TrueStudio 等。尤其值得一提的是,TrueStudio 已经被 ST 收购,提供完全免费的版本,并且通过插件式安装,可以将 STM32CubeMX 集成在一个 IDE 中,使用十分方便。

1. 软件下载

登录 ST 的官网获取最新版本的 STM32Cube 软件产品。根据软件安装向导可以完成安装,安装后软件启动界面如图 9-23 所示。

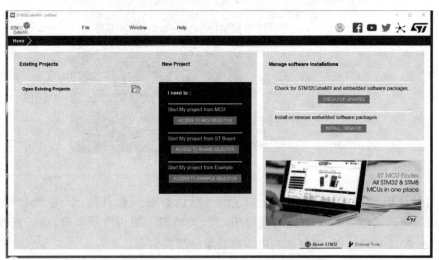

图 9-23　STM32CubeMX 启动界面

2. 界面介绍

当我们利用 STM32CubeMX 工具创建或者启动一个工程时，如图 9-24 所示，可以看到 STM32CubeMX 项目配置界面。其中主要包含了 Pinout & Configuration、Clock Configuration、Project Manager 和 Tools 四个界面，图中方框内的界面说明如表 9-2 所列。

表 9-2　STM32CubeMX 项目配置界面说明

序　号	界面名称	功能说明
1	工具栏	File、Window、Help 工具栏
2	快捷链接	点击可进入 ST 相关链接
3	代码生成键	点击可生成项目代码
4	导航栏	界面导航
5	Pinout & Configuration	MCU 及外设配置
6	Clock Configuration	MCU 时钟配置
7	Project Manager	项目管理
8	Tools	相关工具

图 9-24　配置界面

(1) Pinout & Configuration 界面

此界面内可以根据项目的硬件资源，对 MCU 引脚配置布局，从而使得生成的软件项目文件内与硬件资源一致。配置区域分布如图 9-25 所示，其各区域功能如

表 9 - 3 所列。

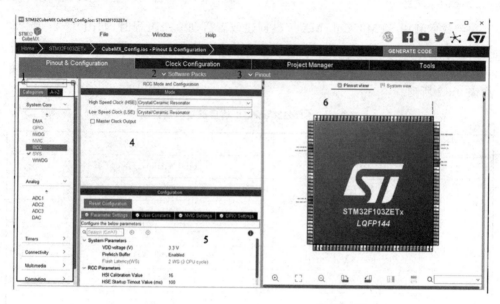

图 9 - 25　Pinout & Configuration 界面

表 9 - 3 Pinout & Configuration 界面内各区域说明

序　号	区域名称	功能说明
1	外设配置区	按外设类别显示可配置外设
2	Software Packs 菜单	软件包和扩展包管理
3	Pinout 菜单	引脚分配
4	外设模式设置	可设置外设的不同工作模式
5	外设参数配置	可配置外设的具体参数信息
6	Pinout view & System view	引脚分配视图 & 系统视图

(2) Clock Configuration 界面

此界面内可以根据项目选用的 MCU,对系统时钟进行配置。时钟配置界面如图 9 - 26 所示,各时钟说明如表 9 - 4 所列。

表 9 - 4　Clock Configuration 界面内时钟说明

序　号	时钟名称	时钟说明
1	LSE	外部低速时钟
2	LSI	内部低速时钟
3	HSE	外部高速时钟
4	HSI	内部低速时钟
5	MCO	内部主时钟输出

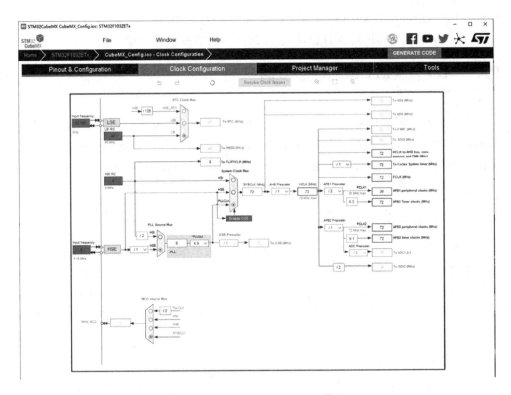

图 9 - 26　Clock Configuration 界面

(3) Project Manager 界面

此界面内可以配置项目的管理信息,如图 9 - 27 所示,主要包含 Project、Code

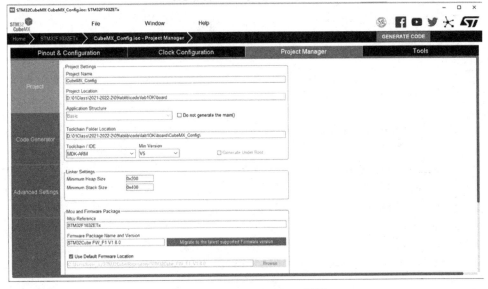

图 9 - 27　Project Manager 界面

Generator、Advanced Settings 三个配置界面。由于书中的实战项目并未使用 STM32CubeMX 工具进行项目管理,所以此部分功能只进行概要介绍。

9.3 RT – Thread 系统移植

当我们在不同硬件环境下使用 RT – Thread 进行项目开发时,首先需要将 RT – Thread 移植到项目工程中。目前,RT – Thread 官网上提供了三种版本的系统软件,分别是极简版本(Nano)、标准版本、Smart 版本。由于战舰 V3 的主控芯片不适用 Smart 版本的软件,本节我们将着重介绍前两者的移植方法。

9.3.1 Nano 版本移植

Nano 版本是一个极简版的硬实时内核,它是由 C 语言开发的,采用面向对象的编程思维,具有良好的代码风格,是一款可裁剪的、抢占式实时多任务的 RTOS。其内存资源占用极小,具有包括任务处理、软件定时器、信号量、邮箱和实时调度等相对完整的实时操作系统特性,适用于家电、消费电子、医疗设备、工控等领域大量使用的 32 位 ARM 入门级 MCU 的场合。

1. 准备裸机工程

这使用战舰 V3 开发板提供的工程模板作为裸机工程。其主要程序截图如例程 9 – 1 所示。该工程的主要功能是控制开发板上的 LED 灯进行定周期闪烁。读者可以根据自己的需要使用芯片,准备一个类似的裸机工程。

【例程 9 – 1】 裸机工程主程序

```
# include "sys. h"
# include "delay. h"
# include "usart. h"


void Delay(__IO uint32_t nCount);


void Delay(__IO uint32_t nCount)
{
    while(nCount -- ){}
}


int main(void)
{
    GPIO_InitTypeDef GPIO_Initure;
```

```
    HAL_Init();                                        //初始化 HAL 库
    Stm32_Clock_Init(RCC_PLL_MUL9);                    //设置时钟,72 MHz


    __HAL_RCC_GPIOB_CLK_ENABLE();                      //开启 GPIOB 时钟
  __HAL_RCC_GPIOE_CLK_ENABLE();                        //开启 GPIOE 时钟


    GPIO_Initure.Pin = GPIO_PIN_5;                     //PB5
    GPIO_Initure.Mode = GPIO_MODE_OUTPUT_PP;           //推挽输出
    GPIO_Initure.Pull = GPIO_PULLUP;                   //上拉
    GPIO_Initure.Speed = GPIO_SPEED_HIGH;              //高速
    HAL_GPIO_Init(GPIOB,&GPIO_Initure);


    GPIO_Initure.Pin = GPIO_PIN_5;                     //PE5
    HAL_GPIO_Init(GPIOE,&GPIO_Initure);


    while(1)
    {
        HAL_GPIO_WritePin(GPIOB,GPIO_PIN_5,GPIO_PIN_SET);      //PB5 置 1
        HAL_GPIO_WritePin(GPIOE,GPIO_PIN_5,GPIO_PIN_SET);      //PE5 置 1
        Delay(0x7FFFFF);
        HAL_GPIO_WritePin(GPIOB,GPIO_PIN_5,GPIO_PIN_RESET);    //PB5 置 0
        HAL_GPIO_WritePin(GPIOE,GPIO_PIN_5,GPIO_PIN_RESET);    //PE5 置 0
        Delay(0x7FFFFF);
    }
}
```

2. Nano Pack 器件包安装

Nano Pack 可以通过在 MDK IDE 内进行在线安装,也可以离线手动安装。下面分别介绍这两种安装方式。

(1) MDK 内在线安装

如图 9-28 所示,打开 MDK,点击工具栏的 Pack Installer 图标。在打开的器件包选项界面内,点击右侧的 Pack,展开 Generic,可以找到 RealThread::RT-Thread,点击 Action 栏对应的 Install,就可以在线安装 Nano Pack 了。另外,如果需要安装其他版本,则需要展开 RealThread::RT-Thread 进行选择,箭头所指代表已经安装的版本,如图 9-29 所示。需要注意的是,在线安装过程中要保持网络连接正常,而且下载安装速度也受网络速度影响。

(2) 离线手动安装

我们可以从官网下载离线安装文件。下载后双击安装文件,如图 9-30 所示。

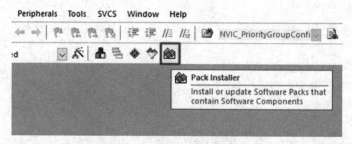

图 9 - 28　Pack Installer 选项

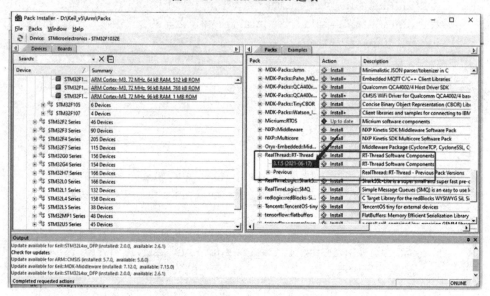

图 9 - 29　Nano Pack 在线安装

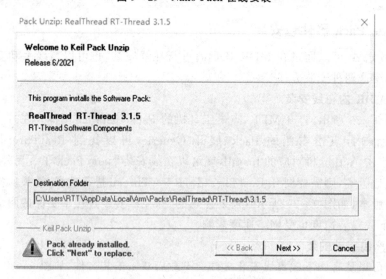

图 9 - 30　Nano Pack 离线安装

3．添加 Nano 到裸机工程

打开已经准备好的可以运行的裸机程序，将 RT－Thread 添加到工程。如图 9－31 所示，点击 Manage Run－Time Environment。

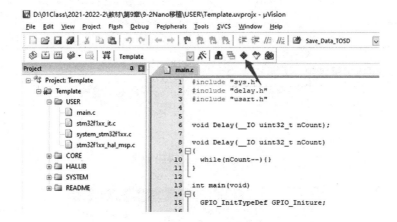

图 9－31　环境管理选项

如图 9－32 所示，在 Manage Run-Time Environment 里 Software Component 栏找到 RTOS，Variant 栏选择 RT－Thread。如果在 Variant 栏找不到 RT－Thread 选项，需要重启 MDK 软件后即可刷新选项。如图 9－33 所示勾选 kernel，点击 OK 就添加 RT－Thread 内核到工程了。如图 9－34 所示，添加之后就可以在工程目录内看到 RT－Thread Nano 的源码文件目录了。

图 9－32　RTOS 选择

4．适配 RT－Thread Nano

（1）中断与异常处理

RT－Thread 会接管异常处理函数 HardFault_Handler（）和悬挂处理函数 PendSV_Handler（），这两个函数已由 RT－Thread 实现，所以需要删除工程里中断

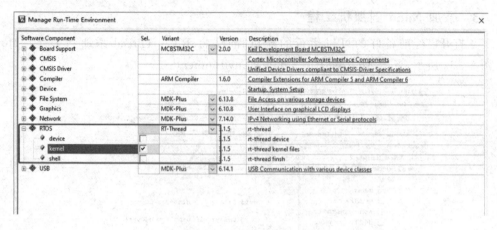

图 9 - 33　RT - Thread 选择

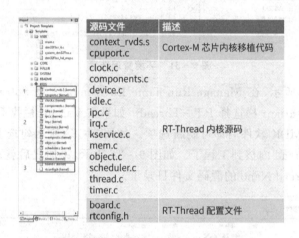

图 9 - 34　RT - Thread Nano 源码文件

服务例程文件中的这两个函数,以避免在编译时产生重复定义。如果此时对工程进行编译,没有出现函数重复定义的错误,则不用做修改。

（2）系统时钟配置

我们需要在 board. c 文件中实现系统时钟配置（为 MCU、外设提供工作 时钟）以及 OS Tick 的配置（为操作系统提供心跳/节拍）。如例程 9 - 2 所示,由于 cortex - m 架构使用 SysTick_Handler()函数,所以读者需在 timer 定时器中断服务函数中调用 rt_os_tick_callback 函数。

由于 SysTick_Handler() 中断服务例程由用户在 board. c 中重新实现,做了系统 OS Tick,所以还需要删除工程中原本已经实现的 SysTick_Handler(),以避免在编译时产生重复定义。如果此时对工程进行编译,没有出现函数重复定义的错误,则不用做修改。

【例程 9 - 2】　适配 RT - Thread Nano

```c
/* board.c */

#include "stm32f1xx_hal.h"
#include <rthw.h>
#include <rtthread.h>


#define _SCB_BASE           (0xE000E010UL)
#define _SYSTICK_CTRL       (*(rt_uint32_t *)(_SCB_BASE + 0x0))
#define _SYSTICK_LOAD       (*(rt_uint32_t *)(_SCB_BASE + 0x4))
#define _SYSTICK_VAL        (*(rt_uint32_t *)(_SCB_BASE + 0x8))
#define _SYSTICK_CALIB      (*(rt_uint32_t *)(_SCB_BASE + 0xC))
#define _SYSTICK_PRI        (*(rt_uint8_t *)(0xE000ED23UL))


// Updates the variable SystemCoreClock and must be called
// whenever the core clock is changed during program execution.
extern void SystemCoreClockUpdate(void);

// Holds the system core clock, which is the system clock
// frequency supplied to the SysTick timer and the processor
// core clock.
extern uint32_t SystemCoreClock;

static uint32_t _SysTick_Config(rt_uint32_t ticks)
{
    if ((ticks - 1) > 0xFFFFFF)
    {
        return 1;
    }

    _SYSTICK_LOAD = ticks - 1;
    NVIC_SetPriority(SysTick_IRQn, (1 << __NVIC_PRIO_BITS) - 1);
    _SYSTICK_PRI = 0xFF;
    _SYSTICK_VAL = 0;
    _SYSTICK_CTRL = 0x07;

    return 0;
}
```

```
#if defined(RT_USING_USER_MAIN) && defined(RT_USING_HEAP)
/*
 * Please modify RT_HEAP_SIZE if you enable RT_USING_HEAP
 * the RT_HEAP_SIZE max value = (sram size - ZI size), 1024 means 1024 bytes
 */
#define RT_HEAP_SIZE (15 * 1024)
static rt_uint8_t rt_heap[RT_HEAP_SIZE];

RT_WEAK void * rt_heap_begin_get(void)
{
    return rt_heap;
}

RT_WEAK void * rt_heap_end_get(void)
{
    return rt_heap + RT_HEAP_SIZE;
}
#endif
```

```
/* timer 定时器中断服务函数调用 rt_os_tick_callback function, cortex-m 架构使用
SysTick_Handler() */
void rt_os_tick_callback(void)
{
    rt_interrupt_enter(); /* 进入中断时必须调用 */

    rt_tick_increase();  /* RT-Thread 系统时钟计数 */

    rt_interrupt_leave(); /* 退出中断时必须调用 */
}

/* cortex-m 架构使用 SysTick_Handler() */
voidSysTick_Handler(void)
{
    rt_os_tick_callback();
}
```

```
void rt_hw_board_init(void)
{
    /*
     * TODO 1: OS Tick Configuration
     * Enable the hardware timer and call the rt_os_tick_callback function
     * periodically with the frequency RT_TICK_PER_SECOND.
     */
    /* OS Tick 频率配置,RT_TICK_PER_SECOND = 1 000 表示 1 ms 触发一次中断 */
    _SysTick_Config(SystemCoreClock / RT_TICK_PER_SECOND);

    /* Call components board initial (use INIT_BOARD_EXPORT()) */
#ifdef RT_USING_COMPONENTS_INIT
    rt_components_board_init();
#endif

#if defined(RT_USING_USER_MAIN) && defined(RT_USING_HEAP)
    rt_system_heap_init(rt_heap_begin_get(), rt_heap_end_get());
#endif
}
```

5. Nano 移植后的第一个程序

移植好 RT - Thread Nano 之后,就可以开始编写第一个应用代码验证移植结果了。此时 main()函数就转变就成 RT - Thread 操作系统的一个线程,现在可以在 main() 函数中实现第一个应用:板载 LED 指示灯闪烁,这里直接基于裸机 LED 指示灯进行修改。首先,在文件首部增加 RT - Thread 的相关头文件 。其次,实现 MX_GPIO_Init 函数,用以初始化 LED 灯的控制引脚模式。随后,在 main() 函数中 (也就是在 main 线程中)实现 LED 闪烁:调用 MX_GPIO_Init 函数初始化 LED 引脚,在循环中点亮/熄灭 LED。同时将裸机工程中的延时函数替换为 RT - Thread 提供的延时函数 rt_thread_mdelay()。该函数会引起系统调度切换到其他线程运行,体现了线程实时性的特点。示例代码如例程 9 - 3 的 main. c 文件所示。

由于 Nano 版本为极简版本,所以我们完成上述移植过程之后,仍需要根据项目的需要进行其他功能的移植,例如为了输出信息,需要添加 rt - printf。为了通过控制台命令,需要添加 FinSH 组件。以及部分外设的使用,也需要单独移植相应的设备框架,例如 PIN、I2C、ADC 等等。由于本书的实战案例未采用 Nano 版本,所以省略了这部分移植方法,读者可根据项目需要进行移植。

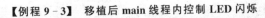

【例程 9 - 3】　移植后 main 线程内控制 LED 闪烁

```c
/* main.c */

# include "stm32f1xx_hal.h"
# include <rtthread.h>

# define LD2_GPIO_PORT   GPIOB
# define LD2_PIN         GPIO_PIN_5

static void MX_GPIO_Init(void);

int main(void)
{
    MX_GPIO_Init();

    while(1)
    {
        HAL_GPIO_WritePin(LD2_GPIO_PORT, LD2_PIN, GPIO_PIN_SET);
        rt_thread_mdelay(500);
        HAL_GPIO_WritePin(LD2_GPIO_PORT, LD2_PIN, GPIO_PIN_RESET);
        rt_thread_mdelay(500);
    }
}

static void MX_GPIO_Init(void)
{
    GPIO_InitTypeDef GPIO_InitStruct = {0};

    __HAL_RCC_GPIOA_CLK_ENABLE();
    HAL_GPIO_WritePin(LD2_GPIO_PORT, LD2_PIN, GPIO_PIN_RESET);

    GPIO_InitStruct.Pin   = LD2_PIN;
    GPIO_InitStruct.Mode  = GPIO_MODE_OUTPUT_PP;
    GPIO_InitStruct.Pull  = GPIO_NOPULL;
    GPIO_InitStruct.Speed = GPIO_SPEED_FREQ_LOW;
    HAL_GPIO_Init(LD2_GPIO_PORT, &GPIO_InitStruct);

    __HAL_RCC_GPIOB_CLK_ENABLE();          //开启 GPIOB 时钟
    __HAL_RCC_GPIOE_CLK_ENABLE();          //开启 GPIOE 时钟
}
```

9.3.2 标准版本移植

相比于 Nano 版本来说,标准版的 RT‐Thread 可以提供更为丰富的功能。标准版不仅仅是一个实时内核,还具备丰富的中间层组件,例如虚拟文件系统、FinSH 命令行界面、网络框架、设备框架等。在中间层以上还有丰富的软件包,例如物联网相关的软件包:Paho MQTT、WebClient、mongoose、WebTerminal 等。由此可见,对于物联网开发应用来说,标准版是更为适合的。所以标准版 RT‐Thread 的系统移植就显得尤为重要,本书中的实战案例均采用标准版实施。本节将分三类介绍标准版移植的方法。

1. 基于 BSP 进行系统移植

那么 BSP(Board Support Package,板级支持包)对于标准版 RT‐Thread 的移植有什么帮助呢? 在回答这个问题之前,我们需要大致了解一下系统移植的主要工作。所谓的系统移植,就是根据项目选用的硬件资源,包括芯片、外设资源等在项目工程内进行参数配置和驱动添加的过程。很显然,对于大部分读者来说,面对形形色色的硬件参数和外部设备都是束手无策的,更何况还要将其正确地融合到工程代码中呢。所以为了降低系统移植的门槛,提升系统移植的效率和正确性,业内采用了 BSP 的解决方案,可以说 BSP 中包含了我们移植过程中大部分要完成的工作。但是在 RT‐Thread 之前,BSP 的制作大多是各自为战,其通用性和复用性更是无从谈起。而 RT‐Thread 标准版中则针对时下主流的硬件开发环境,提供了相当丰富的 BSP 支持包,这无疑是一个极大的福音。

由于 RT‐Thread 的倡导和推动,以及开源社区内大量作者的共同努力,更多更好的 BSP 支持包也在不断涌现。所以基于 BSP 进行标准版系统移植,无疑是效率最高的移植方式。本书实战案例选用的战舰 V3 开发板就可以基于 BSP 实施标准版系统移植。以下将介绍具体的操作步骤。

(1)下载标准版 RT‐Thread

我们可以访问 RT‐Thread 的 GitHub 仓库拉取最新版本的标准版代码,下载后的目录结构如图 9‐35 所示,其中框内即为 BSP 的文件夹。由于此文件夹内含有大量 BSP 资源,此处不进行详细展示。

(2)查找适合的 BSP

在 BSP 文件夹内,我们可以根据自身项目的硬件,选择与其匹配的 BSP。如果可以找到,则可以通过以下方法,非常方便地完成标准版的系统移植。如图 9‐36 所示,战舰 V3 的 BSP 已经存在。在 BSP 文件夹下有一类专门为 STM32 定制的 BSP,战舰 V3 的 BSP 即在下方框中。

图 9 - 35　RT - Thread 标准版源码目录

图 9 - 36　战舰 V3 的 BSP 路径

(3) 包含 BSP

我们需要将找到的 BSP 包含到项目工程中,如图 9 - 37 所示,首先需要打开 stm32f103-atk-warshipv3 文件夹。前文我们已经安装了 ENV 工具(如果没有安装的读者,请参考前面的章节完成安装)。在文件夹内空白处,右击 ConEmu Here 选项。如图 9 - 38 所示,打开 ENV 工具界面,输入 scons 命令 scons--dist,会自动将 BSP 融入工程中。等待命令结束之后,我们就得到了一个融合标准版 RT - Thread 以及战舰 V3 BSP 的基础工程文件夹。存放在 dist 文件夹中,如图 9 - 39 所示。后续的实战案例均以此工程为基础实施。

图 9 - 37　BSP 文件目录

图 9 - 38　使用 ENV 包含 BSP

图 9 - 39　战舰 V3 结合 RT - Thread 基础工程

2. 修改 BSP 进行系统移植

假如在标准版 RT - Thread 的 BSP 文件夹内没有找到与项目硬件完全匹配的 BSP，我们可以通过修改 BSP 来进行系统移植，具体过程如下。

(1) 选择适合的 BSP 模板

首先需要对项目选用的硬件资源有详细的了解。最主要的是选用芯片的型号参数，如果芯片型号为"STM32F103"系列的话，就可以从支持该系列的 BSP 中进行详细的筛选。此时我们需要了解各个备选 BSP 的详细信息。基本原则就是知己知彼，项目资源与 BSP 资源信息越近似越好。那么如何查找 BSP 的资源信息呢？如图 9 - 37 所示，每个 BSP 文件内都有一个 ReadMe. md 的 MarkDown 类型文件。打开该文件，BSP 所支持的芯片以及板载资源的情况就一目了然了，如图 9 - 40 所示。如果项目的芯片和板卡资源与战舰 V3 的接近，则可以战舰 V3 的 BSP 为基础进行修改。

开发板介绍

STM32F103战舰V3，资源丰富，接口多，功能强大，性价比高，资料全，外观炫酷，布局人性化，配件丰富，配件的接口丰富，是学习嵌入式的好开发板

开发板外观如下图所示：

Load image failed

该开发板常用 **板载资源** 如下：

* MCU: STM32F103ZET6，主频 72MHz，512KB FLASH，64KB RAM
* 外部 RAM: 无
* 外部 FLASH: W25Q128 (SPI2, 128MB)、EEPROM (24c02)
* 常用外设
  ○ LED: 2个，DS0 (黄色，PB5)、DS1 (红色，PE5)
  ○ 按键: 4个，K0 (兼具唤醒功能，PA0)、K1 (PE4)、K2 (PE3)、K3 (PE2)
* 常用接口: USB 转串口、SD 卡接口、以太网接口、LCD 接口、USB SLAVE等
* 调试接口，板载的 ST-LINK SWD 下载

图 9 - 40　战舰 V3 的 BSP 资源信息

(2) 修改 BSP 模板

经过上面的细心挑选，我们已经找到了非常近似的 BSP 用来改造。BSP 模板和实际板卡之间的资源差异就是需要修改的范围，大致分为 MCU、外设接口、存储设

备等。具体要修改的内容都在 BSP 模板内的 board 文件夹中,文件夹中待修改的内容如表 9-5 所列。

表 9-5　BSP 中待修改的内容

项　目	需要修改的内容说明
CubeMX_Config(文件夹)	CubeMX 工程
linker_scripts(文件夹)	BSP 特定的链接脚本
board.c/h	系统时钟、GPIO 初始化函数、芯片存储器大小
Kconfig	芯片型号、系列、外设资源
SConscript	芯片启动文件、目标芯片型号

　　首先需要创建一个基于目标芯片的 CubeMX 工程。默认的 CubeMX 工程在 CubeMX_Config 文件夹中,双击打开 CubeMX_Config.ioc 工程。在 CubeMX 工程中将芯片型号修改为项目选用的芯片型号(由于已尽可能挑选近似的 BSP 了,所以一般情况下芯片型号无需修改)。随后,通过 CubeMX 工具进行配置。如图 9-41 所示,打开外部时钟,设置下载方式,打开串口外设。如图 9-42 所示,配置系统时钟。最后设置项目名称,并在指定地址重新生成 CubeMX 工程,覆盖原来的 CubeMX 工程。

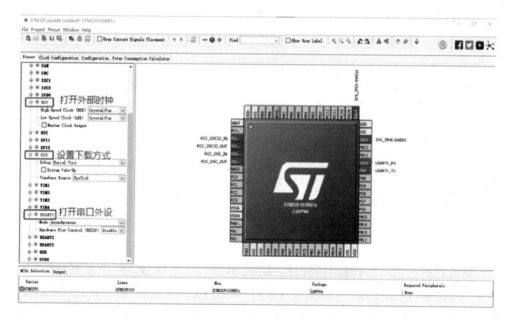

图 9-41　MCU 相关配置

　　其次将 SystemClock_Config()函数从 main.c 中拷贝到 board.c 文件中。在 board.h 文件中配置了 FLASH 和 RAM 的相关参数,这个文件中需要修改的是

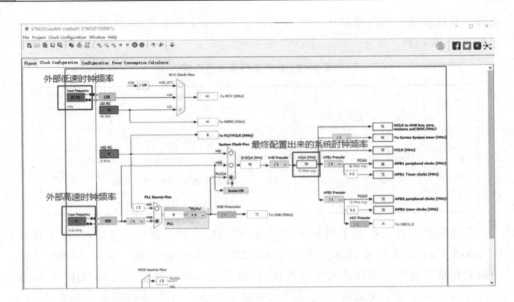

图 9 - 42　系统时钟配置

STM32_FLASH_SIZE 和 STM32_SRAM_SIZE 这两个宏控制的参数。假如要制作的 BSP 所用的 FLASH 大小为 128 KB,RAM 的大小为 20 KB,则需要对 board.h 文件做出修改,如图 9 - 43 所示。

```
board.h
13
14   #include <rtthread.h>
15   #include <stm32f1xx.h>
16   #include "drv_common.h"
17
18   #ifdef __cplusplus
19   extern "C" {
20   #endif
21
22   #define STM32_FLASH_START_ADRESS    ((uint32_t)0x08000000)
23   #define STM32_FLASH_SIZE            (128 * 1024)
24   #define STM32_FLASH_END_ADDRESS     ((uint32_t)(STM32_FLASH_START_ADRESS + STM32_FLASH_SIZE))
25
26   /* Internal SRAM memory size[Kbytes] <8-64>, Default: 64*/
27   #define STM32_SRAM_SIZE     20
28   #define STM32_SRAM_END      (0x20000000 + STM32_SRAM_SIZE * 1024)
29
```

图 9 - 43　存储信息修改

随后根据上述内容修改 board/Kconfig,包括芯片型号、系列、外设资源等。如图 9 - 44 所示,框 1 内为芯片的型号与系列,框 2 内为外设资源,包括板载资源,芯片资源例如 URART、EEPROM、FLASH、GPIO 等。该文件内的资源信息要与项目硬件资源一致。

然后根据 FLASH 和 RAM 的存储容量信息修改 linker_scripts 文件夹内的链接脚本文件。此处以 MDK 的链接脚本文件 link.sct 为例,假设制作的 BSP 使用的

```
1   menu "Hardware Drivers Config"
2
3   config SOC_STM32F103ZE
4       bool
5       select SOC_SERIES_STM32F1
6       select RT_USING_COMPONENTS_INIT
7       select RT_USING_USER_MAIN
8       default y
9
10  menu "Onboard Peripheral Drivers"
11
12      config BSP_USING_USB_TO_USART
13          bool "Enable USB TO USART (uart1)"
14          select BSP_USING_UART
15          select BSP_USING_UART1
16          default y
17
18      config BSP_USING_EEPROM
19          bool "Enable I2C EEPROM (i2c1)"
20          select BSP_USING_I2C1
21          default n
22
23      config BSP_USING_SPI_FLASH
24          bool "Enable SPI FLASH (W25Q16 spi2)"
25      select BSP_USING_SPI
26      select BSP_USING_SPI2
27      select RT_USING_SFUD
28      select RT_SFUD_USING_SFDP
29      default n
30
31  config BSP_USING_POT
32      bool "Enable potentiometer"
```

图 9 - 44 修改 Kconfig 文件

FLASH 的大小为 128 KB,因此修改 LR_IROM1 和 ER_IROM1 的参数为 0x00020000;使用的 RAM 的大小为 20 KB,因此修改 RW_IRAM1 的参数为 0x00005000,如图 9-45 所示。

```
 1  ; **********************************************************
 2  ; *** Scatter-Loading Description File generated by uVision ***
 3  ; **********************************************************
 4
 5  LR_IROM1 0x08000000 [0x00020000] {    ; load region size_region
 6    ER_IROM1 0x08000000 [0x00020000] {  ; load address = execution address
 7      *.o (RESET, +First)
 8      *(InRoot$$Sections)
 9      .ANY (+RO)                        修改为芯片实际 FLASH 大小,以十六进制表示
10    }
11    RW_IRAM1 0x20000000 [0x00005000] {  ; RW data
12      .ANY (+RW +ZI)
13    }                                   修改为芯片实际 RAM 大小,以十六进制表示
14  }
```

图 9 - 45 修改链接脚本文件

最后修改 SConscript 脚本文件,该文件决定 MDK 工程的生成以及编译过程中要添加的文件。在这一步中需要修改芯片型号以及芯片启动文件的地址,需要修改的内容如图 9-46 所示。一般情况下并不需要变更 BSP 模板的芯片型号,所以该文件可不用修改。至此,打开 env 工具,输入命令 menuconfig 对工程进行配置,并生成新的 rtconfig.h 文件,然后输入 scons--target=mdk5 命令重新生成工程,即可完成对 BSP 的修改。从而参照基于 BSP 的系统移植方法,即可得到目标工程。

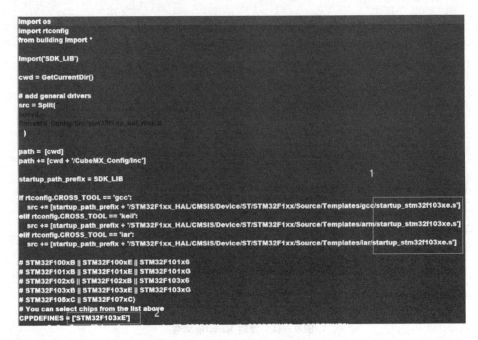

```
import os
import rtconfig
from building import *

Import('SDK_LIB')

cwd = GetCurrentDir()

# add general drivers
src = Split(
        """
        CubeMX_Config/Src/stm32f1xx_hal_msp.c
        """
)

path =  [cwd]
path += [cwd + '/CubeMX_Config/Inc']

startup_path_prefix = SDK_LIB

if rtconfig.CROSS_TOOL == 'gcc':
    src += [startup_path_prefix + '/STM32F1xx_HAL/CMSIS/Device/ST/STM32F1xx/Source/Templates/gcc/startup_stm32f103xe.s']
elif rtconfig.CROSS_TOOL == 'keil':
    src += [startup_path_prefix + '/STM32F1xx_HAL/CMSIS/Device/ST/STM32F1xx/Source/Templates/arm/startup_stm32f103xe.s']
elif rtconfig.CROSS_TOOL == 'iar':
    src += [startup_path_prefix + '/STM32F1xx_HAL/CMSIS/Device/ST/STM32F1xx/Source/Templates/iar/startup_stm32f103xe.s']

# STM32F100xB || STM32F100xE || STM32F101x6
# STM32F101xB || STM32F101xE || STM32F101xG
# STM32F102x6 || STM32F102xB || STM32F103x6
# STM32F103xB || STM32F103xE || STM32F103xG
# STM32F105xC || STM32F107xC)
# You can select chips from the list above
CPPDEFINES = ['STM32F103xE']
```

图 9-46　修改 SConscript 脚本文件

3. 无 BSP 进行系统移植

极特殊的情况下,当我们无法找到与手中板卡资源近似的 BSP 时,就需要考虑从头实施系统移植。由于这类移植实施要求读者具备较强的底层知识,这里只提供大致思路。总的来说,系统移植的目的就是将 RT-Thread 系统在不同的芯片架构、不同的板卡上运行起来。因此移植大致可分为 CPU 架构移植和 BSP 移植两部分。

(1) CPU 架构移植

在嵌入式领域有多种不同 CPU 架构,例如 Cortex-M、ARM920T、MIPS32、RISC-V 等。RT-Thread 提供了一个 Libcpu 抽象层来适配不同的 CPU 架构,使得一般用户不需要过多掌握各个 CPU 架构的详细内容。Libcpu 层向上对内核提供统一的接口,包括全局中断的开关、线程栈的初始化、上下文切换等。向下提供一套统一的 CPU 架构移植接口,这部分接口包含了全局中断开关函数、线程上下文切换函数、时钟节拍的配置和中断函数、Cache 等内容。实现 Libcpu 抽象层的 CPI 架构移植接口函数,即可完成 CPU 架构移植。详细接口内容请参见 RT-Thread 官网。

(2) BSP 移植

实际项目中,除 CPU 架构以外,还要考虑不同的板卡上搭载了不同的外设资源,因此我们也需要针对板卡上的外设资源做适配工作,也就是实现一个基本的 BSP。RT-Thread 提供了 BSP 抽象层,我们则需要在这个 BSP 抽象层的基础上完成以下工作:

① 初始化 CPU 内部寄存器,设定 RAM 工作时序。

② 实现时钟驱动及中断控制器驱动,完善中断管理。

③ 实现串口和 GPIO 驱动。

④ 初始化动态内存堆,实现动态堆内存管理。

第 **10** 章

多线程邮箱通信

从这一章开始我们将正式进入实战项目的介绍。众所周知,对于操作系统来说,其内核的基本功能就是对多线程调度以及线程间通信的支持。本章将基于战舰开发板,实现一个多线程间的邮箱通信案例。

10.1 项目准备

硬件部分:战舰 V3 开发板,ST‐Link 调试器,USB 连接线;

软件部分:MDK(Ver5.3 以上版本),串口调试工具(sscom);

基础工程:基于 RT‐Thread 标准版 Ver4.02 提供的战舰 V3BSP 移植的基础工程,可参见第 9 章系统移植部分内容自行移植,或者从第 9 章代码中获取(文件名:9‐3stm32f103‐atk‐warshipv3)。

10.2 线程管理

我们或许都听说过多线程的概念,其实在多 CPU 处理器上才真正存在多线程的概念,每个 CPU 同时运行处理多个不同的任务。那在单核 CPU 的单片机上如何使用"多线程"来处理同一时刻请求的不同任务,做到"同时"进行呢?

这个时候就需要引入线程管理了。在多线程操作系统中,需要开发人员把一个复杂的应用分解成多个小的、可调度的、序列化的程序单元。而在 RT‐Thread 中,与上述子任务对应的程序实体就是线程。RT‐Thread 的线程调度器是抢占式的,主要的工作就是从就绪线程列表中查找最高优先级线程,保证最高优先级的线程能够被运行,最高优先级的任务一旦就绪,总能得到 CPU 的使用权。RT‐Thread 的多线程结构,如图 10‐1 所示。

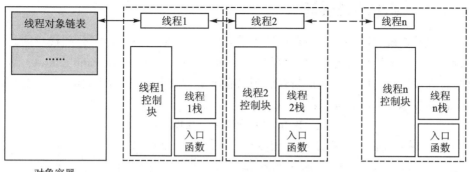

对象容器

图 10-1　RT-Thread 多线程链表

10.3　线程创建

在 RT-Thread 中,线程创建分为两种方式,分别是创建动态线程、创建静态线程。两种方式各有优缺点,使用需要区分具体场合。本章中,我们将用两种方式分别创建一个线程,进而通过消息邮箱实现两个线程间的通信。

10.3.1　创建静态线程

创建静态线程需要占用 RAM 空间(RW/ZI 空间),用户分配栈空间和线程句柄。优点:运行时不需要动态分配内存,运行时效率较高,实时性较好。缺点:内存不能被释放,只能使用 rt_thread_detach()函数将该线程控制块从对象管理器中脱离。创建静态线程的方法,如例程 10-1 所示。

【例程 10-1】　创建静态线程示例

```
static rt_uint8_t thread1_stack[512];          //线程栈
static struct rt_thread thread1;               //线程控制块
rt_thread_init(&thread1,                        //线程 handle
            "thread1",                          //线程名称
            thread1_entry,                      //线程入口函数
            RT_NULL,                            //线程入口参数
            &thread1_stack[0],                  //线程栈地址
            sizeof(thread1_stack),              //线程栈大小
            15,                                 //线程优先级
            5);                                 //线程时间片
rt_thread_startup(&thread2);                    //线程进入就绪态
```

10.3.2 创建动态线程

创建动态线程需要依赖内存堆管理器,系统自动从动态内存堆分配栈空间。优点:创建方便,参数比静态简便,内存可以由用户释放,调用 rt_thread_delete() 函数就会将这段申请的内存空间重新释放到内存堆中。缺点:运行时需要动态分配内存,效率没有静态方式高,如例程 10-2 所示。

【例程 10-2】 创建动态线程示例

```
static rt_thread_t thread_id = RT_NULL;
thread_id = rt_thread_create("dynamic_th",          //名称
                            dynamic_entry,          //线程代码
                            RT_NULL,                //参数
                            1024,                   //栈大小
                            15,                     //优先级
                            20);                    //时间片
if (thread_id != RT_NULL)
    rt_thread_startup(thread_id);                   //线程进入就绪态
else
    rt_kprintf("dynamic_thread create failure\n");
return RT_EOK;
```

10.4 消息邮箱通信

邮箱服务是实时操作系统中一种典型的线程间通信方法。RT-Thread 操作系统的邮箱用于线程间通信,特点是开销比较低,效率较高。邮箱中的每一封邮件只能容纳固定的 4 字节内容(针对 32 位处理系统,指针的大小即为 4 字节,所以一封邮件恰好能够容纳一个指针)。通常来说,邮件收取过程可能是阻塞的,这取决于邮箱中是否有邮件,以及收取邮件时设置的超时时间。

发送邮件:当一个线程向邮箱发送邮件时,如果邮箱没满,将把邮件复制到邮箱中。如果邮箱已经满了,发送线程可以设置超时时间,选择等待挂起或直接返回 RT_EFULL。如果发送线程选择挂起等待,那么当邮箱中的邮件被收取而空出空间来时,等待挂起的发送线程将被唤醒继续发送。

接收邮件:当一个线程从邮箱中接收邮件时,如果邮箱是空的,接收线程可以选择是否等待挂起直到收到新的邮件而唤醒,或可以设置超时时间。当达到设置的超时时间,邮箱依然未收到邮件时,这个选择超时等待的线程将被唤醒并返回 RT_ETIMEOUT。如果邮箱中存在邮件,那么接收线程将复制邮箱中的 4 字节邮件到接收缓存中。

10.4.1　功能设计

　　线程 1 会向线程 2 发送消息,线程 2 接收到消息存放到邮箱中并串口输出该消息,同时发送消息给线程 1,线程 1 接收到消息存放到邮箱中并串口输出该消息。当运行完 2 次发送任务时,删除二者邮箱,并串口输出 Mailboxes demo finsh。

10.4.2　消息邮箱创建

　　在 RT‑Thread 中,消息邮箱也采用的是面向对象的设计思想,而邮箱的管理使用的是邮箱控制块。在使用消息邮箱之前,需要通过函数 rt_mb_init()对邮箱进行初始化,如例程 10‑3 所示。

【例程 10‑3】　创建消息邮箱示例

```
static struct rt_mailbox mb1;          //邮箱控制块
static char mb_pool1[128];             //用于放邮件的内存池
    rt_err_t result1;
    /* 初始化一个 mailbox */
    result1 = rt_mb_init(&mb1,
                    "mbt1",              /* 名称是 mbt */
                    &mb_pool1[0],        /* 邮箱用到的内存池是 mb_pool */
                    sizeof(mb_pool1) / 4, /* 邮箱中的邮件数目, */
                    RT_IPC_FLAG_FIFO);   /* 采用 FIFO 方式进行线程等待 */
    if (result1 ! = RT_EOK)
    {
        rt_kprintf("init mailbox1 failed.\r\n");
        return - 1;
    }
```

10.4.3　消息邮箱的使用

　　我们选用动态线程作为线程 1,静态线程作为线程 2。按照之前功能设计,需要分别在线程 1 和线程 2 中实现消息邮箱的邮件发送与邮件接收。并且在两次邮件收发过程结束后,使线程与邮箱对象脱离,即不再进行线程间的邮箱通信。两个线程中的邮箱使用代码,如例程 10‑4 所示。

【例程 10‑4】　线程内消息邮箱使用示例

```
//thread1
static void dynamic_entry(void * param)
{
    char * str;
    static rt_uint8_t cnt;
```

```
    while (cnt < 2)
    {
        cnt ++ ;

        /* 发送 mb_str1 地址到邮箱中 */
        rt_mb_send(&mb2, (rt_uint32_t)&mb_str1);
        rt_kprintf("@thread1 send mb to thread2\r\n");

        /* 从邮箱中收取邮件 */
        if (rt_mb_recv(&mb1, (rt_ubase_t *)&str, RT_WAITING_FOREVER) == RT_EOK)
        {
            rt_kprintf("thread1: get a mail from mailbox1, the content: % s\r\n",
str);
            rt_thread_mdelay(50);
        }

        rt_thread_mdelay(50);
    }

    /* 执行邮箱对象脱离 */
    if(rt_mb_detach(&mb1) ! = RT_EOK)
        rt_kprintf("mb1 detach fail\r\n");
}

//thread2
static void static_entry(void * param)
{
    char * str;
    static rt_uint8_t cnt;
    while (cnt < 2)
    {
        cnt ++ ;

        /* 从邮箱中收取邮件 */
        if (rt_mb_recv(&mb2, (rt_ubase_t *)&str, RT_WAITING_FOREVER) == RT_EOK)
        {
            rt_kprintf("thread2: get a mail from mailbox2, the content: % s\r\n",
str);
            rt_thread_mdelay(50);
```

```
                rt_kprintf("@thread2 send mb to thread1\r\n");

                /* 发送 mb_str2 地址到邮箱中 */
                rt_mb_send(&mb1,(rt_uint32_t)&mb_str2);
            }
        rt_thread_mdelay(50);
    }

    if(rt_mb_detach(&mb2) != RT_EOK)
        rt_kprintf("mb2 detach fail\r\n");

    rt_kprintf("Mailboxes demo finsh\r\n");
}
```

10.5　消息邮箱通信测试

　　为了验证多线程间的消息邮箱通信效果,我们使用开发板上 RS232 串口输出来查看线程间的邮件收发情况。

10.5.1　硬件连接

　　如图 10-2 所示,通过 USB 连接线将开发板上的串口连接到电脑上。通过 ST-Link 连接线将调试器与电脑连接。

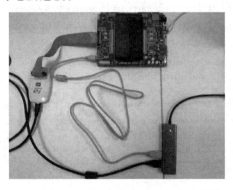

图 10-2　硬件连接示意图

10.5.2　驱动安装

　　ST-Link 调试器和 USB 串口线连接后,电脑侧会自动检测并安装驱动程序。其中 ST-Link 调试器可能出现无法自动安装的情况,这时 ST-Link 设备的红灯处于闪烁状态。我们需要登录 ST 的官网下载相应的调试器驱动程序,然后通过设备管理器,手动执行驱动安装过程。驱动安装成功之后,可以看到 ST - Link 设备已经被识别,如图 10 - 3 所示。

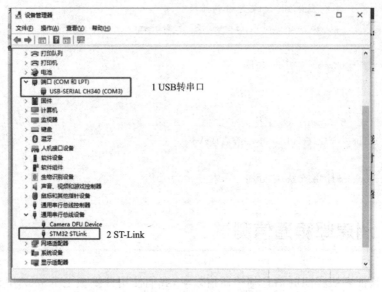

图 10 - 3 驱动安装后设备识别状态

10.5.3 程序烧写

① 在基础工程 main. c 文件中,参照上述的示例代码编写程序。主要包括两个线程的创建、邮箱的创建、邮箱的收发处理等。实现好的完整版工程代码请参照本章提供的样例工程(源码资源 10 - 1 多线程消息邮箱通信)。

② 在程序烧写之前需要先确认在工程中选择了正确的调试器,如图 10 - 4 所

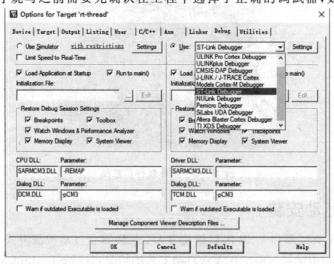

图 10 - 4 调试器配置

示,在 MDK 工程的 Debug 选项卡中,应选择 ST - Link Debugger。如果使用的是 J - LINK 调试器,那么需要选择 J - LINK/J - Trace Cortex。如果是仿真模式,则应选择左侧的 Use Simulator。

③ 确认正确选择并配置了调试器之后,如图 10 - 5 所示,在 MDK 软件中点击按钮 1 编译代码无误后,点击按钮 2 进行代码烧写。

图 10 - 5　程序编译与下载

10.5.4　串口调试

1. 串口工具配置

程序烧写之后,我们使用串口调试工具查看线程间的通信情况。串口工具众多,主要是进行串口通信参数进行配置,本书以 SSCOM 工具为例,配置信息如图 10 - 6 所示。

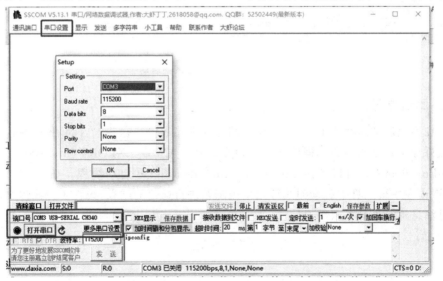

图 10 - 6　串口通信参数配置

2．FinSH 操作命令

正常打开串口后，需要按下开发板上的红色 RESET 按钮，重新启动已烧写至开发板内的程序，如图 10 - 7 所示，我们将在串口工具上看到 RT - Thread 系统的启动提示，这说明系统内核已经启动运行。然后可以在串口工具预留命令菜单里选择执行 RT - Thread 系统支持的 FinSH 命令 list_thread 来查看一下系统启动状态下的线程运行情况，可以看到此时只有两个线程，分别是支持 FinSH 命令的 shell 线程和支持空闲处理的 idle 线程。

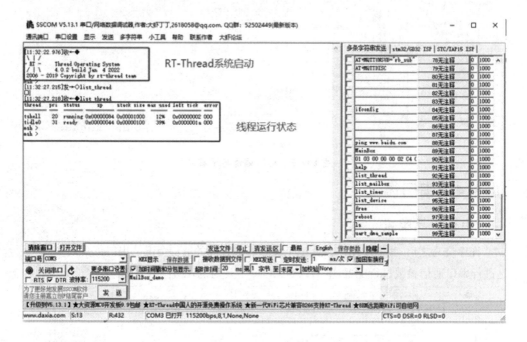

图 10 - 7　RT - Thread 系统启动

3．测试结果

在系统启动的状态下，可见程序中编写的邮箱通信线程并未启动，我们在程序中已经添加了邮箱通信的线程操作系统命令，MSH_CMD_EXPORT（MailBox_demo，MailBox_demo）。可以通过 Finsh 命令 MainBox_demo 启动线程。如图 10 - 8 所示，可以在串口工具中观察到线程间使用邮箱进行通信的结果，线程 1 和线程 2 之间通过消息邮箱进行了两次通信。

图 10-8　多线程间邮箱通信结果

第 11 章

多线程队列通信

本章将采用串口 DMA 接收模式,通过消息队列的方式实现多线程间的通信。消息队列是另一种常用的线程间通信方式,从数据传输数量的角度来看,消息队列是消息邮箱的扩展,可以应用在多种场合:线程间的消息交换、使用串口接收不确定长度数据等。

11.1 项目准备

硬件部分:战舰 V3 开发板,ST – Link 调试器,USB 连接线,CH340 USB 转串口工具;

软件部分:MDK(Ver5.3 以上版本),串口调试工具(Sscom),CubeMX;

基础工程:基于 RT – Thread 标准版 Ver4.02 提供的战舰 V3BSP 移植的基础工程,可参见第 9 章系统移植部分内容自行移植,或者从第 9 章代码中获取(文件名:9 – 3stm32f103 – atk – warshipv3)。

11.2 消息队列工作机制

消息队列能够接收来自线程或中断服务例程中不固定长度的消息,并把消息缓存在自己的内存空间中。其他线程也能够从消息队列中读取相应的消息,而当消息队列是空的时候,可以挂起读取线程。当有新的消息到达时,挂起的线程将被唤醒以接收并处理消息。消息队列是一种异步的通信方式,当有多个消息发送到消息队列时,通常将先进入消息队列的消息先传给线程,也就是说,线程先得到的是最先进入消息队列的消息,即先进先出原则 (FIFO)。消息队列的工作机制如图 11 – 1 所示。

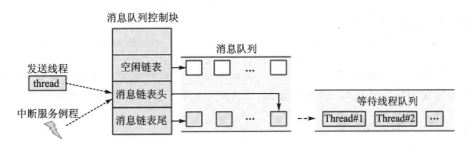

图 11 - 1　消息队列通信机制

11.3　串口 DMA 接收原理

如图 11 - 2 所示,展示了 DMA 接收到串口消息的全部过程。串口接收到一批数据后会调用接收回调函数,接收回调函数会把此时缓冲区的数据大小通过消息队列发送给等待的数据处理线程。线程获取到消息后被激活,并读取数据。一般情况下 DMA 接收模式会结合 DMA 接收完成中断和串口空闲中断完成数据接收。

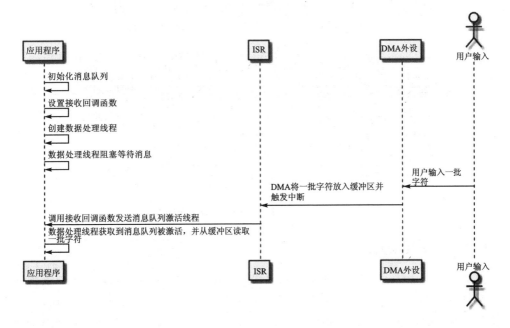

图 11 - 2　串口 DMA 接收原理

11.4 项目实现

本项目中,采用两个串口实现两个线程间的消息队列通信。因此在编写软件程序前,需要考虑硬件接口、引脚配置、驱动程序等内容。下面将介绍具体细节。

11.4.1 串口选择

如图 11-3 所示,我们查看了战舰 V3 开发板的串口原理图,选择 USART2 作为第二串口实现通信。从原理图可见,USART2 串口的引脚为 PA2 和 PA3。

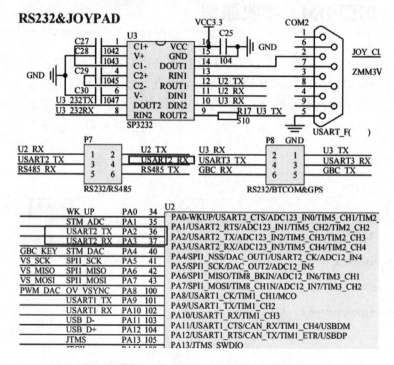

图 11-3 串口 USART2 引脚原理图

11.4.2 串口配置

为了串口能够正常通信,需要通过 STM32CubeMX 工具对项目内的串口引脚进行配置。首先,需要确定已经预先下载并安装了 STM32CubeMX 工具。然后,打开基础工程(文件名:9-3stm32f103-atk-warshipv3),在其工程目录内找到 board 文件夹,其中包含了 CubeMX_Config 子文件夹。进入该文件夹后,双击 CubeMX_Config.ioc 图标,即可启动 STM32CubeMX 工具。如果是首次打开该工具,会根据项目需要提示下载相应的支持文件,点击下载完成后,如图 11-4 所示,对 USART2

进行引脚配置即可。

图 11－4　串口 USART2 引脚配置图

11.4.3　ENV 串口配置

通过 STM32CubeMX 工具完成硬件引脚配置后，还需要通过 RT－Thread 提供的 ENV 工具进行串口配置，这样才可以在项目工程中正确使用串口。首先，需要确保已经下载并安装了 ENV 工具（ENV 工具的相关内容参见第 8 章内容）。在项目工程的根目录下，右击打开 ENV 工具。如图 11－5 所示窗口内，输入 menuconfig 命令打开 ENV 工具配置界面。

图 11－5　ENV 工具配置串口图

在 ENV 工具配置界面中，逐级进入 Hardware Drivers Config—On-Chip Peripheral Drivers—Enable UART 菜单。如图 11－6 所示，我们需要选择使能 UART2 串口及其 DMA 功能。配置保存后，退出 ENV 配置界面，返回到命令行窗口。

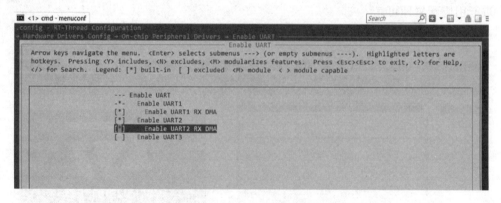

图 11 - 6　ENV 工具配置串口图

在 ENV 工具中使能 UART2 串口后，我们需要通过 scons 命令生成新的工程，从而将新的引脚配置融入到项目工程中。这里基于项目工程开发的 IDE 环境（MDKver5.36），如图 11 - 7 所示，使用的 scons 命令为 scons--target＝mdk5。等待自动生成工程结束后，关闭 ENV 工具窗口，我们可以确认一下项目工程的编译结果是否引入了错误和警告，以便为后续的程序编写扫清障碍。

```
 configuration written to .config

*** End of the configuration.
*** You can execute 'scons' to start the build or try 'scons -h'
*** If you want to generate the IDE's project file, you can use command:
*** 'scons --target=mdk/mdk4/mdk5/iar/cb -s'.
*** If you want to install rt-thread component online,try 'pkgs'.

                                           32f103-atk-warshipv3\dist\stm32f103-atk-war
 scons --target=mdk5
```

图 11 - 7　scons 命令生成工程

11.4.4　程序实现

如例程 11 - 1 所示，我们在上述准备的基础上，新建文件 UART_APP 实现串口 DMA 方式的消息队列接收处理。

【例程 11 - 1】　串口 DMA 方式消息队列通信示例

```
# include <rtthread.h>
# include "UART_APP.h"
# define SAMPLE_UART_NAME          "uart2"        /* 串口设备名称 */

/* 串口接收消息结构 */
struct rx_msg
{
    rt_device_t dev;
```

```
        rt_size_t size;
};
/* 串口设备句柄 */
static rt_device_t serial;
/* 消息队列控制块 */
static struct rt_messagequeue rx_mq;


/* 接收数据回调函数 */
static rt_err_t uart_input(rt_device_t dev, rt_size_t size)
{
    struct rx_msg msg;
    rt_err_t result;
    msg.dev = dev;
    msg.size = size;

    result = rt_mq_send(&rx_mq, &msg, sizeof(msg));

    if ( result == - RT_EFULL)
    {
        /* 消息队列满 */
        rt_kprintf("message queue full! \n");
    }
    return result;
}
static void serial_thread_entry(void * parameter)
{
    struct rx_msg msg;
    rt_err_t result;
    rt_uint32_t rx_length;
    static char rx_buffer[RT_SERIAL_RB_BUFSZ + 1];

    while (1)
    {
        rt_memset(&msg, 0, sizeof(msg));
        /* 从消息队列中读取消息 */
        result = rt_mq_recv(&rx_mq, &msg, sizeof(msg), RT_WAITING_FOREVER);

        if (result == RT_EOK)
        {
```

```
            /* 从串口读取数据 */
            rx_length = rt_device_read(msg.dev, 0, rx_buffer, msg.size);
            rx_buffer[rx_length] = '\0';
            /* 通过串口设备 serial 输出读取到的消息 */
            rt_device_write(serial, 0, rx_buffer, rx_length);
            /* 打印数据 */
            rt_kprintf("%s\n", rx_buffer);
        }
    }
}
static int uart_dma_sample(int argc, char *argv[])
{
    rt_err_t ret = RT_EOK;
    char uart_name[RT_NAME_MAX];
    static char msg_pool[256];

    if (argc == 2)
    {
        rt_strncpy(uart_name, argv[1], RT_NAME_MAX);
    }
    else
    {
        rt_strncpy(uart_name, SAMPLE_UART_NAME, RT_NAME_MAX);
    }

    /* 查找串口设备 */
    serial = rt_device_find(uart_name);

    if (! serial)
    {
        rt_kprintf("find %s failed! \n", uart_name);
        return RT_ERROR;
    }
    /* 初始化消息队列 */
    rt_mq_init(&rx_mq, "rx_mq",
            msg_pool,                        /* 存放消息的缓冲区 */
            sizeof(struct rx_msg),           /* 一条消息的最大长度 */
            sizeof(msg_pool),                /* 存放消息的缓冲区大小 */
            RT_IPC_FLAG_FIFO);
                             /* 如果有多个线程等待,按照先来先得原则分配消息 */
```

```
/ * 以 DMA 接收及轮询发送方式打开串口设备 * /
rt_device_open(serial, RT_DEVICE_FLAG_DMA_RX);
/ * 设置接收回调函数 * /
rt_device_set_rx_indicate(serial, uart_input);
/ * 创建 serial 线程 * /
rt_thread_t thread = rt_thread_create("serial", serial_thread_entry, RT_NULL,
1024, 25, 10);

/ * 创建成功则启动线程 * /
if (thread ! = RT_NULL)
{
    rt_thread_startup(thread);
}
else
{
    ret = RT_ERROR;
}
return ret;
}
/ * 导出到 msh 命令列表中 * /
MSH_CMD_EXPORT(uart_dma_sample, uart device dma sample);
```

　　按照上述示例代码，编写完成 URAT_APP 文件后，我们需要将新建的文件加入工程内。首先需要将 URAT_APP.c 和 URAT_APP.h 两个文件放置在工程根目录下的 applications 文件夹内。然后打开工程，如图 11 - 8 所示，在工程管理菜单中将新建文件加入工程。

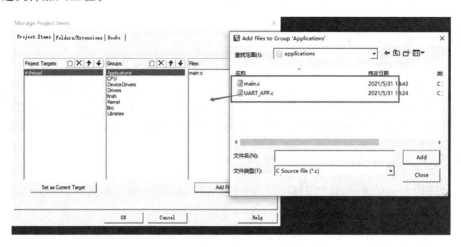

图 11 - 8　添加 UART_APP 文件

在测试过程中,串口 DMA 接收发现了数据分包的问题,针对这个问题我们需要在 drv_usart.c 文件中修改串口驱动程序。修改方法如图 11-9 所示方框中的内容所示。

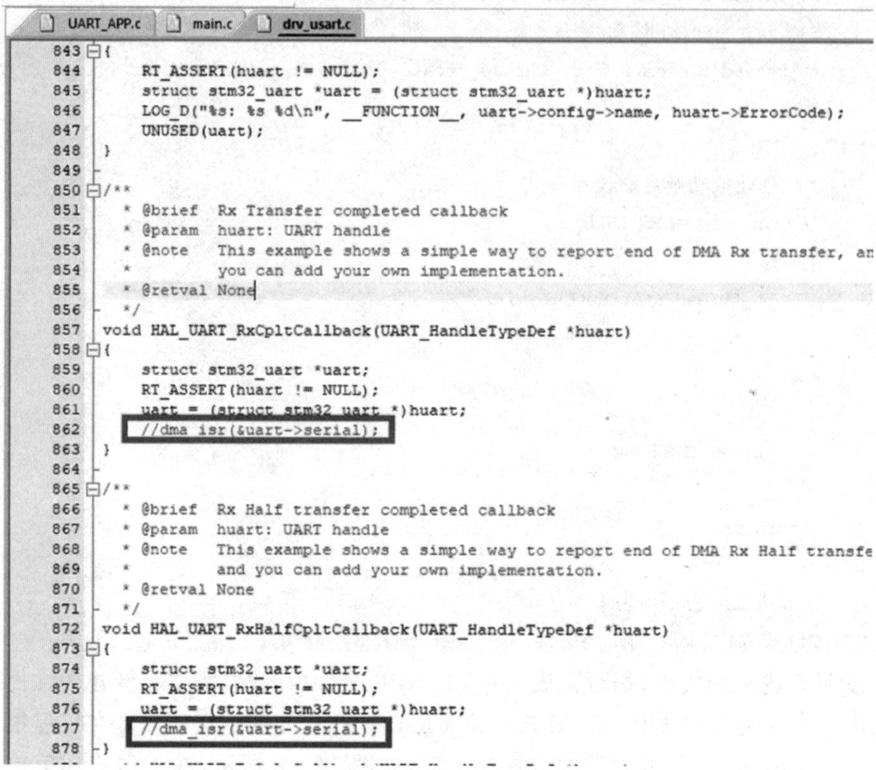

```
  UART_APP.c    main.c    drv_usart.c
843 {
844     RT_ASSERT(huart != NULL);
845     struct stm32_uart *uart = (struct stm32_uart *)huart;
846     LOG_D("%s: %s %d\n", __FUNCTION__ , uart->config->name, huart->ErrorCode);
847     UNUSED(uart);
848 }
849
850 /**
851  * @brief  Rx Transfer completed callback
852  * @param  huart: UART handle
853  * @note   This example shows a simple way to report end of DMA Rx transfer, an
854  *         you can add your own implementation.
855  * @retval None
856  */
857 void HAL_UART_RxCpltCallback(UART_HandleTypeDef *huart)
858 {
859     struct stm32_uart *uart;
860     RT_ASSERT(huart != NULL);
861     uart = (struct stm32_uart *)huart;
862     //dma_isr(&uart->serial);
863 }
864
865 /**
866  * @brief  Rx Half transfer completed callback
867  * @param  huart: UART handle
868  * @note   This example shows a simple way to report end of DMA Rx Half transfe
869  *         and you can add your own implementation.
870  * @retval None
871  */
872 void HAL_UART_RxHalfCpltCallback(UART_HandleTypeDef *huart)
873 {
874     struct stm32_uart *uart;
875     RT_ASSERT(huart != NULL);
876     uart = (struct stm32_uart *)huart;
877     //dma_isr(&uart->serial);
878 }
```

图 11-9　DMA 数据分包问题修正

11.5　项目测试

本项目测试前,需要先进行简单的硬件连接。主要是通过用跳线将"CH340"USB 转串口工具上的 RX、TX 引脚反插到开发板的 PA3(RX)和 PA2(TX)引脚上,然后将编译好的程序烧写至开发板中,方可观测通信效果。具体过程如下。

11.5.1　硬件接线

如图 11-10 所示,是"CH340"USB 转串口模块的一些功能模块的标示以及引脚说明图。

USB 转串口电路板与开发板的接线图,如图 11-11 所示。VCC 为开发板的供电引脚,USB 转串口的 RXD 引脚与开发板上的串口 2 的 TXD 引脚相连,USB 转串

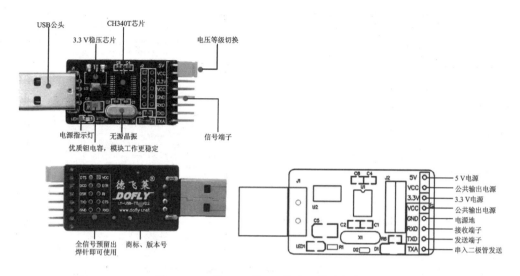

图 11-10　"CH340"USB 转串口模块说明

口的 TXD 引脚与开发板上的串口 2 的 RXD 引脚相连,两者的 GND 引脚直接相连。

图 11-11　"CH340"与串口接线图

11.5.2　串口测试

　　经过一系列的前期准备,万事俱备,只欠东风。我们先将前面准备好的程序编译之后烧写至开发板中,然后打开两个串口工具,分别连接发送串口和接收串口。点击开发板上的 Reset 按钮,在接收串口一侧会出现 RT-Thread 系统启动的提示。发送启动命令 uart_dma_sample,开始多线程间的消息队列通信。随后在作为发送串口的一侧输入字符串"Hello, RT-Thread! This is UART Test demo!!!!!",如图 11-12 所示。使用串口 33 向串口 34 连续发送的数据没有丢包或者分包现象。

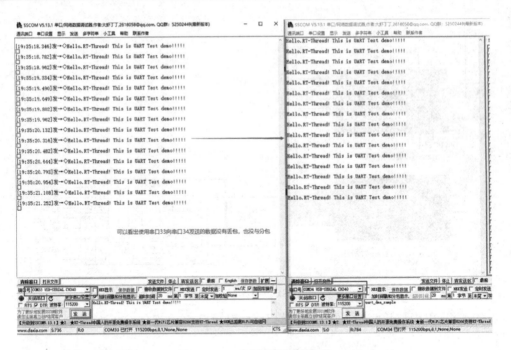

图 11－12　串口通信测试结果

第 **12** 章

GUI 移植

在实际项目开发中,我们时常需要在嵌入式设备端制作 UI 界面来实现更好的人机交互。简单的 UI 我们可以直接写代码来完成,但是对于较为复杂的交互方式或者追求更加美观、并具有统计设计风格的交互界面,显然自己从头编写代码实现的话难度就会很大。为了提高 UI 开发的效率和质量,可以使用一些第三方的 GUI 库来完成 UI 界面设计与实现。目前比较主流的 GUI 库有针对 ST 芯片优化后的 STemWin,以及开源项目 LittleVGL(简称 LVGL)。本章我们通过 LVGL 来介绍 GUI 的移植开发过程。

12.1 项目准备

硬件部分:战舰 V3 开发板,LCD 屏幕模块,ST - Link 调试器,USB 连接线;

软件部分:MDK(Ver5.3 以上版本),串口调试工具(Sscom),CubeMX;

基础工程:基于 RT - Thread 标准版 Ver4.02 提供的战舰 V3BSP 移植的基础工程,可参见第 9 章系统移植部分内容自行移植,或者从第 9 章代码中获取(文件名:9 - 3stm32f103 - atk - warshipv3)。

12.2 初识 LVGL

LVGL 是一款高度可裁剪、界面符合现代审美、简单易用的开源免费嵌入式图形库(MIT 协议),创始人是来自匈牙利的 *Gábor Kiss*−*Vámosi*。它提供创建嵌入式 GUI 所需的一切,具有易于使用的图形元素、精美的视觉效果和低内存占用。没错,它是一个开源的图像库,旨在为嵌入式设备提供一个精美的界面,当然嵌入式设备只是一部分,由于它是使用标准 C 语言所写,可以很轻松地移植到更多设备上,包括但不局限于嵌入式设备。如图 12 - 1 所示,从 LGVL 的示例界面可以看到十分丰富的控件类型以及非常美观的风格设计,相信这一定能够为你的项目增光添彩。

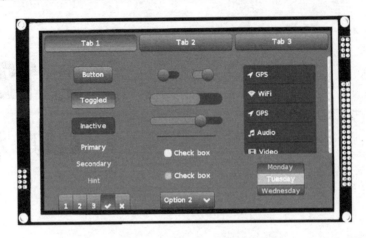

图 12-1 LGVL 界面示例

另一个好消息则是,RT-Thread 社区已经和 LVGL 社区双方展开了对接合作,目前 RT-Thread 操作系统(Ver4.1.0 以上)已经原生支持 LVGL 官方软件包(Ver8.1.0 以上)。目前已经支持 RT-Thread 两种模拟器(VS 和 QEMU),以及多款 BSP 一键化配置运行 LVGL。RT-Thread 用户可以通过 ENV 拉取到 LGVL 的最新源码,并自动加入到项目工程中。而针对 Ver4.1.0 以前的 RT-Thread 项目则需要手动将 LVGL 加入项目工程,本章将重点介绍一下这一过程。

12.3 LVGL 移植

RT-Thread 操作系统(Ver4.1.0 以上)可以一键导入 LVGL 源码文件,但是对于更早之前的版本则需要手动导入。

12.3.1 文件准备

LVGL 手动导入的核心文件本书已提供,请从第 12 章代码中获取(文件名:LVGL 核心文件)。文件说明如图 12-2 所示。

图 12-2 LVGL 源码文件说明

12.3.2　文件导入

如图 12-3 所示,打开项目工程的根目录,将准备好的 LVGL 源码文件复制到项目工程的根目录内。

applications	2022/1/11 11:18	文件夹	
board	2022/1/11 11:18	文件夹	
build	2022/1/11 11:18	文件夹	
DebugConfig	2022/1/11 11:18	文件夹	
figures	2022/1/11 11:18	文件夹	
GUI	2022/1/11 11:18	文件夹	
GUI_APP	2022/1/11 11:18	文件夹	
HARDWARE	2022/1/11 11:18	文件夹	
libraries	2022/1/11 11:18	文件夹	
rt-thread	2022/1/11 11:19	文件夹	
SYSTEM	2022/1/11 11:19	文件夹	
.config	2021/7/23 11:24	CONFIG 文件	18 KB
.config.old	2021/7/22 13:30	OLD 文件	18 KB
.gitignore	2021/7/15 17:09	文本文档	1 KB
.sconsign.dblite	2021/7/22 12:59	DBLITE 文件	0 KB
cconfig.h	2021/7/22 12:59	H 文件	1 KB
Kconfig	2021/7/22 12:59	文件	1 KB
project.ewd	2021/7/15 17:09	EWD 文件	97 KB
project.ewp	2021/7/22 12:59	EWP 文件	61 KB
project.eww	2021/7/22 12:59	EWW 文件	1 KB

图 12-3　LVGL 源码文件导入

12.3.3　配置脚本

SConscript 是用 python 写的脚本,目的就是可以让我们使用 ENV 图形化工具配置自定义的软件包,否则每次启动工程都需要在 MDK 工程中手动配置使能 LVGL 功能,这样势必会造成很多不必要的重复工作。所以 RT-Thread 提供一种一劳永逸的配置方法,也就是通过 SConscript 脚本对项目工程进行配置。那么应该怎样添加配置脚本呢?我们需要在上述 LVGL 的核心源码文件 GUI 文件夹内找到 SConscript 文件,使用文本编辑工具,例如 Notepad++打开文件后添加配置脚本程序。如图 12-4 所示,对脚本程序的作用进行了详细说明。

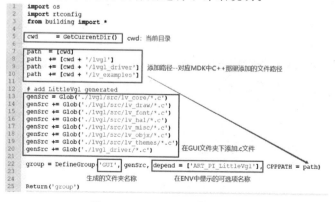

图 12-4　SConscript 脚本示例

除了 SConscript 配置文件之外,我们还需要找到 board 下的 Kconfig 配置文件,用 Notepad＋＋打开该文件,继续对项目工程进行配置。图 12‒5 对 Kconfig 文件的配置信息进行了详细说明。

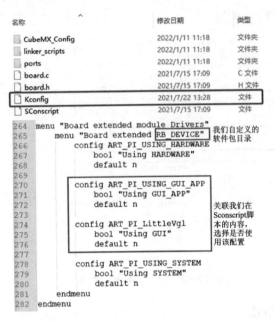

图 12‒5　Kconfig 配置示例

12.3.4　使用 ENV 工具配置 LVGL

通过脚本程序和配置文件的修改,我们可以通过 ENV 工具使能 LVGL 功能了。我们需要在项目工程的根目录下右击选择打开 ENV 工具,在命令行窗口内输入 menuconfig 命令,等待 ENV 工具界面出现后,按如图 12‒6 所示的配置选项顺序,选择使能 LVGL 的相关软件包。细心的读者不难发现,ENV 工具的配置选项与上述我们编辑的 Kconfig 文件是一一对应的。也就是说,如果在 ENV 工具中无法找到相应的选项,需要再次检查一下 Kconfig 文件内是否有遗漏或者编辑错误。

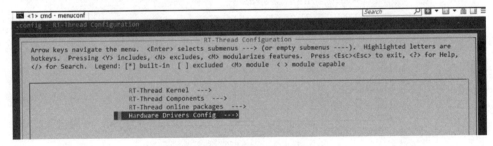

图 12‒6　ENV 配置示例

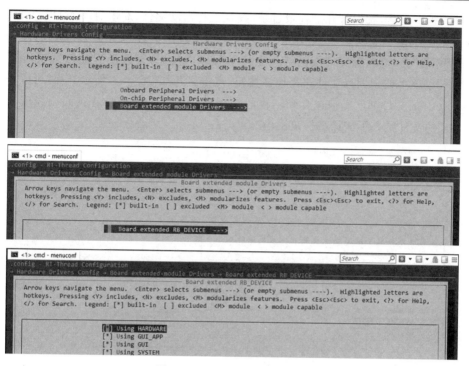

图 12-6　ENV 配置示例(续)

12.3.5　生成 MDK 工程

完成 ENV 配置后,需要生成包含 LVGL 源码的工程。在 ENV 工具的命令行窗口中,输入 scons 命令 scons --target=mdk5。如图 12-7 所示,ENV 工具可以自动生成 MDK 工程。

图 12-7　生成 MDK 工程

工程生成后,我们打开工程根目录,找到工程启动文件,双击启动 MDK 工程,如图 12-8 所示,我们可以看到 MDK 左侧的工程文件中已经包含了 LVGL 的四个核心源码文件夹,意味着文件成功导入项目工程中。随后,打开工程配置选项,在"C/C++"菜单中找到编译文件路径选择按钮,点击打开如图 12-9 所示界面,可以查看到 LVGL 的文件都已经被包含到工程的编译路径内了。这意味着我们已经成功将 LVGL 的文件纳入了编译文件范围内。

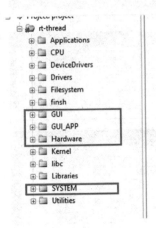

图 12-8　LVGL 工程文件

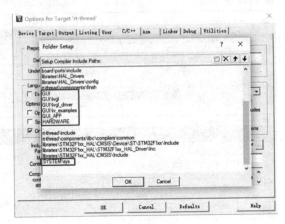

图 12-9　工程编译文件路径

12.4　GUI 开发

当成功将 LVGL 源码文件导入项目工程之后,就可以基于 LVGL 进行 GUI 的开发工作了。由于 LVGL 的开发自身就涉及很丰富的内容,而且并非本书重点介绍的内容,所以这里我们依托 LVGL 官方提供的两个示例进行初步的 GUI 开发,主要目的是在战舰 V3 开发板以及 RT-Thread 操作系统的环境下,呈现 LVGL 提供 GUI 界面效果。

12.4.1　添加 LVGL 示例文件

为了直观高效地看到基于 LVGL 框架进行 GUI 开发的效果,手动导入 LVGL 提供的两个示例相关的文件地 lv_test_theme_1 和 lv_test_theme_2。示例文件一共有四个,其存放位置在 LVGL 源码文件中(路径:LVGL 核心文件\GUI\lv_examples\lv_tests\lv_test_theme),如图 12-10 所示。我们在 MDK 软件左侧的工程目录中找到"GUI_APP"选项,如图 12-11 所示,在右击选择 Add Existing Files to Group 'GUI_APP'选项找到 LVGL 示例文件,将其添加至工程中。效果如图 12-12 所示"示例界面"部分。

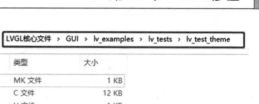

名称	修改日期	类型	大小
lv_test_theme.mk	2021/7/19 14:19	MK 文件	1 KB
lv_test_theme_1.c	2021/7/19 14:19	C 文件	12 KB
lv_test_theme_1.h	2021/7/19 14:19	H 文件	1 KB
lv_test_theme_1.png	2021/7/19 14:20	PNG 文件	29 KB
lv_test_theme_2.c	2021/7/19 14:20	C 文件	10 KB
lv_test_theme_2.h	2021/7/19 14:20	H 文件	1 KB
lv_test_theme_2.png	2021/7/19 14:20	PNG 文件	20 KB

图 12 - 10　LVGL 示例文件路径

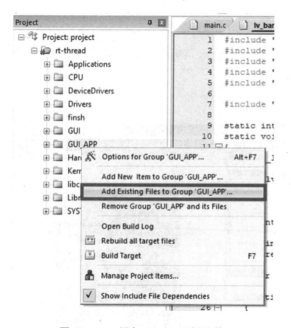

图 12 - 11　添加 LVGL 示例文件

图 12 - 12　添加文件说明

12.4.2　添加 LCD 驱动

1. 硬件配置

如图 12 - 13 所示,查看电路原理图,发现 LCD 对应的是 FSMC_NE4 引脚,我们需要通过 STM32CubeMX 工具对该引脚进行相应配置。

我们在工程根目录下找到 board 文件夹,从中找到 STM32CubeMX 的配置文件 CubeMX_Config.ioc,双击该文件,在打开的配置界面找到 Connectivity 选项中的 FSMC 配置。选中后,在 FSMC Mode and Configuration 部分,选择 FSMC_NE4 引

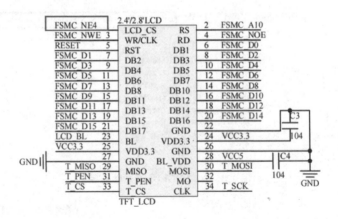

图 12-13 LCD 引脚原理图

脚,如图 12-14 所示,进行参数配置。Memory Type 选择 SRAM,Address 选择 11 bits,Data 选择 16 bits。

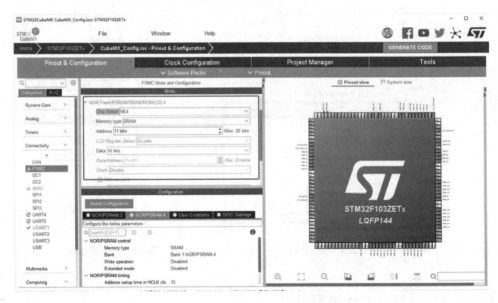

图 12-14 FSMC_NE4 引脚配置

2. 驱动程序

战舰 V3 开发板自带的是 4.3 英寸的 TFTLCD 屏幕,触摸芯片型号为 GT9147。这块屏幕是 FSMC 驱动的,所以需要手动修改并添加这块 LCD 屏幕的驱动文件。本书提供了修改后的驱动文件(文件名:LCD 驱动文件),读者可以将 drv_lcd.c 和 drv_lcd.h 两个驱动文件复制到项目工程的 Applications 文件夹中。然后启动工程,在 MDK 软件左侧的工程目录中找到 Drivers 选项,如图 12-15 所示,在右击选择

Add Existing Files to Group 'Drivers'选项找到预先准备好的 LCD 驱动文件。添加后效果如图 12 – 12 中"屏幕驱动"提示的部分。

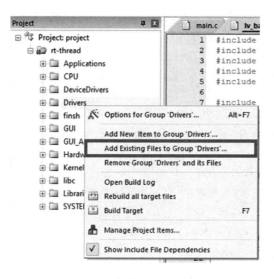

图 12 – 15　添加 LCD 驱动文件

关于 LCD 驱动文件的修改,这里重点介绍一下针对 FSMC 的 SRAM 初始化配置,如例程 12 – 1 所示。添加 SRAM 初始化函数 FSMC_SRAM_Init,然后如图 12 – 16 所示,将该函数添加至文件内的 drv_fmc_init 函数的最后,并使用 RT – Thread 自带的小内存算法。

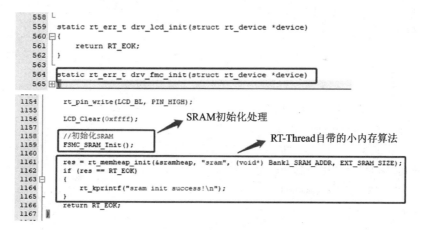

图 12 – 16　SRAM 初始化处理的调用

【例程 12-1】 FSMC 的 SRAM 初始化

```c
//初始化外部 SRAM
void FSMC_SRAM_Init(void)
{
    RCC->AHBENR |= 1 << 8;              //使能 FSMC 时钟
    RCC->APB2ENR |= 1 << 5;            //使能 PORTD 时钟
    RCC->APB2ENR |= 1 << 6;            //使能 PORTE 时钟
    RCC->APB2ENR |= 1 << 7;            //使能 PORTF 时钟
    RCC->APB2ENR |= 1 << 8;            //使能 PORTG 时钟

    //PORTD 复用推挽输出
    GPIOD->CRH &= 0X00000000;
    GPIOD->CRH |= 0XBBBBBBBB;
    GPIOD->CRL &= 0XFF00FF00;
    GPIOD->CRL |= 0X00BB00BB;
    //PORTE 复用推挽输出
    GPIOE->CRH &= 0X00000000;
    GPIOE->CRH |= 0XBBBBBBBB;
    GPIOE->CRL &= 0X0FFFFF00;
    GPIOE->CRL |= 0XB00000BB;
    //PORTF 复用推挽输出
    GPIOF->CRH &= 0X0000FFFF;
    GPIOF->CRH |= 0XBBBB0000;
    GPIOF->CRL &= 0XFF000000;
    GPIOF->CRL |= 0X00BBBBBB;

    //PORTG 复用推挽输出 PG10->NE3
    GPIOG->CRH &= 0XFFFFF0FF;
    GPIOG->CRH |= 0X00000B00;
    GPIOG->CRL &= 0XFF000000;
    GPIOG->CRL |= 0X00BBBBBB;

    //寄存器清零
    //bank1 有 NE1~4,每一个有一个 BCR+TCR,所以总共 8 个寄存器。
    //这里我们使用 NE3,也就对应 BTCR[4],[5]。
    FSMC_Bank1->BTCR[4] = 0X00000000;
    FSMC_Bank1->BTCR[5] = 0X00000000;
    FSMC_Bank1E->BWTR[4] = 0X00000000;
```

```
//操作 BCR 寄存器　使用异步模式,模式 A(读写共用一个时序寄存器)
//BTCR[偶数]:BCR 寄存器;BTCR[奇数]:BTR 寄存器
FSMC_Bank1->BTCR[4] |= 1 << 12;          //存储器写使能
FSMC_Bank1->BTCR[4] |= 1 << 4;           //存储器数据宽度为 16 bit
//操作 BTR 寄存器
FSMC_Bank1->BTCR[5] |= 3 << 8;
          //数据保持时间(DATAST)为 3 个 HCLK 4/72 MHz = 55 ns(对 EM 的 SRAM 芯片)
FSMC_Bank1->BTCR[5] |= 0 << 4;           //地址保持时间(ADDHLD)未用到
FSMC_Bank1->BTCR[5] |= 0 << 0;
                    //地址建立时间(ADDSET)为 2 个 HCLK 1/36 MHz = 27 ns
//闪存写时序寄存器
FSMC_Bank1E->BWTR[4] = 0x0FFFFFFF;       //默认值
//使能 BANK1 区域 3
FSMC_Bank1->BTCR[4] |= 1 << 0;
}
```

12.4.3　SRAM 配置

在 LCD 驱动文件的修改部分,我们看到 FSMC 驱动需要使用 SRAM,所以需要针对 SRAM 的使用做出相应的引脚配置操作。如图 12 - 17 所示,SRAM 使用的是 FSMC_NE3 引脚。

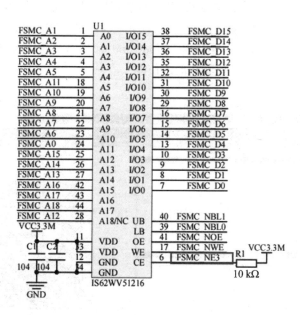

图 12 - 17　SRAM 引脚原理图

我们仍然使用 STM32CubeMX 工具配置 SRAM 引脚,具体的引脚配置信息如图 12 - 18 所示。Memory Type 选择 SRAM,Address 选择 19 bits,Data 选择 16 bits。

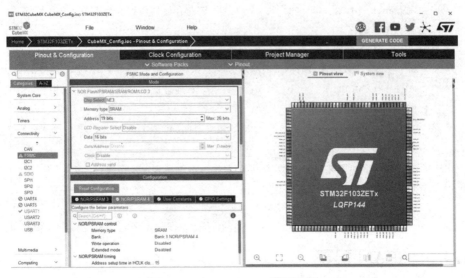

图 12 - 18   FSMC_NE3 引脚配置

12.4.4   使能 CRC 校验

由于本项目 LCD 显示需要使用 CRC 校验,所以我们需要使用 STM32CubeMX 工具配置使能 CRC 校验功能。如图 12 - 19 所示,在 STM32CubeMX 工具左侧选择 Computing 中的 CRC 选项,并在 CRC Mode and Configuration 区域中 Mode 内选择 Activated,即完成了对 CRC 校验功能的使能。

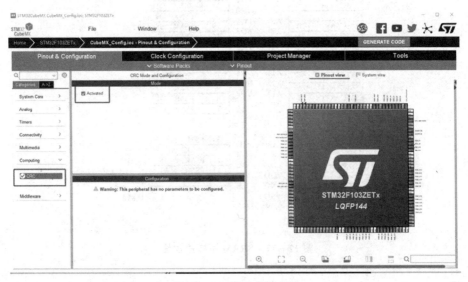

图 12 - 19   CRC 校验使能

12.4.5　使能内存分配算法

为了能够使用 RT-Thread 支持的内存算法,需要使用 ENV 工具使能内存分配算法。在工程根目录下启动 ENV 工具,在 RT-Thread Kernel 中选择 Memory Management 选项。如图 12-20 所示,首先通过方向键选中 Using memory heap object,然后按空格键确认。随后选择 Dynamic Memory Management(Use all of memheap objects as heap),进入菜单后选择选项 Use all of memheap objects as heap,保存配置后退出配置菜单。

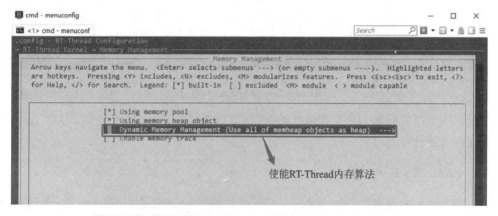

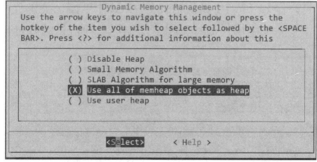

图 12-20　使能内存分配算法

12.4.6　SRAM 功能使能

通过 STM32CubeMX 工具完成了 SRAM 的硬件配置后,需要通过 ENV 工具使能 SRAM 相关的功能,从而确保可以在工程中引入必要的支持 SRAM 的库文件,例如 stm32f1xx_hal_sram.c 和 stm32f1xx_ll_fsmc.c。ENV 中打开 SRAM 功能的方式,如图 12-21 所示。

最后,需要提醒读者注意的是,在完成 ENV 配置或者 CubeMX 配置之后都需要通过 scons 命令重新生成 MDK 工程,这样配置信息才会真正导入项目工程中。一

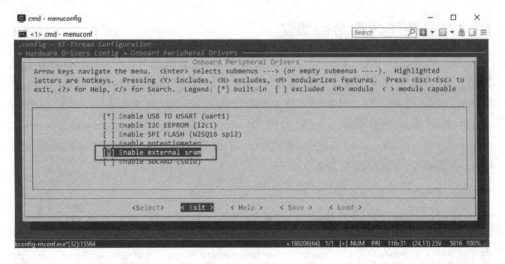

图 12 − 21 使能 SRAM 功能

般推荐完成所有配置后统一生成新的工程,命令为 scons--target＝mdk5,注意 target 前是两个横杠。

12.4.7 编写程序

在上述所有准备工作的基础上,我们尝试编写一个简单的 GUI 程序(文件名: lv_bar_test.c),可以呈现 LVGL 提供的优秀的 GUI 界面。关键代码如例程 12 − 2 所示,我们将 lv_bar_test.c 同样加入工程中的 GUI_APP 目录内,如图 12 − 12 所示 "屏幕线程"部分。

【例程 12 − 2】 LVGL 示例程序

```c
# include "lv_bar_test.h"

# include "lv_port_disp.h"

# include "lv_port_indev.h"

# include "lv_tests\lv_test_theme\lv_test_theme_1.h"

# include "lv_tests\lv_test_theme\lv_test_theme_2.h"


# include "touch\touch.h"


static int _lv_init = 0;

static void lvgl_tick_run(void * p)

{

    if (_lv_init)

    {

        lv_tick_inc(1);

    }
```

```
    }

    static int lvgl_tick_handler_init(void)
    {
        rt_timer_t timer = RT_NULL;
        int ret;

        timer = rt_timer_create("lv_tick", lvgl_tick_run, RT_NULL, 1, RT_TIMER_FLAG_
PERIODIC);

        if (timer == RT_NULL)
        {
            return RT_ERROR;
        }

        ret = rt_timer_start(timer);
        return ret;
    }

    static void lvgl_demo_run(void * p)
    {
        tp_dev.init();                  //触摸屏初始化
        lv_init();                      //lvgl 系统初始化
        lv_port_disp_init();            //lvgl 显示接口初始化
        lv_port_indev_init();           //lvgl 输入接口初始化
        _lv_init = 1;                   //开启心跳
        lvgl_tick_handler_init();       //心跳定时器

        lv_test_theme_1(lv_theme_night_init(210,NULL));
        //lv_test_theme_2();
        while(1)
        {
            //触摸
            tp_dev.scan(0);
        lv_task_handler();
        rt_thread_mdelay(5);
        }
    }
```

```
int rt_lvgl_demo_init(void)
{
    rt_err_t ret = RT_EOK;
    rt_thread_t thread = RT_NULL;

    /* littleGL demo gui thread */
    thread = rt_thread_create("lvgl", lvgl_demo_run, RT_NULL, 2048, 15, 10);

    if(thread == RT_NULL)
    {
        return RT_ERROR;
    }

    rt_thread_startup(thread);

    return RT_EOK;
}
INIT_APP_EXPORT(rt_lvgl_demo_init);        //PORTE 复用推挽输出
```

12.4.8 错误处理

在编译链接的过程中可能出现未定义错误,其中 stm32f1xx_hal_msp.c 文件中可能提示未定义 Error_Handler,这个错误处理部分我们可以在 stm32f1xx_hal_msp.c 文件中搜索 Error_Handler 直接屏蔽掉。

另外,在 drv_lcd.c 文件中可能出现 HAL_SRAM_Init 未定义的错误提示,这是由于没有使能 SRAM 功能,导致没有正确导入 SRAM 相关的库文件,解决方法参考本章 12.4.6 的内容修改即可,或者临时手动在工程的 libraries 中添加库文件 stm32f1xx_hal_sram.c 和 stm32f1xx_ll_fsmc.c。需要注意的是,再次通过 scons 命令生成新的 MDK 工程后,手动添加的文件将不复存在,所以还是推荐通过 ENV 工具使能 SRAM 功能,这样可一劳永逸。

12.5 GUI 测试

我们编译上述工程代码烧写至开发板中。点击 Reset 按键,即可在 LCD 屏幕上看到基于 LVGL 实现的 GUI 界面,这里我们实现了两种不同风格的 GUI 界面,如图 12 - 22 和图 12 - 23 所示。感兴趣的读者可以在这个框架下进一步学习 LVGL 提供的各种控件的使用。相信你会做出更为惊艳的 GUI 界面。

图 12 - 22　LVGLDemo 界面样例与实际界面效果(一)

图 12 - 23　LVGLDemo 界面样例与实际界面效果(二)

第 **13** 章

环境光强采集系统

物联网系统中很重要的一个概念是物的"智能化",也就是让物体能够具备感知外界环境信息的能力,比如环境的温度、湿度、亮度等。这就类似于人类可以通过"眼睛""鼻子""皮肤"等感觉器官来感知外部信息。那么现实世界中,我们如何实现"物体"的智能化呢?大多数场景下,我们是通过形形色色的传感器来实现的。可以说没有传感器,一般的物体也不具备采集外界信息的能力,当然也就没有接入网络的意义。所以从某种角度来看,是否存在适合的传感器,就决定了物联网项目实施的可能性。

那么在物联网项目中,一个典型的应用就是对环境光强度的感知,比如教室灯光控制系统、智慧化路灯控制系统等。所以本章通过一个环境光强采集系统,介绍如何实现光照传感器的控制、光照强度的采集以及信息的传递和显示。

13.1 项目准备

硬件部分:战舰 V3 开发板,LCD 屏幕模块,ST - Link 调试器,USB 连接线;

软件部分:MDK(Ver5.3 以上版本),串口调试工具(Sscom),CubeMX;

基础工程:基于 RT - Thread 标准版 Ver4.02 提供的战舰 V3BSP 移植的基础工程,可参见第 9 章系统移植部分内容自行移植,或者从第 9 章代码中获取(文件名:9 - 3stm32f103 - atk - warshipv3)。

13.2 ADC 传感器

本项目采用战舰 V3 开发板上自带的光敏传感器,这是一款 ADC 光敏电阻传感器。

13.2.1　ADC 简介

ADC(Analog Digital Converter),顾名思义为模拟到数字转换,将模拟信号转化为一定比例的电压值。对于 STM32 的 GPIO 来讲,通常只有高电平和低电平之分,即当识别到高电平时并不能知道是 3.3 V 还是 3.2 V。使用 ADC 后就可以很好地检查出电平具体是多少了。

如果将模拟信号输入到单片机的 GPIO,由于单片机的识别有一定时间,如每识别一次信号需要 1 μs,则此时单片机其实已经将模拟信号自动转换为时间间隔为 1 μs 的抽样信号。但是仅仅是抽样信号,单片机只知道它是每隔 1 μs 的信号是高电平还是低电平,并不知道它具体幅值多少。那么通过 ADC,可以较为准确地将幅值量化(经过量化就变成数字信号了)。量化的幅值范围与设置的参考电压有关,将幅值量化到参考电压范围内。

13.2.2　传感器电路原理

STM32 系列的芯片拥有 1~3 个 ADC,具体几个与芯片型号有关。战舰 V3 开发板采用的 STM32F103ZET6 芯片拥有 3 个 ADC,并且所有的 ADC 都是采用 12 位逐次逼近型模数转换器,有 18 个通道,其中 16 个通道测量外部输入,2 个为内部信号源检测(注意不是外设)。三个 ADC 的通道分配表,如表 13 - 1 所列。

表 13 - 1　ADC 通道分配表

通　道	ADC1	ADC2	ADC3
0	PA0	PA0	PA0
1	PA1	PA1	PA1
2	PA2	PA2	PA2
3	PA3	PA3	PA3
4	PA4	PA4	PF6
5	PA5	PA5	PF7
6	PA6	PA6	PF8
7	PA7	PA7	PF9
8	PB0	PB0	PF10
9	PB1	PB1	
10	PC0	PC0	PC0
11	PC1	PC1	PC1
12	PC2	PC2	PC2
13	PC3	PC3	PC3
14	PC4	PC4	
15	PC5	PC5	
16	温度传感器		
17	内部参照电压		

如图 13 - 1 所示,战舰 V3 开发板自带的光照传感器(LIGHT_SENSOR)使用的是 ADC3 的 PF8 通道。

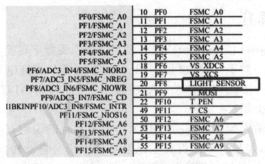

图 13-1　光照传感器引脚

13.2.3　ADC 时钟

ADC 是依照配置好的时钟周期,对模拟信号进行采样和幅值量化的。那么 STM32 系列芯片的 ADC 时钟配置模式如何呢?如图 13-2 所示,ADC 的最大时钟

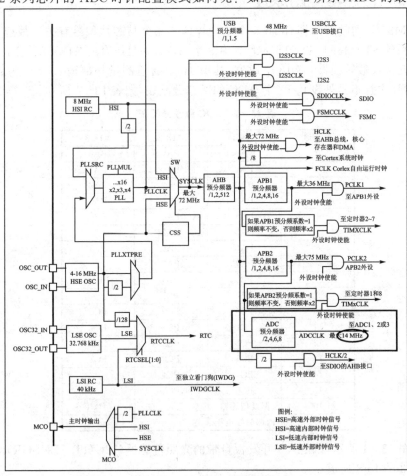

图 13-2　STM32 时钟配置

为 14 MHz。图中还包括了可以设置的各类时钟。系统时钟为 72 MHz,AHB 预分频系数为 1,则 ADC 预分频系数必须大于或等于 6,所以我们习惯把预分频系数设置为 6,此时 ADC 的时钟频率为 12 MHz。

13.2.4　ADC 配置

1. STM32CubeMX 配置

参考上述的 ADC 硬件引脚原理以及时钟配置信息,我们需要通过 STM32CubeMX 工具对 ADC 进行配置。在工程根目录下的 board 文件夹中,找到 CubeMX_Config.ioc 文件。双击该图标启动 STM32CubeMX 工具。如图 13 - 3 所示,选中 Analog 内的 ADC3,在 Mode 中选择 IN6,在 Configuration 部分的 Parameter Settings 中设置右对齐以及连续循环转换模式。如图 13 - 4 所示,在 Configuration 部分切换至 DMA Reguest Settings,选择循环转换,并设置数据宽度为半字节。随后,需要选中 System Core 内的 NVIC,如图 13 - 5 所示,关闭 DMA 的全局中断。

图 13 - 3　ADC 模式配置

在完成了 ADC 的引脚以及 DMA 配置后,我们需要按照上述分析的结论完成 ADC 的时钟配置。如图 13 - 6 所示,切换至 Clock Configuration 配置界面,在其右下角部分,设置 ADC 分频为 6,ADC 时钟周期为 12 MHz。

最后,我们需要点击 STM32CubeMX 工具右上角的"GENERATE CODE"按钮,将配置信息导入项目工程中。至此,完成了 STM32CubeMX 的配置部分。

图 13 - 4　ADC 的 DMA 配置

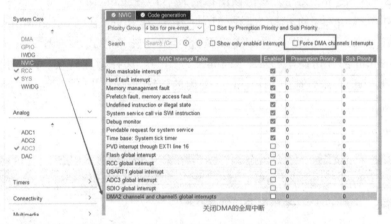

图 13 - 5　关闭 DMA 的全局中断

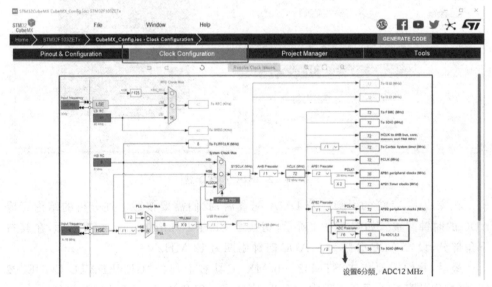

图 13 - 6　ADC 时钟配置

ᅠ

ᅠ

ᅠ

ᅠᅠ

ᅠ

2. Konfig 配置

为了能够在 ENV 工具中配置 ADC,我们需要在 Konfig 文件中追加 ADC2、ADC3 的配置信息。RT-Thread 当中,不同文件层级会维护自身的 Konfig 文件。这里,需要编辑的是根目录下 board 文件夹内的 Konfig 文件。如图 13-7 所示,使用 Notepad++之类的文本编辑软件,打开 Konfig 文件。在文件中找到"BSP_USING_ADC"部分,添加 ADC2 和 ADC3 的内容。

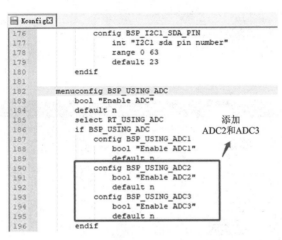

图 13-7　追加 ADC 的 Konfig 配置信息

3. ENV 配置

这里我们需要通过 ENV 工具的设置,确保在项目工程中可以正确使用 ADC3 的功能。在项目工程的根目录下的右键菜单中选中 ConEmu Here 选项。随后打开命令行窗口输入 menuconfig 命令,后可以看到如图 13-8 所示的 ENV 配置工具的界面。

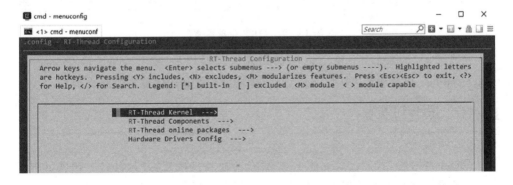

图 13-8　ENV 配置工具启动界面

我们通过键盘的方向键选择 Hardware Drivers Config 进入下一级菜单,

如图 13-9 所示,逐级设置,完成对 ADC3 的使能配置。需要注意的是,需要先在
Konfig 文件中追加 ADC3 信息。

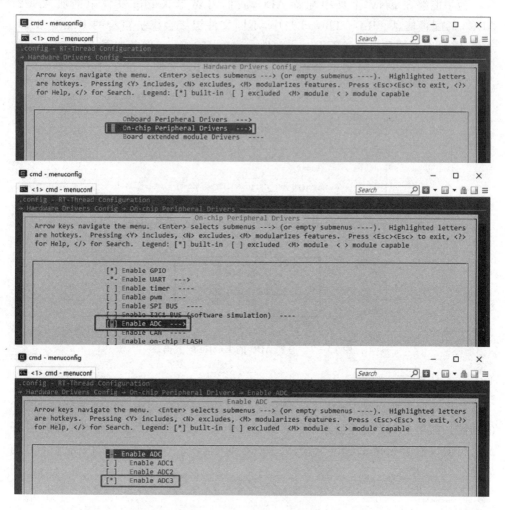

图 13-9　ADC3 使能配置

完成 ENV 配置后,不要忘记保存配置信息退出后,通过 scons 命令"scons--
target=mdk5"重新生成 MDK 工程,并确保编译后没有错误或者警告提示。

13.3　项目开发

经过上述过程,我们已经完成了对 ADC 传感器的配置,并且具备了在项目中使
用该传感器采集环境光照强度的基础条件。接下来将介绍具体的开发过程。

13.3.1　ADC 外设初始化

通过 STM32CubeMX 工具的配置，已经自动生成了 ADC 外设的初始化处理，如图 13 - 10 所示。我们需要将该初始化处理中的部分内容复制到 main.c 文件中。复制后的内容如例程 13 - 1 所示。

```
82        /* USER CODE END MspInit */
83
84
85  ┌/**
86  │  * @brief ADC MSP Initialization
87  │  * This function configures the hardware resources used in this example
88  │  * @param hadc: ADC handle pointer
89  └  * @retval None
90     */
91     void HAL_ADC_MspInit(ADC_HandleTypeDef* hadc)
92  ┌{
93  │    GPIO_InitTypeDef GPIO_InitStruct = {0};
94  │    if(hadc->Instance==ADC3)
95  │  ┌{
96  │  │    /* USER CODE BEGIN ADC3_MspInit 0 */
97  │  │
98  │  │    /* USER CODE END ADC3_MspInit 0 */
99  │  │    /* Peripheral clock enable */
100 │  │    __HAL_RCC_ADC3_CLK_ENABLE();
101 │  │
102 │  │    __HAL_RCC_GPIOF_CLK_ENABLE();
103 │  │  /**ADC3 GPIO Configuration              STM32CubeMX自动生成的ADC
104 │  │    PF8      ------> ADC3_IN6             初始化处理
105 │  │    */
106 │  │    GPIO_InitStruct.Pin = GPIO_PIN_8;
107 │  │    GPIO_InitStruct.Mode = GPIO_MODE_ANALOG;
108 │  │    HAL_GPIO_Init(GPIOF, &GPIO_InitStruct);
109 │  │
110 │  │    /* ADC3 DMA Init */
111 │  │    /* ADC3 Init */
112 │  │    hdma_adc3.Instance = DMA2_Channel5;
113 │  │    hdma_adc3.Init.Direction = DMA_PERIPH_TO_MEMORY;
114 │  │    hdma_adc3.Init.PeriphInc = DMA_PINC_DISABLE;
115 │  │    hdma_adc3.Init.MemInc = DMA_MINC_ENABLE;
116 │  │    hdma_adc3.Init.PeriphDataAlignment = DMA_PDATAALIGN_HALFWORD;
117 │  │    hdma_adc3.Init.MemDataAlignment = DMA_MDATAALIGN_HALFWORD;
118 │  │    hdma_adc3.Init.Mode = DMA_CIRCULAR;
119 │  │    hdma_adc3.Init.Priority = DMA_PRIORITY_LOW;
120 │  │    if (HAL_DMA_Init(&hdma_adc3) != HAL_OK)
121 │  │  ┌{
122 │  │  │    //Error_Handler();
123 │  │  └}
124 │  │
125 │  │    __HAL_LINKDMA(hadc,DMA_Handle,hdma_adc3);
126 │  │
127 │  │    /* USER CODE BEGIN ADC3_MspInit 1 */
128 │  │
129 │  │    /* USER CODE END ADC3_MspInit 1 */
130 │  └}
131
```

图 13 - 10　ADC3 使能配置

【例程 13 - 1】　ADC 外设初始化

```
static void MX_ADC3_Init(void)
{

    /* USER CODE BEGIN ADC3_Init 0 */
    /* USER CODE END ADC3_Init 0 */
    ADC_ChannelConfTypeDef sConfig = {0};
    /* USER CODE BEGIN ADC3_Init 1 */
    /* USER CODE END ADC3_Init 1 */
    /* * Common config */
    hadc3.Instance = ADC3;
    hadc3.Init.ScanConvMode = ADC_SCAN_DISABLE;
    hadc3.Init.ContinuousConvMode = ENABLE;
```

```
    hadc3.Init.DiscontinuousConvMode = DISABLE;

    hadc3.Init.ExternalTrigConv = ADC_SOFTWARE_START;

    hadc3.Init.DataAlign = ADC_DATAALIGN_RIGHT;

    hadc3.Init.NbrOfConversion = 1;

    if (HAL_ADC_Init(&hadc3) != HAL_OK)

    {

        Error_Handler();

    }

    /* * Configure Regular Channel

    */

    sConfig.Channel = ADC_CHANNEL_5;

    sConfig.Rank = ADC_REGULAR_RANK_1;

    sConfig.SamplingTime = ADC_SAMPLETIME_1CYCLE_5;

    if (HAL_ADC_ConfigChannel(&hadc3, &sConfig) != HAL_OK)

    {

        Error_Handler();

    }

    /* USER CODE BEGIN ADC3_Init 2 */


    /* USER CODE END ADC3_Init 2 */


}


/* *

    * Enable DMA controller clock

    */

static void MX_DMA_Init(void)

{


    /* DMA controller clock enable */

    __HAL_RCC_DMA2_CLK_ENABLE();


}
```

13.3.2 获取光敏传感器数值

1. 原理分析

完成了 ADC 的初始化处理之后,我们需要实现从 ADC 光敏电阻传感器获取环境光照强度的数值处理。在编码之前,需要先分析得到光照强度与传感器采集的电压值之间的关系式。光敏传感器的电路原理图如图 13 - 11 所示。

我们需要测量光敏传感器的电路图中圈内的 A 点电位,进而测量光的强度,光强与 A 点电压的对应关系如式(13 - 1)所示。

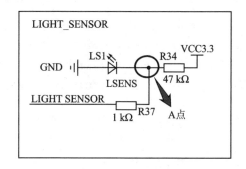

$$U_A = 3.3\ V - I \times R_{34}$$

$$(13 - 1)$$

当光敏二极管处于导通状态时,光照强度与 A 点的电流值呈正比关系,如式(13 - 2)所示。

图 13 - 11　ADC3 使能配置

$$光照强度 \propto I_A \qquad (13 - 2)$$

因此,不难得出 ADC 读取的传感器电压值的数字量(12 位,即最大值为 4 096)与光照强度之间的关系,如式(13 - 3)所示。注意,这里我们假设光照强度的最大值为 100。

$$LightValue = \left(1 - \frac{ADC\ 数字量}{4\ 096}\right) \times 100 \qquad (13 - 3)$$

2. 代码实现

基于 ADC 光敏电阻传感器的原理分析,我们编码实现对环境光照强度的采集处理。在 main.c 文件中实现的主要处理包括 ADC 初始化(MX_ADC3_Init)、DMA 初始化(MX_DMA_Init)、光照强度读取处理(Get_Light_Value)。实现内容如例程 13 - 2 所示。

【例程 13 - 2】　环境光强采集处理

```
#include <rtthread.h>
#include <rtdevice.h>
#include <board.h>


ADC_HandleTypeDef hadc3;
DMA_HandleTypeDef hdma_adc3;

static void MX_ADC3_Init(void);
static void MX_DMA_Init(void);
static void Get_Light_Value(void);

static uint16_t adc_data;
float light_value;
```

```
int main(void)
{
        MX_DMA_Init();
        MX_ADC3_Init();
        HAL_ADC_Start(&hadc3);
        HAL_ADC_Start_DMA(&hadc3,(uint32_t * )&adc_data,(uint32_t)1);

    while (1)
    {
        Get_Light_Value();
        rt_pin_write(LED0_PIN, PIN_HIGH);
        rt_thread_mdelay(500);
        rt_pin_write(LED0_PIN, PIN_LOW);
        rt_thread_mdelay(500);
    }
}

void Get_Light_Value(void)
{
        light_value = (1 - (adc_data/4096.0)) * 100;
        rt_kprintf("light value is: % d\r\n",(uint32_t)light_value);
        }

/* *
    * @brief ADC3 Initialization Function
    * @param None
    * @retval None
    */
static void MX_ADC3_Init(void)
{
    /* USER CODE BEGIN ADC3_Init 0 */
    /* USER CODE END ADC3_Init 0 */

    ADC_ChannelConfTypeDef sConfig = {0};

    /* USER CODE BEGIN ADC3_Init 1 */
    /* USER CODE END ADC3_Init 1 */
    /* * Common config */
    hadc3.Instance = ADC3;
```

```
    hadc3.Init.ScanConvMode = ADC_SCAN_DISABLE;

    hadc3.Init.ContinuousConvMode = ENABLE;

    hadc3.Init.DiscontinuousConvMode = DISABLE;

    hadc3.Init.ExternalTrigConv = ADC_SOFTWARE_START;

    hadc3.Init.DataAlign = ADC_DATAALIGN_RIGHT;

    hadc3.Init.NbrOfConversion = 1;

    if (HAL_ADC_Init(&hadc3) != HAL_OK)

    {

        //Error_Handler();

    }

    /* * Configure Regular Channel */

    sConfig.Channel = ADC_CHANNEL_6;

    sConfig.Rank = ADC_REGULAR_RANK_1;

    sConfig.SamplingTime = ADC_SAMPLETIME_1CYCLE_5;

    if (HAL_ADC_ConfigChannel(&hadc3, &sConfig) != HAL_OK)

    {

        //Error_Handler();

    }

    /* USER CODE BEGIN ADC3_Init 2 */

    /* USER CODE END ADC3_Init 2 */

}


    /*

    * Enable DMA controller clock

    */

static void MX_DMA_Init(void)

{

    /* DMA controller clock enable */

    __HAL_RCC_DMA2_CLK_ENABLE();

}
```

13.3.3　LVGL 界面显示

为了更好地呈现环境光照强度的采集效果,我们结合第 12 章介绍的 LVGL 框架,实现了光照强度的 GUI 显示界面,并且以仪表盘和数值两种形式实现了光照强度的实时显示。整个过程主要包括 LVGL 移植、LVGL 配置、显示线程、显示界面四个部分。其中前两个部分请参考第 12 章中的"12.4.1"～"12.4.6"的内容完成。这里着重介绍一下后两个部分的实现内容。

1. 显示界面

基于 LVGL 框架,我们在文件 lv_test_theme_1.c 中实现了一个简单的光照强度显示界面。主要包括的控件有一个 tab 页、一个仪表以及一个显示数值的文本框。具体实现如例程 13-3 所示。

【例程 13-3】 光照强度显示界面

```c
/*********************
 *      INCLUDES
 *********************/
#include "lv_test_theme_1.h"
#include <rtthread.h>
#include <rtdevice.h>
#include <board.h>
#include <stdio.h>
#include <string.h>

#if LV_USE_TESTS
/*********************
 *      DEFINES
 *********************/
/* defined the LED0 pin: PB5 */
#define LED0_PIN      GET_PIN(B, 5)
/* defined the LED1 pin: PE5 */
#define LED1_PIN      GET_PIN(E, 5)
/*********************
 *      TYPEDEFS
 *********************/

/*********************
 *  STATIC PROTOTYPES
 *********************/
static void create_tab1(lv_obj_t * parent);

/*********************
 *  STATIC VARIABLES
 *********************/
lv_style_t gauge_style;
lv_obj_t * gauge1;
lv_obj_t * label1;
```

```
//结构体赋值
lv_color_t needle_colors1[1];//指针的颜色

extern float light_value;
/ * * * * * * * * * * * * * * * * * * * *
 *      MACROS
 * * * * * * * * * * * * * * * * * * * */

/ * * * * * * * * * * * * * * * * * * * *
 *    GLOBAL FUNCTIONS
 * * * * * * * * * * * * * * * * * * * * */

/ * *
 * Create a test screen with a lot objects and apply the given theme on them
 * @param th pointer to a theme
 * /
void lv_test_theme_1(lv_theme_t * th)
{
    lv_theme_set_current(th);
    th = lv_theme_get_current();
    lv_obj_t * scr = lv_cont_create(NULL, NULL);
    lv_disp_load_scr(scr);

    lv_obj_t * tv = lv_tabview_create(scr, NULL);
    lv_obj_set_size(tv, lv_disp_get_hor_res(NULL), lv_disp_get_ver_res(NULL));
    lv_obj_t * tab1 = lv_tabview_add_tab(tv, " Light Value Display ");

    create_tab1(tab1);
}

//任务回调函数
void task_cb(lv_task_t * task)
{
    //设置指针的数值
    lv_gauge_set_value(gauge1, 0, (rt_int16_t)light_value);
        char strff[21];
        memset(strff,0,sizeof(strff));
        sprintf(strff," % d\r\n",(rt_int32_t)light_value);
        lv_label_set_text(label1,strff);
```

```
}

void create_tab1(lv_obj_t * parent)
{
    //1.创建自定义样式
    lv_style_copy(&gauge_style, &lv_style_pretty_color);
    gauge_style.body.main_color = LV_COLOR_MAKE(0x5F, 0xB8, 0x78);
                                    //关键数值点之前的刻度线的起始颜色,为浅绿色
    gauge_style.body.grad_color =   LV_COLOR_MAKE(0xFF, 0xB8, 0x00);
                                    //关键数值点之前的刻度线的终止颜色,为浅黄色
    gauge_style.body.padding.left = 13;             //每一条刻度线的长度
    gauge_style.body.padding.inner = 8;         //数值标签与刻度线之间的距离
    gauge_style.body.border.color = LV_COLOR_MAKE(0x33, 0x33, 0x33);
                                                    //中心圆点的颜色
    gauge_style.line.width = 4;                 //刻度线的宽度
    gauge_style.text.color = LV_COLOR_WHITE;        //数值标签的文本颜色
    gauge_style.line.color = LV_COLOR_OLIVE;    //关键数值点之后的刻度线的颜色

    //2.仪表盘
    gauge1 = lv_gauge_create(parent, NULL);         //创建仪表盘
    lv_obj_set_size(gauge1, 300, 300);              //设置仪表盘的大小
    lv_gauge_set_style(gauge1, LV_GAUGE_STYLE_MAIN, &gauge_style);  //设置样式
    lv_gauge_set_range(gauge1, 0, 100);             //设置仪表盘的范围
    needle_colors1[0] = LV_COLOR_TEAL;
    lv_gauge_set_needle_count(gauge1, 1, needle_colors1); //设置指针的数量和其颜色
    lv_gauge_set_value(gauge1, 0, (rt_int16_t)light_value * 10);
                                                //设置指针1指向的数值
    lv_gauge_set_critical_value(gauge1, 40);        //设置关键数值点
    lv_gauge_set_scale(gauge1, 240, 41, 10);
                                //设置角度、刻度线的数量、数值标签的数量
    lv_obj_align(gauge1, NULL, LV_ALIGN_IN_LEFT_MID, 50, 0);  //设置与屏幕居中对齐

    //3.创建一个标签来显示指针1的数值
    label1 = lv_label_create(parent, NULL);
    lv_label_set_long_mode(label1, LV_LABEL_LONG_BREAK);        //设置长文本模式
    lv_obj_set_width(label1, 80);                   //设置固定的宽度
    lv_label_set_align(label1, LV_LABEL_ALIGN_CENTER);      //设置文本居中对齐
    lv_label_set_style(label1, LV_LABEL_STYLE_MAIN, &lv_style_pretty);  //设置样式
    lv_label_set_body_draw(label1, true);           //使能背景重绘制
```

```
        lv_obj_align(label1, gauge1, LV_ALIGN_CENTER, 0, 60);//设置与 gauge1 的对齐方式
        lv_label_set_text(label1, "0.0 V/h");           //设置文本
        lv_label_set_recolor(label1, true);             //使能文本重绘色


        //4. 创建一个任务来模拟速度指针的变化
        lv_task_create(task_cb, 300, LV_TASK_PRIO_MID, NULL);
}


#endif /* LV_USE_TESTS */
```

2. 显示线程

在环境光照强度采集项目中,我们很自然地可以将主要业务划分出两个线程也就是采集线程和显示线程。这里我们创建文件 lv_bar_test.c 用来实现控制 GUI 的显示线程。主要内容包括 GUI 显示线程(lvgl_th_run)和时钟线程(lvgl_tick_run)两个部分。具体实现如例程 13 - 4 所示。

【例程 13 - 4】 光照强度显示线程

```
/*********************
 *      INCLUDES
 *********************/
#include "lv_bar_test.h"
#include "lv_port_disp.h"
#include "lv_port_indev.h"
#include "lv_tests\lv_test_theme\lv_test_theme_1.h"
#include "touch\touch.h"


/*********************
 *定时器超时函数
 *********************/
static int _lv_init = 0;
static void lvgl_tick_run(void * p)
{
    if (_lv_init)
    {
        lv_tick_inc(1);
    }
}
/*********************
 *       心跳定时器
 *********************/

static int lvgl_tick_handler_init(void)
{
    rt_timer_t timer = RT_NULL;
```

```
    int ret;

    timer = rt_timer_create("lv_tick", lvgl_tick_run, RT_NULL, 1, RT_TIMER_FLAG_
PERIODIC);

    if (timer == RT_NULL)
    {
        return RT_ERROR;
    }
    ret = rt_timer_start(timer);
    return ret;
}
/ * * * * * * * * * * * * * * * * * * * * *
* 显示线程入口函数
* * * * * * * * * * * * * * * * * * * * */
static void lvgl_th_run(void * p)
{
    tp_dev.init();                                      //触摸屏初始化
    lv_init();                                          //lvgl 系统初始化
    lv_port_disp_init();                                //lvgl 显示接口初始化
    lv_port_indev_init();                               //lvgl 输入接口初始化
    _lv_init = 1;                                       //开启心跳
    lvgl_tick_handler_init();                           //心跳定时器
    lv_test_theme_1(lv_theme_night_init(210,NULL));     //实例化显示界面
    while(1)
    {
        tp_dev.scan(0);
        lv_task_handler();
        rt_thread_mdelay(5);
    }
}
/ * * * * * * * * * * * * * * * * * * * * * *
*    显示线程主函数
* * * * * * * * * * * * * * * * * * * * */

int rt_lvgl_init(void)
{
    rt_err_t ret = RT_EOK;
    rt_thread_t thread = RT_NULL;

    thread = rt_thread_create("lvgl", lvgl_th_run, RT_NULL, 2048, 15, 10);

    if(thread == RT_NULL)
```

```
    {
        return RT_ERROR;
    }

    rt_thread_startup(thread);

    return RT_EOK;
}
INIT_APP_EXPORT(rt_lvgl_init);
```

13.4   测试效果

最后,让我们一起来见证一下环境光照强度采集项目的成果吧。这里通过两种方式来观测项目效果,一个是通过串口方式直接查看环境光照强度采集线程是否能够正确地获取光照强度数值,注意我们的光照强度范围是 $0\sim100$,数值越大光照越强;另一个是通过 LVGL 显示线程控制 LCD 屏幕显示采集线程获取的光照强度值。

13.4.1   串口显示光照强度

打开 SSCOM 串口工具,程序编译、烧写至开发板后,点击开发板上的 Reset 按键,通过预先编写的串口输出信息可以在串口工具窗口内观测到实时采集的光照强度数值。运行过程中,可以尝试遮挡光敏传感器或者用强光照射它,查看是否可以实时反映光照强度的变化,测试效果如图 13 - 12 所示。

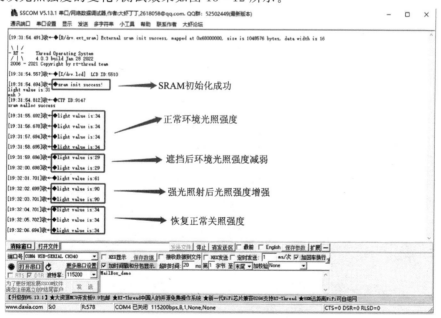

图 13 - 12   串口显示光照强度

13.4.2　LCD 屏幕显示光照强度

　　程序编译、烧写之后,点击开发板上的 Reset 按键,LCD 屏幕会自动点亮,并显示环境光照强度信息,一方面通过仪表盘的形式,指针根据光照强度的数值动态变化;另一方面文本框同步动态显示当前的光照强度数值。效果如图 13 - 13 所示。

图 13 - 13　LCD 显示光照强度

第 **14** 章

环境温湿度采集系统

在物联网项目中,还有一个典型的应用就是对环境温度和湿度的检测。比如智能家居控制系统、智慧农业控制系统,等等。所以本章我们将实现一个环境温湿度采集系统,介绍一下如何实现 DHT11 温湿度传感器的控制、温湿度信息的采集以及温湿度数据的传递和显示。

14.1 项目准备

硬件部分:战舰 V3 开发板,LCD 屏幕模块,ST - Link 调试器,USB 连接线,DHT11 传感器;

软件部分:MDK(Ver5.3 以上版本),串口调试工具(Sscom),CubeMX;

基础工程:基于 RT - Thread 标准版 Ver4.02 提供的战舰 V3BSP 移植的基础工程,可参见第 9 章系统移植部分内容自行移植,或者从第 9 章代码中获取(文件名:9 - 3stm32f103 - atk - warshipv3)。

14.2 DHT11 传感器介绍

DHT11 是一款已校准数字信号输出的温湿度传感器。其湿度精度为 $\pm5\%RH$,测量范围为 $20\%\sim90\%RH$;温度精度为 $\pm2\ ℃$,测量范围为 $0\sim50\ ℃$。由于其价格低廉,性能稳定,容易上手等特点,被广泛应用在各类需要检测环境温湿度的物联网项目中。其详细参数如表 14 - 1 所列。

表 14 - 1　DHT11 传感器参数表

参　数	条　件	Min	Typ	Max	单　位
湿度					
重复性			±1		%RH
精度	25 ℃		±5		%RH
互换性	可完全互换				
量程范围		20		95	%RH
响应时间	1/e(63%)		<6		s
迟滞			±0.3		%RH
漂移	典型值		<±0.5		%RH/年
温度					
量程范围		0		50	℃
重复性			±1		℃
精度	25 ℃		±2		℃
互换性	可完全互换				
响应时间	1/e(63%)				s

14.2.1　引脚封装

　　DHT11 传感器内部采用单线制串行接口,使系统集成变得简易快捷。超小的体积、极低的功耗,信号传输距离可达 20 m 以上,使其适用于各类应用场合。DHT11 传感器采用 4 针单排引脚封装,连接方便,特殊封装形式需要根据用户需求定制。其引脚封装图及功能如图 14 - 1 所示。各个引脚的功能说明如表 14 - 2 所列。

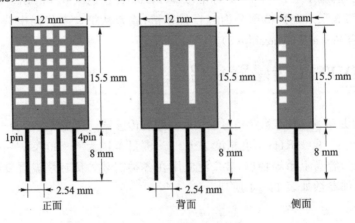

图 14 - 1　DHT11 引脚封装图

表 14 - 2　DHT11 引脚说明

Pin	名　称	说　明
1	VDD	供电(DC)3～5.5 V
2	DATA	串行数据,单总线
3	NC	空脚,悬空
4	GND	接地,电源负极

14.2.2　工作原理

DHT11 传感器与单片机之间的典型应用连接方式如图 14 - 2 所示,建议连接线长度小于 20 m 时使用 5 kΩ 上拉电阻,大于 20 m 时根据实际情况使用合适的上拉电阻。

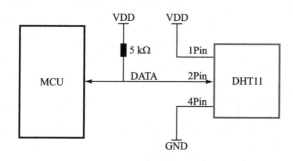

图 14 - 2　DHT11 与 MCU 典型电路连接

DHT11 传感器的供电电压为 3～5.5 V。传感器上电后,要等候 1 s 以跳过不稳定状况,在此期间无需发送任何指令。电源引脚(VDD,GND)之间可增加一个 100 nF 的电容,以去耦滤波。

DATA 用于微处理器与 DHT11 之间的通信和同步,采用单总线数据格式,一次通信时间 4 ms 左右,数据传输为 40 bit,高位先出。数据分为小数部分和整数部分,其中小数部分用于扩展,当前为零。详细的数据格式为:8 bit 湿度整数数据＋8 bit 湿度小数数据＋8 bit 温度整数数据＋8 bit 温度小数数据＋8 bit 校验位。

一次数据传输过程中主要分为两大部分,分别是应答响应过程和数据传输过程。

如图 14 - 2 所示的连接方式,MCU 作为通信的主机,DHT11 作为通信的从机,应答响应过程是指主机发送起始信号及从机响应信号的过程。详细过程时序如图 14 - 3 所示。

总线空闲状态为高电平,主机把总线拉低等待 DHT11 响应。主机把总线拉低必须大于 18 ms,保证 DHT11 能检测到起始信号。DHT11 接收到主机的开始信号后,等待主机开始信号结束,然后发送 80 μs 低电平响应信号。主机发送开始信号结束后,延时等待 20～40 μs 后,读取 DHT11 的响应信号。主机发送开始信号后,可以

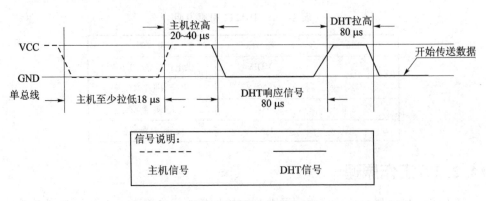

图 14-3 应答响应过程时序图

切换到输入模式或者输出高电平均可,总线由上拉电阻拉高。

总线为低电平,说明 DHT11 发送响应信号,DHT11 发送响应信号后,再把总线拉高 80 μs,准备发送数据。数据发送时序过程如图 14-4 所示。如果读取响应信号为高电平,则 DHT11 没有响应,请检查线路连接是否正常。当最后一个 bit 数据传送完毕后,DHT11 拉低总线 50 μs,随后总线由上拉电阻拉高进入空闲状态。

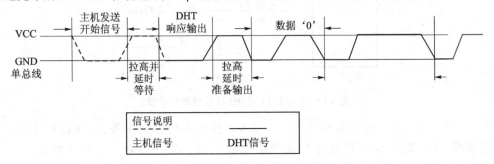

图 14-4 完整数据通信时序图

在数据传输的过程中,每一 bit 数据都以 50 μs 低电平时隙开始,高电平的长短决定了数据位是 0 还是 1。当高电平的时长为 26～28 μs 时,数据位为 0,如图 14-5 所示。当高电平的时长为 70 μs 时,数据位为 1,如图 14-6 所示。

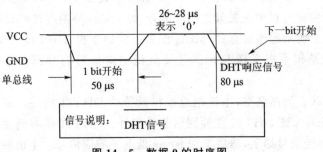

图 14-5 数据 0 的时序图

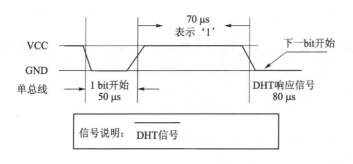

图 14 - 6　数据 1 的时序图

14.3　项目开发

本项目的开发过程中,主要的任务包括四个方面,分别是硬件连接与配置、ENV 配置软件包、温湿度采集线程开发、温湿度显示线程开发等。下面我们逐一介绍。

14.3.1　硬件连接与配置

战舰 V3 开发板上并没有自带 DHT11 传感器,所以我们需要外接传感器。如图 14 - 7 所示,将战舰 V3 的 PB12 引脚连接 DHT11 传感器的数据引脚(DOUT 引脚),而另外的电源引脚和接地引脚可以自由选择连接板载的 3.3 V 电源和接地引脚。

图 14 - 7　数据 1 的时序图

14.3.2　ENV 配置软件包

RT - Thread 操作系统提供了相当丰富的软件包,其中对于 DHT11 传感器也可以通过 ENV 辅助工具的配置将其软件包加入项目工程中,对比裸机状态下从头编写 DHT11 传感器驱动的方式,具有更高的开发效率。具体配置过程如下。

在基础工程目录下,右键打开 ENV 辅助工具,输入 menuconfig 命令进入配置界面。如图 14 - 8 所示,逐级选择配置项。

选中上述配置项后,保存返回至 ENV 命令行窗口,在保持联网状态下,如图 14 - 9 所示,输入软件包更新命令 pkgs--update,等待自动下载 DHT11 驱动软件包即可。

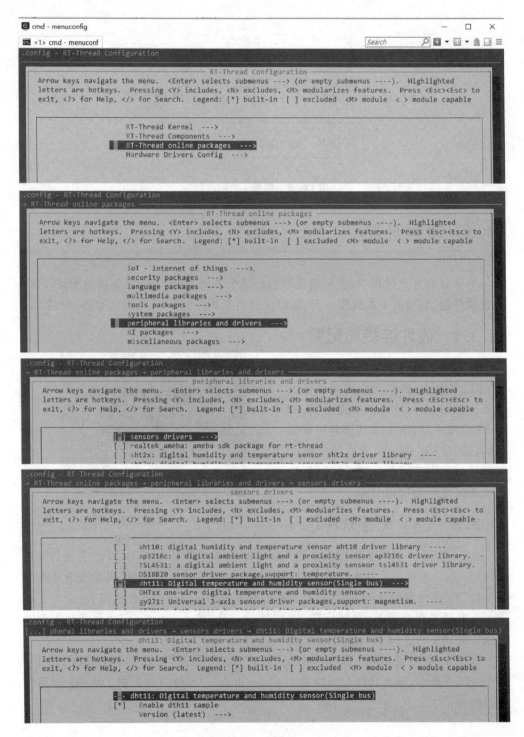

图 14 - 8　ENV 配置 DHT11 驱动

```
configuration written to .config

*** End of the configuration.
*** You can execute 'scons' to start the build or try 'scons -h'
*** If you want to generate the IDE's project file, you can use command:
*** 'scons --target=mdk/mdk4/mdk5/iar/cb -s'.
*** If you want to install rt-thread component online,try 'pkgs'.


> pkgs --update
Cloning into 'D:\01Class\2021-2022-2\lab\code\lab9dht11\packages\dht11-latest'...
remote: Enumerating objects: 19, done.
remote: Total 19 (delta 0), reused 0 (delta 0), pack-reused 19
Unpacking objects: 100% (19/19), 7.38 KiB | 6.00 KiB/s, done.
==============================> DHT11 latest is downloaded successfully.

==============================> dht11 update done

Operation completed successfully.
```

图 14-9　更新 DHT11 驱动软件包

软件包更新结束之后，需要重新生成 MDK 工程，才能将更新后的 DHT11 驱动文件加入我们的项目工程中。输入 MDK 生成命令 scons--target = mdk5 等待自动生成工程后，如图 14-10 所示打开工程，可以在工程目录内看到更新的 DHT11 驱动文件。此时可编译工程，确认更新软件包后是否引入编译错误。

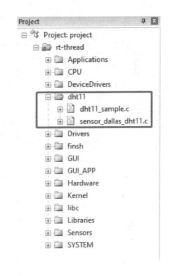

图 14-10　工程内的 DHT11 文件

14.3.3　温湿度采集线程开发

温湿度采集线程是在图 14-10 中的 dht11_sample.c 文件中实现的。采集线程的入口函数如例程 14-1 所示，主要内容包括采集设备（DHT11 传感器）的查找、启动、读取等。

【例程 14-1】　采集线程入口函数

```
static void read_temp_entry(void * parameter)
{
    rt_device_t dev = RT_NULL;


    rt_size_t res;
    rt_uint8_t get_data_freq = 1; /* 1 Hz */
```

```
        dev = rt_device_find("temp_dht11");
        if (dev == RT_NULL)
        {
            return;
        }

        if (rt_device_open(dev, RT_DEVICE_FLAG_RDWR) != RT_EOK)
        {
            rt_kprintf("open device failed! \n");
            return;
        }

        rt_device_control(dev, RT_SENSOR_CTRL_SET_ODR, (void *)(&get_data_freq));

        while (1)
        {
            res = rt_device_read(dev, 0, &sensor_data, 1);

            if (res != 1)
            {
                rt_kprintf("read data failed! result is %d\n", res);
                rt_device_close(dev);
                return;
            }
            else
            {
                if (sensor_data.data.temp >= 0)
                {
                    uint8_t temp = (sensor_data.data.temp & 0xffff) >> 0;  // get temp
                    uint8_t humi = (sensor_data.data.temp & 0xffff0000) >> 16; //
get humi
                    rt_kprintf("temp: %d, humi: %d\n" ,temp, humi);
                }
            }

            rt_thread_delay(1000);
        }
    }
```

14.3.4　温湿度显示线程开发

　　为了更好地呈现环境温湿度的变化效果,我们结合上一章介绍的 LVGL 框架,实现了环境温湿度的 GUI 显示界面,并且以曲线图及标签的形式实现了环境温湿度的实时显示。整个过程主要包括 LVGL 移植、LVGL 配置、显示线程、显示界面四个部分。其中前两个部分请参考"12.4.1"~"12.4.6"小节的内容完成。这里着重介绍一下后两个部分的实现内容。

1. 显示界面

　　基于 LVGL 框架,在文件 lv_test_theme_1.c 中实现了一个环境温湿度的显示界面,主要包括的控件有一个 tab 页、两个曲线图以及两个彩色标签,其颜色与曲线图内的曲线颜色一致,红色表示温度数据,蓝色表示湿度数据。主要的实现内容如例程 14-2 所示。

【例程 14-2】　温湿度显示界面

```
//界面创建函数
void lv_test_theme_1(lv_theme_t * th)
{
    lv_theme_set_current(th);
    th = lv_theme_get_current();
    lv_obj_t * scr = lv_cont_create(NULL, NULL);
    lv_disp_load_scr(scr);

    lv_obj_t * tv = lv_tabview_create(scr, NULL);
    lv_obj_set_size(tv, lv_disp_get_hor_res(NULL), lv_disp_get_ver_res(NULL));
    lv_obj_t * tab1 = lv_tabview_add_tab(tv, "Temp&Humi Value Display");

    //使能滑动
    lv_tabview_set_sliding(tv, RT_FALSE);

    create_tab1(tab1);

}
//任务回调函数
void task_cb(lv_task_t * task)
{
    uint8_t temp = (sensor_data.data.temp & 0xffff) >> 0;      // get temp
    uint8_t humi = (sensor_data.data.temp & 0xffff0000) >> 16; // get humi

    //往 series1 数据线上添加新的数据点
```

```
    lv_chart_set_next(chart1, series1, temp);

    //往 series2 数据线上添加新的数据点
    lv_chart_set_next(chart2, series2, humi);


}


//静态函数,创建控件
static void create_tab1(lv_obj_t * parent)
{
    //1.创建样式
    lv_style_copy(&chart_style,&lv_style_pretty);
    chart_style.body.main_color = LV_COLOR_WHITE;
    chart_style.body.grad_color = chart_style.body.main_color;
    chart_style.body.border.color = LV_COLOR_BLACK;
    chart_style.body.border.width = 3;
    chart_style.body.border.opa = LV_OPA_COVER;
    chart_style.body.radius = 1;
    chart_style.line.color = LV_COLOR_GRAY;
    chart_style.text.color = LV_COLOR_WHITE;

    //2.创建图表对象 1
    chart1 = lv_chart_create(parent,NULL);
    lv_obj_set_size(chart1,250,200);
    lv_obj_align(chart1,NULL,LV_ALIGN_IN_RIGHT_MID,-70,0);
    lv_chart_set_type(chart1,LV_CHART_TYPE_LINE);
    lv_chart_set_series_opa(chart1,LV_OPA_80);
    lv_chart_set_series_width(chart1,4);
    lv_chart_set_series_darking(chart1,LV_OPA_80);
    lv_chart_set_style(chart1,LV_CHART_STYLE_MAIN,&chart_style);
    lv_chart_set_point_count(chart1,POINT_COUNT);
    lv_chart_set_div_line_count(chart1,4,4);
    lv_chart_set_range(chart1,0,100);
    lv_chart_set_y_tick_length(chart1,10,3);
    lv_chart_set_y_tick_texts(chart1,"100\n90\n80\n70\n60\n50\n40\n30\n20\n10\
n0",
    5,LV_CHART_AXIS_DRAW_LAST_TICK);
    lv_chart_set_x_tick_length(chart1,10,3);  lv_chart_set_x_tick_texts(chart1,"0
\n2\n4\n6\n8\n10",5,LV_CHART_AXIS_DRAW_LAST_TICK);
```

```
lv_chart_set_margin(chart1,40);

//2.1 创建图表对象 2
chart2 = lv_chart_create(parent,NULL);
lv_obj_set_size(chart2,250,200);
lv_obj_align(chart2,NULL,LV_ALIGN_IN_RIGHT_MID,-420,0);
lv_chart_set_type(chart2,LV_CHART_TYPE_LINE);
lv_chart_set_series_opa(chart2,LV_OPA_80);
lv_chart_set_series_width(chart2,4);
lv_chart_set_series_darking(chart2,LV_OPA_80);
lv_chart_set_style(chart2,LV_CHART_STYLE_MAIN,&chart_style);
lv_chart_set_point_count(chart2,POINT_COUNT);
lv_chart_set_div_line_count(chart2,4,4);
lv_chart_set_range(chart2,0,100);
lv_chart_set_y_tick_length(chart2,10,3);
lv_chart_set_y_tick_texts(chart2,"100\n90\n80\n70\n60\n50\n40\n30\n20\n10\n0",
5,LV_CHART_AXIS_DRAW_LAST_TICK);
lv_chart_set_x_tick_length(chart2,10,3);
lv_chart_set_x_tick_texts(chart2,"0\n2\n4\n6\n8\n10",5,
LV_CHART_AXIS_DRAW_LAST_TICK);
lv_chart_set_margin(chart2,40);

//2.2 往图表中添加第 1 条数据线
series1 = lv_chart_add_series(chart1,LV_COLOR_RED);
lv_chart_set_points(chart1,series1,(lv_coord_t*)series1_y);

//2.3 往图表 2 中添加第 2 条数据线
series2 = lv_chart_add_series(chart2,LV_COLOR_BLUE);
lv_chart_set_points(chart2,series2,(lv_coord_t*)series2_y);

lv_chart_refresh(chart1);
lv_chart_refresh(chart2);

//3.创建一个任务来显示变化
lv_task_create(task_cb, 300, LV_TASK_PRIO_MID, NULL);

//4.创建标签对象 1
label1 = lv_label_create(parent,NULL);
```

```
    lv_obj_set_width(label1, 150);

    lv_label_set_recolor(label1,true);

    lv_label_set_text(label1, "#ff0000 Temp");

    lv_obj_align(label1,chart1, LV_ALIGN_CENTER, 0, 140);


    //4.创建标签对象2
    label2 = lv_label_create(parent,NULL);

    lv_obj_set_width(label2, 150);

    lv_label_set_recolor(label2,true);

    lv_label_set_text(label2, "#0000ff Humi");

    lv_obj_align(label2,chart2, LV_ALIGN_CENTER, 0, 140);


}
```

2. 显示线程

在环境温湿度采集项目中,我们仍然创建文件 lv_bar_test.c 文件用来实现控制 GUI 的显示线程。主要内容包括 GUI 显示线程(lvgl_th_run)和时钟线程(lvgl_tick_run)两个部分。具体实现如例程 14-3 所示。

【例程 14-3】 温湿度显示线程

```
/**********************
 * 定时器超时函数
 *********************/
static int _lv_init = 0;
static void lvgl_tick_run(void * p)
{
    if (_lv_init)
    {
        lv_tick_inc(1);
    }
}
/**********************
 * 心跳定时器
 *********************/

static int lvgl_tick_handler_init(void)
{
    rt_timer_t timer = RT_NULL;

    int ret;
```

```
        timer = rt_timer_create("lv_tick",lvgl_tick_run, RT_NULL, 1, RT_TIMER_FLAG_
PERIODIC);

        if (timer == RT_NULL)
        {
            return RT_ERROR;
        }
        ret = rt_timer_start(timer);
        return ret;
}
/ * * * * * * * * * * * * * * * * * * * *
 *      显示线程入口函数
 * * * * * * * * * * * * * * * * * * * * /
static void lvgl_th_run(void * p)
{
    tp_dev.init();                                   //触摸屏初始化
    lv_init();                                       //lvgl 系统初始化
    lv_port_disp_init();                             //lvgl 显示接口初始化
    lv_port_indev_init();                            //lvgl 输入接口初始化
    _lv_init = 1;                                    //开启心跳
    lvgl_tick_handler_init();                        //心跳定时器
    lv_test_theme_1(lv_theme_night_init(210,NULL));  //实例化显示界面
    while(1)
    {
        tp_dev.scan(0);
        lv_task_handler();
        rt_thread_mdelay(5);
    }
}


/ * * * * * * * * * * * * * * * * * * * *
 *      显示线程主函数
 * * * * * * * * * * * * * * * * * * * * /
int rt_lvgl_init(void)
{
    rt_err_t ret = RT_EOK;
    rt_thread_t thread = RT_NULL;
```

```
        thread = rt_thread_create("lvgl", lvgl_th_run, RT_NULL, 2048, 15, 10);


        if(thread == RT_NULL)
        {
            return RT_ERROR;
        }
        rt_thread_startup(thread);


        return RT_EOK;
    }
    INIT_APP_EXPORT(rt_lvgl_init);
```

14.4　项目测试

我们一起来确认一下环境温湿度采集项目的运行效果。这里通过两种方式来观测项目效果，一个是通过串口方式直接查看环境温湿度采集线程是否能够正确地获取温湿度数值，注意温度范围是 0~100 ℃，湿度范围是 0~100%，环境温湿度越高数值越大。另一个是基于 LVGL 框架实现的显示线程控制 LCD 屏幕显示采集线程获取的环境温湿度值。

14.4.1　串口显示温湿度数据

打开 SSCOM 串口工具，程序编译、烧写至开发板后，点击开发板上的 Reset 按键，通过预先编写的串口输出信息可以在串口工具窗口内观测到实时采集的温湿度数值。运行过程中，我们从串口信息中观测到，系统首先对 DHT11 进行设备初始化，随后由于 DHT11 传感器自身的电器特性通电 1 s 内无法检测温湿度数据。1 s之后，可以正常显示环境的温湿度数据，温度为 24 ℃，湿度为 69%。随后我们尝试用嘴向 DHT11 传感器哈气，以改变环境湿度，从串口数据的变化能够实时反映环境温湿度的数据变化，测试效果如图 14-11 所示。

14.4.2　LCD 屏幕显示温湿度

程序编译、烧写之后，点击开发板上的 Reset 按键，LCD 屏幕会自动点亮，并显示环境温湿度信息。其中右侧 Label Temp 标记的曲线图内的曲线显示的是环境的实时温度数据。左侧 Label "Humi" 标记的曲线图内的曲线显示的是环境的实时湿度数据，如图 14-12 所示。

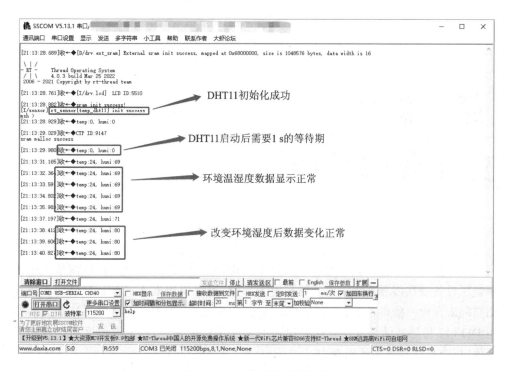

图 14-11　串口显示温湿度

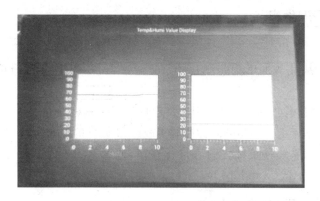

图 14-12　LCD 显示温湿度

第 **15** 章

文件存储系统

本章将介绍文件系统在物联网项目中的应用。在实际项目中,物联网系统中的感知层设备往往部署在无人值守的环境下,这就需要使用嵌入式设备自带的扩展存储空间来存放一些本地数据,例如工作日志、异常数据、报警信息等等。这里我们使用 DHT11 传感器结合文件系统实现一个文件存储系统,当环境温湿度数据超过界限值时,会自动存入本地磁盘中。

15.1 项目准备

硬件部分:战舰 V3 开发板,ST – Link 调试器,USB 连接线,DHT11 传感器,SD 卡;

软件部分:MDK(Ver5.3 以上版本),串口调试工具(Sscom);

基础工程:基于 RT – Thread 标准版 Ver4.02 提供的战舰 V3BSP 移植的基础工程,可参见第 9 章系统移植部分内容自行移植,或者从第 9 章代码中获取(文件名:9 – 3stm32f103 – atk – warshipv3)。

15.2 文件系统介绍

RT – Thread 的文件系统是一套实现了数据的存储、分级组织、访问和获取等操作的抽象数据类型,是一种用于向用户提供底层数据访问的机制。RT – Thread 操作系统的 DFS 组件主要有以下功能特点,其系统结构如图 15 – 1 所示。

① 为应用程序提供统一的 POSIX 文件和目录操作接口:read、write、poll/select 等。

② 支持多种类型的文件系统,如 FatFS、RomFS、DevFS 等,并提供普通文件、设备文件、网络文件描述符的管理。

③ 支持多种类型的存储设备，如 SD Card、SPI FLASH、Nand FLASH 等。

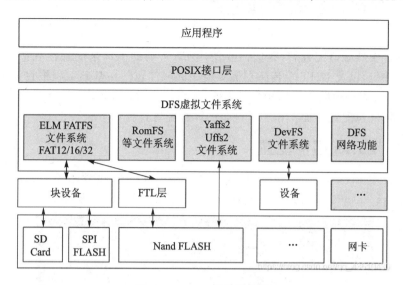

图 15 - 1　DFS 系统结构图

15.3　文件系统端口配置

首先我们需要使用 STM32CubeMX 工具配置文件系统要用的 SDIO。如图 15 - 2 所示，在 Connectivity 选项中选择 SDIO 配置，在 SDIO Mode and Configuration 中选择 SDIO 模式为 SD 4 bits Wide bus。随后点击 GENERATE CODE 生成工程代码。

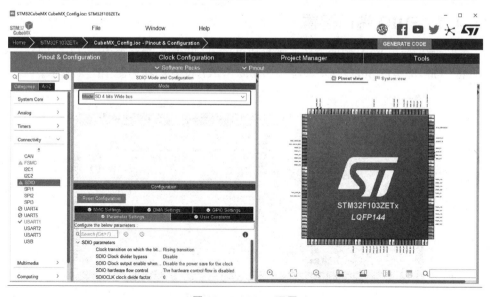

图 15 - 2　SDIO 配置

15.4　文件系统软件包配置

　　完成了硬件端口配置后,我们需要使用 ENV 辅助工具来配置挂载文件系统所需要的软件包,以及 DHT11 传感器需要使用的软件包。在基础工程根目录下,右击菜单中打开 ENV 辅助工具的命令行界面,随后输入 menuconfig 命令,打开 ENV 辅助工具的软件包配置界面。相关软件包的详细配置过程如下。

15.4.1　FatFs 组件配置

　　首先使用 ENV 辅助工具来使能文件系统的组件配置,配置路径为 RT - Thread Components—Device virtual file system,配置选项如图 15 - 3 所示。

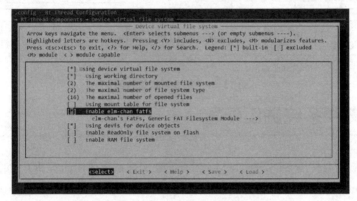

图 15 - 3　FatFS 使能配置

15.4.2　SDIO 端口配置

　　随后我们使用 ENV 辅助工具来使能 SDIO 端口驱动,配置路径为 Hardware Drivers Config—On-chip Peripheral Drivers—Enable SDIO,配置选项如图 15 - 4 所示。

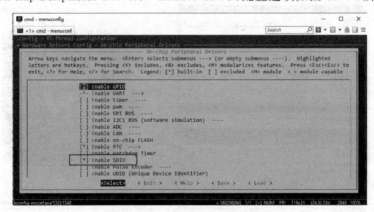

图 15 - 4　SDIO 驱动配置

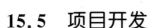

15.5　项目开发

文件存储系统项目主要需要完成的开发任务包括文件挂载、文件写入与读取、DHT11 传感器采集等。详细过程如下。

15.5.1　文件挂载线程

首先在工程目录中右击 Applications 文件夹,在弹出的右键菜单中选择 Add New Item to group Applications,在弹出的窗口中创建 FileSystem.c 文件用以实现文件挂载功能,如图 15-5 所示。

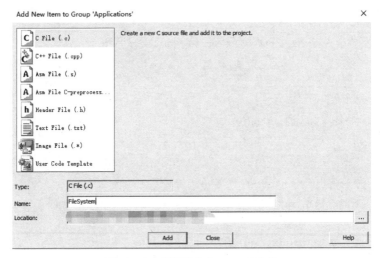

图 15-5　创建"FileSystem.c"文件

在 FileSystem.c 文件中创建一个文件挂载线程,在其线程入口函数中监视 SD 卡设备是否存在,如果检测到 SD 卡设备已存在,则输出挂载成功的串口信息,否则输出挂载失败的串口提示。关键代码的实现如例程 15-1 所示。

【例程 15-1】　文件挂载线程

```
/ * * * * * * * * * * * * * * * * * * * * * *
* 文件挂载线程入口函数
* * * * * * * * * * * * * * * * * * * * * */
svoid FlieSystem_entry(void * parameter)
{
    static rt_err_t result;

    rt_device_t dev;

    while(1)
```

```
    {
        dev = rt_device_find("sd0");

        if (dev != RT_NULL)
        {
            if (dfs_mount("sd0", "/", "elm", 0, 0) == RT_EOK)
            {
                rt_kprintf("SD mount to / success\n");
                break;
            }
            else
            {
                rt_kprintf("SD mount to / failed\n");
            }
        }

        rt_thread_mdelay(500);
    }
}
/*********************
* 创建文件挂载线程
*********************/
static int FileSystemInit(void)
{
    //创建文件挂载线程
    rt_thread_t thread_filesystem = rt_thread_create("file_sys",
    FlieSystem_entry,
    RT_NULL,
    1024,
    15,
    20);

    if (thread_filesystem != RT_NULL)
    {
        rt_thread_startup(thread_filesystem);
    }
}
```

15.5.2 文件读写操作的实现

在上述的 FileSystem.c 文件中我们添加了三个功能函数,分别实现 SD 卡文件数据的写入、SD 卡文件数据的读取、温湿度报警数据记录。实现过程中,我们使用POSIX 方式操作文件,在 SD 卡文件数据写入处理中,打开或者创建一个 Sensor.txt文件,并向该文件中写入信息。当我们通过串口命令读取文件的时候,在 SD 卡文件数据读取处理中同样会使用 Sensor.txt 文件。当温湿度数据超过设置的界限值,并且经过多次防抖处理后仍然越界时,我们会调用 SD 卡文件数据写入函数将报警数据写入 SD 卡中的 Sensor.txt 文件。三个处理程序的实现如例程 15 - 2 所示。

【例程 15 - 2】 文件读写操作的实现

```
/ * * * * * * * * * * * * * * * * * * * * *
 * SD 卡文件数据的写入处理
 * * * * * * * * * * * * * * * * * * * */
void Sensor_DataTo_SD(char * buff)
{
    / *  以创建和读写模式打开 /Sensor.txt 文件,如果该文件不存在则创建该文件  * /
    int fd;

    fd = open("Sensor.txt", O_RDWR | O_APPEND | O_CREAT, 0);

    if (fd >= 0)
    {
        write(fd, buff, strlen(buff));
        close(fd);
    }
    else
    {
        rt_kprintf("open file: % s failed! \n", buff);
    }
}


/ * * * * * * * * * * * * * * * * * * * * *
 * SD 卡文件数据的读取处理
 * * * * * * * * * * * * * * * * * * * */
void Data_ReadFSD(void)
{
    struct dfs_fd fd;
    uint32_t length;
    char buffer[60];
    if (dfs_file_open(&fd, "Sensor.txt", O_RDONLY) < 0)
    {
```

```
        rt_kprintf("Open %s failed\n", "Sensor.txt");
        return;
    }

    do
    {
        memset(buffer, 0, sizeof(buffer));
        length = dfs_file_read(&fd, buffer, sizeof(buffer) - 1);

        if (length > 0)
        {
            rt_kprintf("%s", buffer);
        }
    }
    while (length > 0);

    rt_kprintf("\n");

    dfs_file_close(&fd);
}

/***********************
 *温湿度报警数据记录
 *********************/
void Save_Data_TOSD(float data1, float data2)
{
    static Detect_Logic detect_logic;

    if(data1 >= HIGHT_TEMPVALUE)
    {
        detect_logic.T_Count_Alarm ++ ;
    }
    else
    {
        detect_logic.T_Count_Alarm -- ;

        if(detect_logic.T_Count_Alarm <= 0)
            detect_logic.T_Count_Alarm = 0;
    }

    if(detect_logic.T_Count_Alarm >= MAX_COUNTER)
    {
        detect_logic.T_Count_Alarm = MAX_COUNTER;
        rt_kprintf("temp over limit %d\n", detect_logic.T_Count_Alarm);
```

```
        memset((char * )detect_logic.Alarm_buff, 0x00, sizeof(detect_logic.Alarm_
buff));
        sprintf((char * )detect_logic.Alarm_buff,"Temp:%.2f,humi:%.2f\r\n",
data1,data2);
        Sensor_DataTo_SD((char * )detect_logic.Alarm_buff);
    }


    //
    if(data2 >= HIGHT_HUMIVALUE)
    {
        detect_logic.H_Count_Alarm ++ ;
    }
    else
    {
        detect_logic.H_Count_Alarm -- ;

        if(detect_logic.H_Count_Alarm <= 0)
            detect_logic.H_Count_Alarm = 0;
    }

    if(detect_logic.H_Count_Alarm >= MAX_COUNTER)
    {
        detect_logic.H_Count_Alarm = MAX_COUNTER;
        rt_kprintf("humi over limit %d\n", detect_logic.H_Count_Alarm);
        memset((char * )detect_logic.Alarm_buff, 0x00, sizeof(detect_logic.Alarm_
buff));
        sprintf((char * )detect_logic.Alarm_buff,"Temp:%.2f,humi:%.2f\r\n",
data1,data2);
        Sensor_DataTo_SD((char * )detect_logic.Alarm_buff);
    }
}
```

15.5.3 温湿度采集线程实现

为了获取环境的温湿度数据,本项目中仍然使用 DHT11 传感器来进行环境温湿度数据的采集。具体实现过程如下。

1. DHT11 软件包配置

首先通过 ENV 辅助工具,将 DHT11 传感器的软件包配置到工程中。在基础工程目录下,右击打开 ENV 辅助工具,输入 menuconfig 命令进入配置界面。如图 15-6 所示,逐级选择配置项。

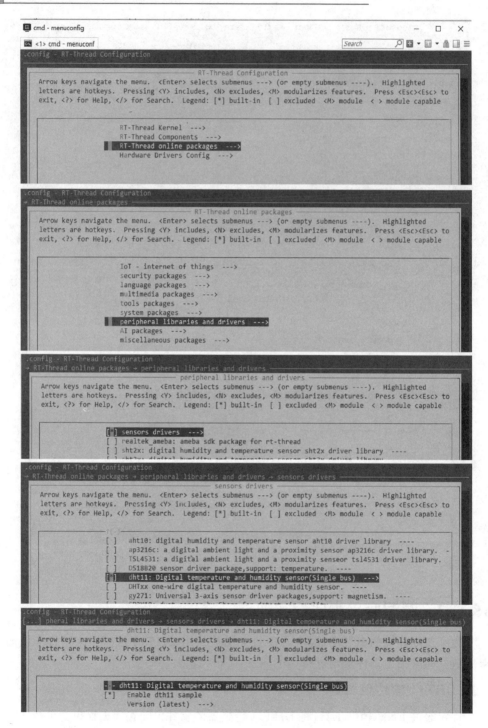

图 15 - 6   ENV 配置 DHT11

选中上述配置项后,保存返回至 ENV 命令行窗口,在保持联网状态下,如图 15-7 所示,输入软件包更新命令 pkgs--update,等待自动下载 DHT11 驱动软件包即可。

```
configuration written to .config
*** End of the configuration.
*** You can execute 'scons' to start the build or try 'scons -h'
*** If you want to generate the IDE's project file, you can use command:
*** 'scons --target=mdk/mdk4/mdk5/iar/cb -s'.
*** If you want to install rt-thread component online,try 'pkgs'.


> pkgs --update
Cloning into 'D:\01Class\2021-2022-2\lab\code\lab9dht11\packages\dht11-latest'...
remote: Enumerating objects: 19, done.
remote: Total 19 (delta 0), reused 0 (delta 0), pack-reused 19
Unpacking objects: 100% (19/19), 7.38 KiB | 6.00 KiB/s, done.
==============================> DHT11 latest is downloaded successfully.

==============================> dht11 update done

Operation completed successfully.
```

图 15-7 更新 DHT11 驱动软件包

软件包更新结束之后,需要重新生成 MDK 工程,才能将更新后的 DHT11 驱动文件加入我们的项目工程中。输入 MDK 生成命令 scons--target=mdk5 等待自动生成工程即可。如图 15-8 所示打开工程,可以在工程目录内看到自动加载到工程中的 DHT11 相关的驱动文件 sensor_dallas_dht11.c 和示例线程文件 dht11_sample.c。随后需要编译工程,确认更新软件包后是否引入编译错误。

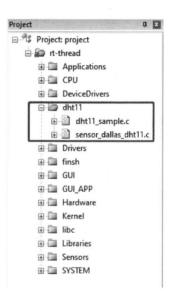

图 15-8 工程内的 DHT11 文件

2. 温湿度采集线程实现

为了实现本地存储异常温湿度数据的功能,我们在上述文件 dht11_sample.c 中的线程入口函数中调用了温湿度报警数据记录函数 Save_Data_TOSD()。具体代码实现如例程 15-3 所示。

【例程 15-3】 温湿度采集线程示例

```
/ * * * * * * * * * * * * * * * * * * * * *
 * 温湿度采集线程入口函数
 * * * * * * * * * * * * * * * * * * * * */
static void read_temp_entry(void * parameter)
```

```
{
    rt_device_t dev = RT_NULL;
    struct rt_sensor_data sensor_data;
    rt_size_t res;
    rt_uint8_t get_data_freq = 1; /* 1Hz */

    dev = rt_device_find("temp_dht11");
    if (dev == RT_NULL)
    {
        return;
    }

    if (rt_device_open(dev, RT_DEVICE_FLAG_RDWR) != RT_EOK)
    {
        rt_kprintf("open device failed! \n");
        return;
    }

    rt_device_control(dev, RT_SENSOR_CTRL_SET_ODR, (void *)(&get_data_freq));

    while (1)
    {
        res = rt_device_read(dev, 0, &sensor_data, 1);

        if (res != 1)
        {
            rt_kprintf("read data failed! result is %d\n", res);
            rt_device_close(dev);
            return;
        }
        else
        {
          if (sensor_data.data.temp >= 0)
          {
              uint8_t temp = (sensor_data.data.temp & 0xffff) >> 0;  // get temp
              uint8_t humi = (sensor_data.data.temp & 0xffff0000) >> 16;  // get humi
              rt_kprintf("temp: %d, humi: %d\n" ,temp, humi);

//温湿度超限数据处理
```

```
Save_Data_TOSD((float)temp,(float)humi);
            }
        }

        rt_thread_delay(1000);
    }
}
```

15.6 项目测试

我们一起来确认一下文件存储项目的运行效果。这里主要通过串口调试工具来确认项目运行的过程。

打开 SSCOM 串口工具,编译程序、烧写至开发板后,点击开发板上的 Reset 按键。通过预先编写的串口输出信息可以在串口工具窗口内观测到文件存储系统的工作过程。运行过程中,我们从串口信息中观测到,系统首先识别到 SD 卡信息,随后显示 SD 卡挂载成功。在 DHT11 传感器采集温湿度数据的过程中,发送 1 s 命令查看 SD 卡内的文件信息,我们设定了湿度的上限值为 85％,温度的上限值为 30 ℃,所以此时没有超限的温湿度数据,SD 卡内没有创建 Sensor.txt 文件。测试效果如图 15 - 9 所示。

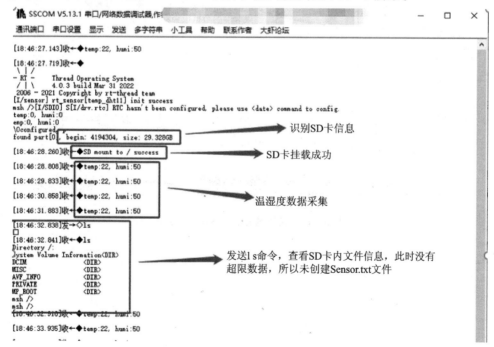

图 15 - 9 SD 卡挂载和文件查看

随后,改变环境湿度,触发湿度超限。在我们的系统中,设置了连续 8 次超过界限值才判定为超限数据,同时将超限数据写入 SD 卡内的 Sensor.txt 文件中。如果没有 Sensor.txt 文件,将自动创建此文件。我们通过 1 s 命令查看 SD 卡内创建了 Sensor.txt 文件,并且通过 cat Sensor.txt 命令查看 Sensor.txt 文件的内容,发现超限数据已经被记录到文件中了。测试效果如图 15 - 10 所示。

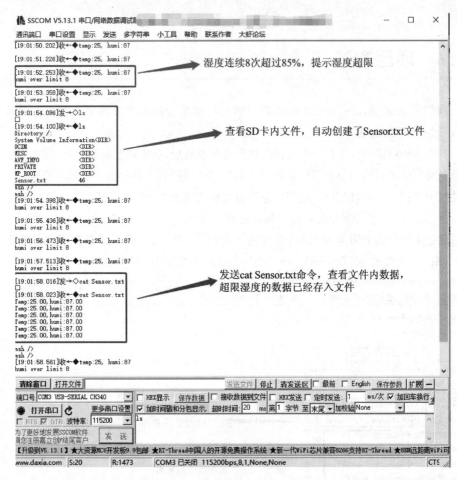

图 15 - 10　超限数据存入 SD 卡内文件

第 16 章

物联网云平台

本章将介绍物联网云平台的内容。如果说物联网项目与传统的软件项目相比有哪些明显的差异，那么就不得不提到物联网云平台。在传统的软件项目中，嵌入式系统、DCS 分布式控制系统、手机应用开发、Web 应用开发等领域都需要开发人员依赖某些软件框架或者硬件平台进行项目开发。然而物联网项目的开发应用过程中，物联网云平台的出现，提供了统一的、便捷的、高效的开发模式。开发人员无需自行编码实现，而是根据项目需求，在平台上创建产品及设备，配置规则引擎，拖拽控件实现可视化应用界面。可见，物联网云平台已经成为物联网项目的首选。

16.1 物联网云平台的概念

2021 年艾瑞咨询提供的中国物联网云平台发展研究报告提出，物联网云平台是由物联网中间件这一概念逐步演进形成的。简单而言，物联网云平台是物联网平台与云计算的技术融合，是架设在 IaaS 层上的 PaaS 软件，通过联动感知层和应用层，向下连接、管理物联网终端设备，归集、存储感知数据，向上提供应用开发的标准接口和共性工具模块，以 SaaS 软件的形态间接触达最终用户（也存在部分行业为云平台软件，如工业物联网），通过对数据的处理、分析和可视化，驱动理性、高效决策。物联网云平台是物联网体系的中枢神经，协调整合海量设备、信息，构建高效、持续拓展的生态，是物联网产业的价值凝结，如图 16 - 1 所示。随着设备连接量的增长、数据资源的沉淀、分析能力的提升、场景应用的丰富且深入，物联网云平台的市场潜力将持续释放。

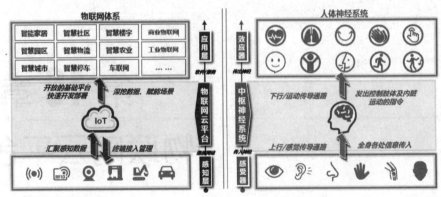

来源：艾瑞咨询研究院自主研究及绘制。

图 16 - 1　物联网云平台与中枢神经的概念类比

16.2　物联网云平台的系统架构

　　物联网云平台定位于物联网技术的中间核心层,其主要作用为向下连接智能化设备,向上承接应用层。物联网云平台根植于 PaaS 环境,以数据为养分生长,通过各类 IoT 平台加工,将数据向下游应用赋能,呈现出从上游终端到下游用户数据价值逐步升迁的逻辑。物联网云平台系统架构如图 16 - 2 所示。万物互联时代,数据价值升迁由跨业务的物联网设备统一管理的需求产生,其关键组成部分为四类 IoT 平台:

　　① 连接管理平台:解决跨业务栈的海量异构设备接入;

　　② 设备管理平台:设备的统一管理、控制与固件升级;

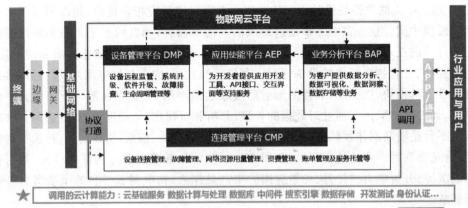

来源：艾瑞咨询研究院自主研究及绘制。

图 16 - 2　物联网云平台系统架构

③ 应用使能平台：提供数据开发工具与环境；

④ 业务分析平台：调取云计算与 AI 等数据分析能力为客户提供数据洞察服务。

16.3 国内外主流的物联网云平台

随着物联网时代的到来，国内外涌现出了大量的物联网云平台，可以说呈现了百花齐放、百家争鸣的态势。

艾瑞咨询将上述形形色色、不同领域、不同分类的物联网云平台，以企业图谱的方式进行了可视化的类型区分，如图 16-3 所示（排名不分先后）。

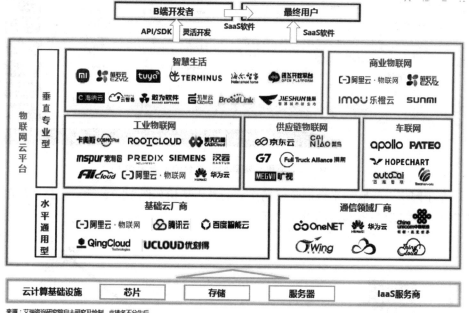

图 16-3 国内物联网云平台企业图谱

本章我们在上述物联网云平台中任选了两个国内的商用平台作为示例进行详细介绍，分别是"阿里云物联网"和"中国移动 OneNET"。

16.4 阿里云物联网平台简介

阿里云物联网平台是阿里巴巴公司推出的专业物联网服务平台，是一个集成了设备管理、数据安全通信和消息订阅等功能的一体化平台。其向下支持连接海量设备，采集设备数据上云；向上提供云端 API，服务端可通过调用云端 API 将指令下发至设备端，实现远程控制。这里只是抛砖引玉，感兴趣的读者请进一步阅读阿里云的官方资料。

16.4.1　阿里云物联网平台架构

　　阿里云物联网云平台自身的产品架构包含三大部分:设备层、物联网云平台、阿里云产品。整体的产品架构如图 16 - 4 所示。

图 16 - 4　阿里云物联网云平台的系统架构

　　基于阿里云物联网平台的物联网系统的基本架构如图 16 - 5 所示。云平台在系统中居于本地服务器和远端设备之间。

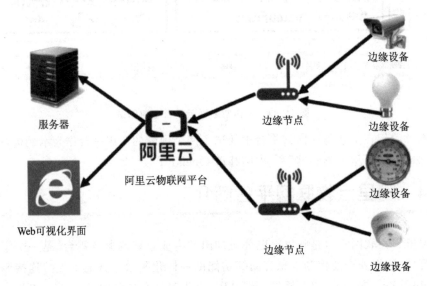

图 16 - 5　基于阿里云物联网平台的系统架构

16.4.2　阿里云物联网平台通信

物联网平台与设备、服务端、客户端的消息通信流程如图 16 - 6 所示。需要自行完成设备端的设备开发、云端服务器的开发(云端 SDK 的配置)、数据库的创建、手机 App 的开发。在设备和服务器开发中,需要完成设备消息的定义和处理逻辑。

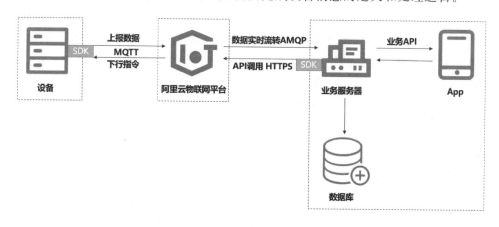

图 16 - 6　阿里云物联网平台的通信流程

设备端与云平台之间的上行通信过程包括:设备通过 MQTT 协议与物联网平台建立长连接,上报数据(通过 Publish 发布 Topic 和 Payload)到物联网平台。随后通过 AMQP 消费组,将设备消息流转到您的业务服务器上。通过物联网平台的云产品流转功能,处理设备上报数据,将处理后的数据转发到 RDS、表格存储、函数计算、TSDB、企业版实例内的时序数据存储、DataHub、消息队列 RocketMQ 等云产品中,进行存储和处理。

本地服务器与云平台间的下行通信过程包括:本地服务器通过业务应用下发指令,使业务服务器调用基于 HTTPS 协议的 API 接口 Pub,给 Topic 发送指令,将数据发送到物联网平台。物联网平台通过 MQTT 协议,使用 Publish 发送数据(指定 Topic 和 Payload)到设备端。

16.4.3　阿里云物联网平台的主要功能

阿里云物联网平台提供了设备接入、设备与云端通信、设备管理、安全能力、规则引擎解析转发数据等主要功能。

1. 设备接入

开源多种平台设备端代码,提供跨平台移植指导,赋能企业基于多种平台做设备接入。提供 MQTT、CoAP 等多种协议的设备 SDK,既满足长连接的实时性需求,也满足短连接的低功耗需求。提供 2/3/4G、NB-IoT、LoRa 等不同网络设备接入方案,解决企业异构网络设备接入管理痛点。

2. 设备与云端通信

设备可以使用物联网平台,通过 IoT Hub 与云端进行双向通信。物联网平台提供了设备与云端的上下行通道,为设备上报与指令下发提供稳定可靠的支撑。

3. 设备管理

提供完整的设备生命周期管理功能,支持设备注册、功能定义、脚本解析、在线调试、远程配置、固件升级、远程维护、实时监控、分组管理、设备删除。提供设备物模型,简化应用开发。提供设备上下线变更通知服务,方便实时获取设备状态。提供数据存储能力,方便用户海量设备数据的存储及实时访问。支持 OTA 升级,赋能设备远程升级。提供设备影子缓存机制,将设备与应用解耦,解决不稳定无线网络下的通信不可靠痛点。

4. 安全能力

身份认证方面:提供一机一密的设备认证机制,降低设备被攻破的安全风险,适合有能力批量预分配 ID 密钥烧入到每个芯片的设备,安全级别高。提供一型一密的设备预烧,认证时动态获取三元组,适合批量生产时无法将三元组烧入每个设备的情况,安全级别普通。

通信安全方面:支持 TLS(MQTT\HTTP)、DTLS(CoAP)数据传输通道,保证数据的机密性和完整性,适用于硬件资源充足、对功耗不是很敏感的设备,安全级别高。支持 TCP(MQTT)、UDP(CoAP)上自定义数据对称加密通道,适用于资源受限、功耗敏感的设备,安全级别普通。支持设备权限管理机制,保障设备与云端安全通信。支持设备级别的通信资源(TOPIC 等)隔离,防止设备越权等问题。

5. 规则引擎解析转发数据

配置规则实现设备之间的通信,快速实现 M2M 场景。将数据转发到消息队列(MQ)中,保障应用消费设备上行数据的稳定可靠性。将数据转发到表格存储(Table Store),提供设备数据采集＋结构化存储的联合方案。将数据转发到流计算(Stream Compute)中,提供设备数据采集＋流计算的联合方案。将数据转发到 TSDB,提供设备数据采集＋时序数据存储的联合方案。将数据转发到函数计算中,提供设备数据采集＋事件计算的联合方案。

16.4.4 阿里云物联网平台的优势

基于物联网,通过运营设备数据实现效益提升已是行业趋势和业内共识。然而,企业在物联网系统的建设过程中往往存在各类阻碍。针对此类严重制约企业物联网发展的问题,阿里云物联网平台相比企业的传统开发模式具有明显的优势。两者的各方面对比情况如图 16-7 所示。

	基于阿里云物联网平台开发	传统开发
设备接入	提供不同环境下设备端SDK，帮助设备快速接入云端。支持全球设备接入，支持异构网络设备接入，支持多协议设备接入。	不仅需要搭建基础设备，还需要自行寻找嵌入式开发人员与云端开发人员联合开发，工作量大，效率低。
性能	具备亿级设备的长连接能力，百万级并发的能力，并且架构支持水平性扩展。	需要自行实现扩展性架构，极难做到从从设备粒度调度服务器、负载均衡等基础设施。
安全	提供多重防护保障设备云端安全。	需要额外开发和部署各种安全措施。
稳定	服务器可用性99.9%，单点故障，自动迁移。	需要自行发现宕机并完成迁移，迁移过程服务会中断。
简单易用	一站式设备管理，实时监控设备场景，无缝连接阿里云产品，物联网复杂应用的搭建灵活简便。	需要购买服务器搭建负载均衡分布式架构，需要花费大量人力物力开发"接入＋计算＋存储"一整套物联网系统。

图 16 - 7　阿里云物联网平台与传统开发方式的对比

16.5　阿里云物联网平台应用

在了解了物联网云平台的作用之后，本节我们实现一个简单的物联网云平台应用。我们使用软件工具 MQTT.fx 模拟硬件设备。

16.5.1　阿里云物联网平台配置

首先，需要在阿里云上创建设备，打开阿里云官网，注册并登录，如图 16 - 8
所示。

图 16 - 8　阿里云物联网平台首页

随后打开控制台,点击左侧的栏目找到"产品与服务",在里面继续找到"应用与服务下面的""物联网平台",如图 16-9 所示。

图 16-9　阿里云物联网平台控制台

在物联网云平台的控制台中,依次点击左侧的栏目找到"设备管理"和"产品",然后"创建产品"。在右侧编辑界面设置产品名称,所属品类中选择"自定义品类"。节点类型选择"直连设备",连网方式依次配置为 Wi-Fi,ICA 标准数据格式设备密钥。下面还有一些不是必填项,可以根据需要自行填写,之后点击"保存"即可,如图 16-10 所示。

图 16-10　创建产品

　　创建好产品之后就要开始创建设备了,产品是一个大类,设备就是产品下的一个具体的分支,相当于领导和下属的关系,领导发布任务,下属实际执行,设备就是实现具体执行某个任务的功能,如图 16 - 11 所示。

图 16 - 11　创建设备

　　接下来要给产品添加功能:先退回到"产品"这一块,点击查看我们创建的产品。在产品列表中找到我们希望配置的产品,选择"查看"。在产品的"查看"界面,找到"功能定义",添加功能,点击"编辑草稿"后方的"添加标准功能",如图 16 - 12 所示。

　　随后找到"其他类型",搜索温度,找到当前温度点击"确定"。这里就只添加一个温度作为示范,有兴趣的朋友可以自行添加其他功能。创建完温度获取之后,还需要创建一个发送的数据,因为温度只是从 MQTT. fx 到阿里云服务器的单向通信,我们再自定义一个可以发送的功能,如图 16 - 13 所示。创建好了之后先放在一边,配置完 MQTT. fx 之后连接。

16.5.2　MQTT. fx 工具配置

　　下载 MQTT. fx 工具后,需要进一步配置,主要将阿里云物联网平台上的产品和设备密钥参数配置到工具中。Profile Name:自定义即可;Profile Type:MQTT Broker;BRoker Address:连接域名。在联网平台控制台实例管理 > 实例设置页面,单击查看"终端节点查看",如图 16 - 14 所示。

　　连接域名的信息需要从阿里云平台的产品信息中查找,具体方式如图 16 - 15 所示。复制图中标号 5 的接入密钥,然后在设备信息界面找到 ProductKey,把 ProductKey 替换即可。公共实例的连接域名格式如下:{YourProductKey}. iot-as-

7

图 16-12　产品添加功能

mqtt.YourProductKey.iot-as-mqtt.{region}.aliyuncs.com。其中，${region}请参见地域和可用区替换为您的 Region ID。如：a1xxxxxxxxx.iot-as-mqtt.cn-shanghai.aliyuncs.com。

图 16-13　添加温度示例

继续配置 MQTT.fx,如图 16-14 所示。Broker Port:端口填 1883。Client ID:填写 mqtt ClientId,用于 MQTT 的底层协议报文。格式固定:$\${clientId}|$ securemode=3,signmethod=hmacsha1|。

其中 $\${clientId}$ 为设备的 ID 信息。可取任意值,长度在 64 字符以内。建议使用设备的 MAC 地址或 SN 码。securemode 为安全模式,TCP 直连模式设置为 securemode=3,TLS 直连为 securemode=2。signmethod 为算法类型,支持 hmacmd5 和 hmacsha1。

点击 User Credentials 填用户名和密码,如图 16-16 所示。User Name:固定格式:${YourDeviceName}\&\_{YourProductKey}$。找到 DeviceName 和 ProductKey 即可。

Password:点击密码生成小工具,生成密码。如图 16-17 所示。

消息的格式为:clientId+deviceName+productKey。密钥部分需要复制设备的 DeviceSecret。算法使用 sha1,算得的结果 A 就是我们的密码 Password。

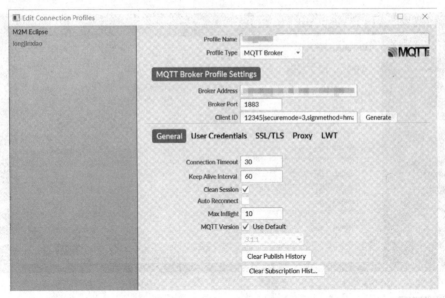

图 16 - 14   MQTT. fx 配置

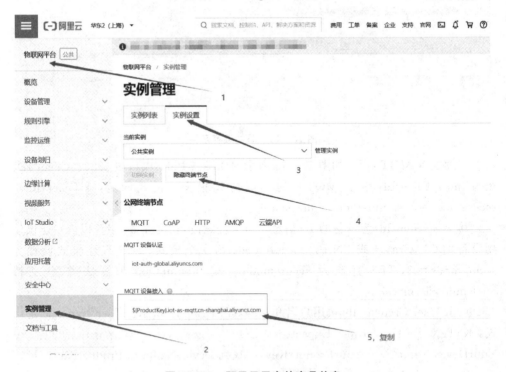

图 16 - 15   阿里云平台的产品信息

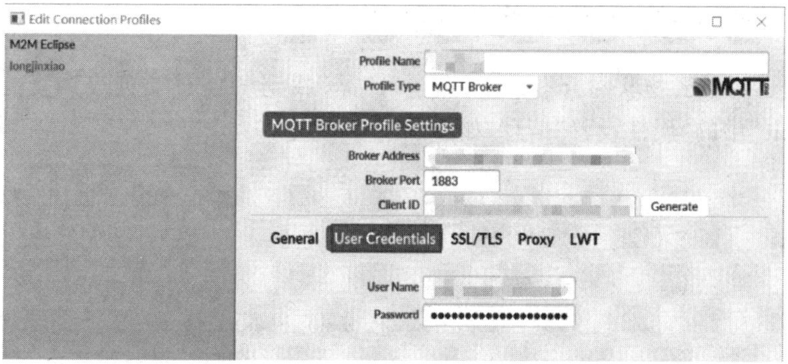

图 16 - 16　User Credentials 信息配置

图 16 - 17　Password 生成

MQTT.fx 工具中配置了密码后,点击 OK。如果密码正确,则工具右侧状态标记会显示绿灯,如图 16 - 18 所示。

图 16 - 18　连接状态确认

16.5.3　设备接入云平台测试

我们在阿里云物联网云平台上，点击"产品"找到"Topic类列表"，复制"物模型通信 Topic"中的"属性设置"信息，如图 16-19 所示。

图 16-19　物模型通信 Topic

随后将该信息粘贴到 MQTT.fx 工具中的 Subscribe 信息栏中，如图 16-20 所示。

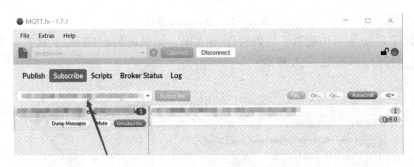

图 16-20　物模型通信 Topic 设置

测试下行数据，由云平台向设备发送数据，首先在云平台上的"设备详情"界面点击"在线调试"，如图 16-21 所示。点击"发送指令"，发送测试数据"text"：123。在 MQTT.fx 端接收信息。

测试上行数据，由设备向云平台发送数据，我们由 MQTT.fx 数据回传并添加温度。注意此时数据传输方式由订阅（set）改为发布（post）。随后在阿里云上设备详

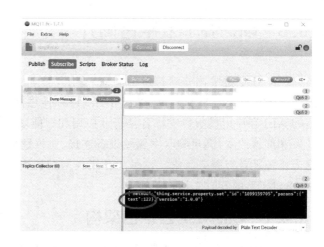

图 16 - 21　下行数据测试

情界面查看"物模型数据"的"运行状态",可以查看温度数据。如图 16 - 22 所示。

图 16 - 22　上行数据测试

16.6 OneNET 云平台简介

OneNET 是中国移动打造的高效、稳定、安全的物联网开放平台。OneNET 支持适配各种网络环境和协议类型,可实现各种传感器和智能硬件的快速接入,提供丰富的 API 和应用模板以支撑各类行业应用和智能硬件的开发,有效降低物联网应用开发和部署成本,满足物联网领域设备连接、协议适配、数据存储、数据安全以及大数据分析等平台级服务需求。这里的介绍只是抛砖引玉,感兴趣的读者可以进一步阅读 OneNET 的官方文档。

16.6.1 OneNET 云平台架构

OneNET 定位为 PaaS 服务,即在物联网应用和真实设备之间搭建高效、稳定、安全的应用平台。

面向设备,适配多种网络环境和常见传输协议(包括 MQTT、HTTP 等),提供各类硬件终端的快速接入方案和设备管理服务。

面向企业应用,提供丰富的 API 和数据分发功能以满足各类行业应用系统的开发需求,使物联网企业可以更加专注于自身应用的开发,而不用将工作重心放在设备接入层的环境搭建上,从而缩短物联网系统的形成周期,降低企业研发、运营和运维成本。其平台架构如图 16-23 所示。

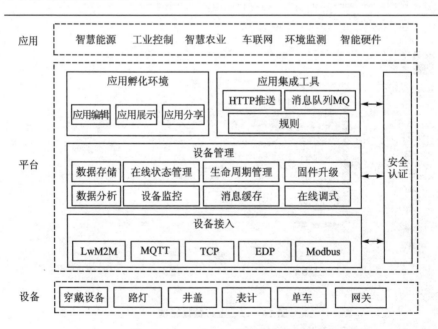

图 16-23 OneNET 物联网平台架构

16.6.2　OneNET 云平台通信

OneNET 平台通过数据流与数据点来组织设备上行数据,如图 16 - 24 所示。设备上传并存储数据时,必须以 key-value 的格式上传数据,其中 key 即为数据流(stream)名称,value 为实际存储的数据点(point),value 格式可以为 int、float、string、json 等多种自定义格式。

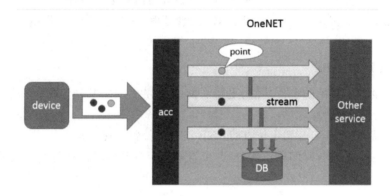

图 16 - 24　OneNET 上行数据通信

在实际应用中,数据流可以被用于分类描述设备的某一类属性数据,例如温度、湿度、坐标等信息,用户可以自定义数据流的数据范围,将相关性较高的数据归类为一个数据流。数据流中的数据在存储的同时可以"流向"后续服务,数据流是平台后续数据服务(规则、触发器、消息队列等)的服务对象,后续数据服务支持用户通过选择数据流的方式选择服务的数据来源。数据流中的数据平台会默认以时序存储,用户可以查询数据流中不同时间的数据点的值。

16.6.3　OneNET 云平台的主要功能

OneNET 云平台提供了设备接入、设备管理、位置定位 LBS、远程升级 OTA、消息队列 MQ、数据可视化 View、人工智能 AI、视频能力 Video、边缘计算 Egde、应用开发环境等主要功能。

1. 设备接入

OneNET 提供安全稳定的设备接入服务,支持包括 LWM2M(CoAP)、MQTT、Modbus、HTTP、TCP 等在内的多种协议:

① 在考虑低功耗以及广覆盖的场景,建议使用 CoAP 协议接入;

② 在工业 modbus 通信场景,建议使用 DTU+Modbus 协议接入;

③ 在需要与设备实时通信的场景,建议采用 MQTT 协议接入;

④ 在设备单纯上报数据的场景,可以使用 HTTP/HTTPS 协议接入;

⑤ 在用户需要自定义协议接入的场景,建议采用 TCP+脚本的方式接入。

2．设备管理

① 提供设备生命周期管理功能,支持用户进行设备注册、设备更新、设备查询、设备删除;

② 提供设备在线状态管理功能,提供设备上下线的消息通知,方便用户管理设备的在线状态;

③ 提供设备数据存储功能,便于用户进行设备海量数据存储与查询;

④ 提供设备调试工具以及设备日志,便于用户快速调试设备以及定位设备问题。

3．位置定位 LBS

① 提供基于基站的定位功能,支持三网的 2G/3G/4G 基站定位,覆盖中国大陆及港澳台地区;

② 支持 NB‐IoT 基站定位,满足 NB 设备的位置定位场景;

③ 提供 7 天连续时间段位置查询,可查询在定位时间段内任意 7 天段的历史轨迹册。

4．远程升级 OTA

① 提供对终端模组的远程 FOTA 升级,支持 2G/3G/4G/NB‐IoT/Wi‐Fi 等类型模组;

② 提供对终端 MCU 的远程 SOTA 升级,满足用户对应用软件的迭代升级需求;

③ 支持升级群组以及策略设置,支持完整包和差分包升级。

5．消息队列 MQ

① 基于分布式技术架构,具有高可用性、高吞吐量、高扩展性等特点;

② 支持 TLS 加密传输,提高传输安全性;

③ 支持多个客户端对同一队列进行消费;

④ 支持业务缓存功能,具有削峰去谷特性。

6．数据可视化 View

① 免编程,可视化拖拽配置,10 分钟完成物联网可视化大屏开发;

② 提供丰富的物联网行业定制模板和行业组件;

③ 支持对接 OneNET 内置数据、第三方数据库、Excel 静态文件多种数据源;

④ 自动适配多种分辨率的屏幕,满足多种场景使用。

7．人工智能 AI

① 提供人脸对比、人脸检测、图像增强、图像抄表、车牌识别、运动检测等多种人工智能功能;

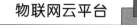

② 通过 API 的方式为用户提供,方便能力集成和使用。

8. 视频能力 Video

① 提供视频平台、直播以及端到端解决方案等多种视频功能;

② 提供设备侧和应用侧的 SDK,帮助快速实现视频监控、直播等设备及应用能力;

支持 Onvif 视频的设备通过视频网关盒子可实现接入平台。

9. 边缘计算 Edge

① 支持私有化协议适配、协议转换能力,满足各类设备接入平台需求;

② 支持设备侧就近部署,提供低时延、高安全、本地自治的网关能力;

③ 支持"云-边"协同,可实现例如 AI 能力云侧推理,在边缘侧执行。

10. 应用开发环境

① 提供全云端在线应用构建功能,帮助用户快速定制云上应用;

② 支持 SaaS 应用托管于云端,提供开发、测试、打包、一键部署等功能;

③ 提供通用领域服务沉淀至环境,如支付、地图等领域服务功能;

④ 提供行业业务建模基础模型、可视化 UI 拖拽流程编排。

16.6.4　OneNET 云平台的资源模型

OneNET 云平台为用户提供的可使用的资源模型结构如图 16-25 所示,主要资源类型包括产品、设备、数据流、APIkey、触发器、应用。

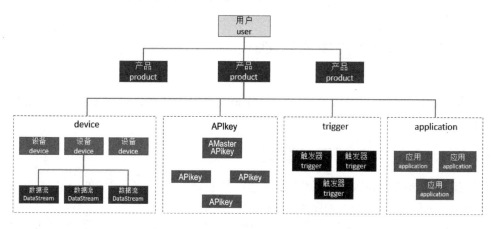

图 16-25　OneNET 资源模型

1. 产　品

用户的最大资源集为产品(product),产品下资源包括设备、设备数据、设备权限、数据触发服务以及基于设备数据的应用等多种资源,用户可以创建多个产品。

2. 设 备

设备(device)为真实终端在平台的映射,真实终端连接平台时,需要与平台设备建立一一对应关系,终端上传的数据被存储在数据流中,设备可以拥有一个或者多个数据流。

3. 数据流

数据流用于存储设备的某一类属性数据,例如温度、湿度、坐标等信息;平台要求设备上传并存储数据时,必须以 key‐value 的格式上传数据,其中 key 即为数据流名称,valuc 为实际存储的数据点,value 格式可以为 int、float、string、json 等多种自定义格式。

4. APIkey

APIkey 为用户进行 API 调用时的密钥,用户访问产品资源时,必须使用该产品目录下对应的 APIkey。

5. 触发器

触发器(trigger)为产品目录下的消息服务,可以进行基于数据流的简单逻辑判断并触发 HTTP 请求或者邮件。

6. 应 用

应用(application)编辑服务,支持用户以拖拽控件并关联设备数据流的方式,生成简易网页展示应用。

16.7 OneNET 云平台应用

本节我们同样使用"MQTT. fx"工具模拟设备实现与 OneNET 云平台的连接和数据通信。

16.7.1 OneNET 云平台配置

首先,需要在 OneNET 云平台上创建产品和设备,打开 OneNET 云平台官网,注册并登录后进入控制台,如图 16‐26 所示。

选择"MQTT 物联网套件"模式后,选择"添加产品",在弹出的产品信息表中根据实际需求添加产品信息后点击"确定"按钮完成产品创建。这里我们建立了一个示例产品 RTT,用于后续的通信测试,如图 16‐27 所示。

随后点击页面左侧的"设备列表"选项,在编辑区域点击"添加设备",在弹出的设备信息表中完善设备信息后,完成设备的创建,注意鉴权信息可以任意填写,但是产

图 16 - 26　OneNET 控制台首页

图 16 - 27　OneNET 创建产品

品内要保持唯一,如图 16 - 28 所示。

在图 16 - 28 所示的设备列表中,点击"详情"可以显现设备的信息,例如设备 ID、Key 等。至此我们完成了产品和设备的创建,具备了跟设备连接的可能。接下来就需要对 MQTT.fx 端进行配置了。

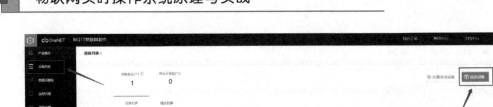

图 16 – 28　OneNET 创建设备

16.7.2　MQTT. fx 工具配置

下载 MQTT. fx 工具后,需要将 OneNET 云平台端的产品和设备信息配置到工具中,如图 16 – 29 所示。首先点击工具启动界面的"齿轮"按钮进入配置界面。

图 16 – 29　MQTT. fx 设备配置

图中所示的配置属性的获取方式如下:

① Profile Name:可以随便写入名称,支持中文。

② Profile Type:保持默认设置,MQTT Broker。

③ Broker Address:这个地址是设置 MQTT 服务器的地址,OneNET 提供加密和非加密两种不同的 IP 地址,图 16 – 29 中是非加密地址,具体地址可以参考 OneNET 官方链接。

④ Broker Port:服务器端口设置,加密和非加密的端口号是不同的;如果选用加密

的服务器地址,则需要选择加密的服务器端口号,反之亦同;具体同样参考上述链接。

⑤ Client ID:客户端 ID,这里填入的是创建的 MQTT 套件中的设备名称;在 MQTT 物联网套件下的设备列表中选择需要模拟的设备名称,这里选择 air。

⑥ User Name:用户名选择 MQTT 物联网套件中的产品 ID;在产品概述中可以查阅。

⑦ Password:密码的获取需要用到 Token,我们可以使用 OneNET 自带的 Token 生成工具来生成 Token。

如图 16 - 30 所示,Token 生成工具中需要配置三个关键信息,res、et、key 三个数据分别填写到 token 工具中,单击右上角的 Generate,自动生成我们需要的 Password;具体配置说明如下:

① res:products/{　pid　}/devices/

图 16 - 30　MQTT. fx 设备配置

{device_name},由产品的 ID 和设备的名称组成 pid 和上述中的 User Name 是同一个号码,所以为 501692;device_name 为设备的名称,和上述中 Client ID 为同一个名称。

② et:访问过期时间 expirationTime,unix 时间;大家可以自行百度,查看当前的 unix 时间,设置的访问时间应大于当前的时间,这里使用固定值为:1672735919。

③ key:这里填入的 key 指的是选择设备的 key;在 MQTT 物联网套件下的设备列表中选择需要模拟的设备名称,点击详情即可查看。

至此,我们完成了 MQTT. fx 端的配置工作,回到 MQTT. fx 工具的启动界面,点击 connect 按钮,如果工具右上方的状态按钮呈现绿色则表示 MQTT. fx 工具与 OneNET 云平台连接成功,同时在 OneNET 云平台上的设备列表内也可以查看到其状态为在线,如图 16 - 31 所示。

图 16 - 31　MQTT. fx 设备连接成功

16.7.3 设备接入云平台测试

通过上述过程,在连接成功的前提下,我们尝试在虚拟设备(MQTT.fx)与OneNET云平台之间进行数据传输。

首先,需要在云平台一侧创建数据流程,在设备列表中点击"数据流"选项,在"数据流显示"界面点击"数据流模板管理"按钮。在弹出的模板界面中添加数据流信息,如图 16-32 所示。

图 16-32 MQTT.fx 设备连接成功

测试虚拟设备(MQTT.fx)和 OneNET 云平台之间数据的订阅和发布。首先需要编写订阅命令,其格式为:$ sys/{pid}/{device-name}/dp/post/json/+。本例中的具体命令内容为:$ sys/501692/air/dp/post/json/+,将其写入 Subscribe 页面内的命令栏中。在 Publish 页面中使用 $ sys/501692/air/dp/post/json,如图 16-33 所示,并在编辑区域输入图中消息内容,air_data 数值为 34。

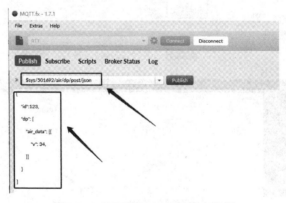

图 16-33 MQTT.fx 工具发布数据

数据发布后,在 OneNET 云平台的设备列表内,找到设备的数据流选项,在数据流显示界面可以查看到数据信息与发布内容一致,如图 16-34 所示。

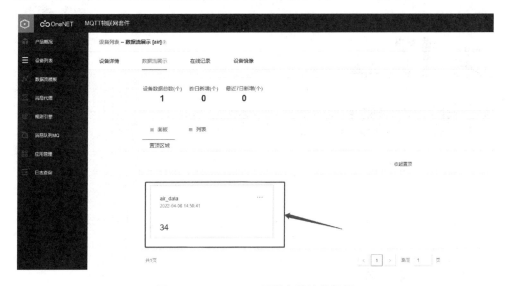

图 16-34　OneNET 云平台端接收数据

第 **17** 章

智能环境监控系统

本章将从零开始搭建一个综合应用系统——智能环境监控系统。通过这样一个项目带领读者实现一个较为完整的物联网项目。

17.1 项目准备

硬件部分:战舰 V3 开发板,ST-Link 调试器,USB 连接线,SD 卡,ESP8266 模块,DHT11 传感器。

软件部分:MDK(Ver5.3 以上版本),串口调试工具(Sscom),STM32CubeMX 工具,ENV 辅助工具。

基础工程:基于 RT-Thread 标准版 Ver4.02 提供的战舰 V3BSP 移植的基础工程,可参见第 9 章系统移植部分内容自行移植,或者从第 9 章代码中获取(文件名:9-3stm32f103-atk-warshipv3)。

17.2 项目架构

本章我们将从零开始搭建一个综合应用系统——智能环境监控系统。通过这样一个项目带领读者实现一个较为完整的物联网项目。项目的架构包含感知层、通信层、应用层三个典型的物联网系统模块。其中,感知层以战舰 V3 开发板为核心,结合多种传感器以及执行器实现了对于环境信息的检测、显示和存储;通信层则是利用 ESP8266 模块基于 MQTT 协议实现了感知层与应用层之间的双向数据传输;而应用层方面则是接入了 OneNET 云平台,分别实现了 Web 端和手机端数据显示与控制。智能环境监控系统架构如图 17-1 所示。

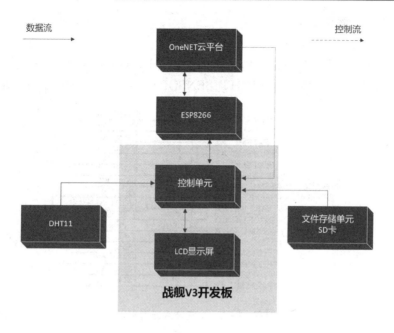

图 17 - 1   智能环境监控系统架构

17.3   项目实现

本项目的实现主要包含三大方面的内容。

嵌入式部分:我们基于 RT - Thread 操作系统,构建了多线程系统,大致包括温湿度采集线程、环境光强采集线程、LCD 显示线程、Wi - Fi 通信线程、文件系统管理线程等十余个线程。其中嵌入式 GUI 的实现采用了 LVGL 框架开发。

云平台部分:在 OneNET 云平台完成产品和设备创建后,构建了一套适合大屏展示的 Web 界面,用来显示环境数据。

手机端部分:在 OneNET 云平台的基础上,另行开发一套适合手机 App 的显示界面,用户可以直接在手机上实时查看环境数据。

17.3.1   嵌入式部分的实现

本项目的嵌入式部分主要基于 RT - Thread 操作系统来完成。主要包括环境信息采集、环境信息显示、异常信息存储、通信功能、云平台接入等内容。

1.   环境信息采集

在这一部分主要实现环境光强数据以及温湿度数据的采集,其中利用 ADC 光敏传感器采集光强数据,利用 DHT11 温湿度传感器采集温湿度数据。

（1）光强数据采集

1）ADC 硬件引脚原理

战舰 V3 开发板上自带的光敏传感器使用 ADC 通道。如图 17-2 所示，战舰 V3 开发板自带的光照传感器（LIGHT_SENSOR）使用的是 ADC3 的 PF8 通道。

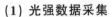

PF0/FSMC_A0	10	PF0	FSMC_A0
PF1/FSMC_A1	11	PF1	FSMC_A1
PF2/FSMC_A2	12	PF2	FSMC_A2
PF3/FSMC_A3	13	PF3	FSMC_A3
PF4/FSMC_A4	14	PF4	FSMC_A4
PF5/FSMC_A5	15	PF5	FSMC_A5
PF6/ADC3_IN4/FSMC_NIORD	18	PF6	VS_XDCS
PF7/ADC3_IN5/FSMC_NREG	19	PF7	VS_XCS
PF8/ADC3_IN6/FSMC_NIOWR	20	PF8	LIGHT_SENSOR
PF9/ADC3_IN7/FSMC_CD	21	PF9	T_MOSI
11BKINPF10/ADC3_IN8/FSMC_INTR	22	PF10	T_PEN
PF11/FSMC_NIOS16	49	PF11	T_CS
PF12/FSMC_A6	50	PF12	FSMC_A6
PF13/FSMC_A7	53	PF13	FSMC_A7
PF14/FSMC_A8	54	PF14	FSMC_A8
PF15/FSMC_A9	55	PF15	FSMC_A9

图 17-2　光照传感器引脚

STM32 系列的芯片拥有 1～3 个 ADC，具体几个与芯片型号有关。而战舰 V3 开发板采用的 STM32F103ZET6 芯片，拥有 3 个 ADC，并且所有的 ADC 都是采用 12 位逐次逼近型模数转换器，有 18 个通道，其中 16 个通道测量外部输入，2 个为内部信号源检测（注意不是外设）。三个 ADC 的通道分配表，如表 17-1 所列。

表 17-1　ADC 通道分配表

通　道	ADC1	ADC2	ADC3	通　道	ADC1	ADC2	ADC3
0	PA0	PA0	PA0	9	PB1	PB1	
1	PA1	PA1	PA1	10	PC0	PC0	PC0
2	PA2	PA2	PA2	11	PC1	PC1	PC1
3	PA3	PA3	PA3	12	PC2	PC2	PC2
4	PA4	PA4	PF6	13	PC3	PC3	PC3
5	PA5	PA5	PF7	14	PC4	PC4	
6	PA6	PA6	PF8	15	PC5	PC5	
7	PA7	PA7	PF9	16	温度传感器		
8	PB0	PB0	PF10	17	内部参照电压		

2）CubeMX 硬件配置

参考上述的 ADC 硬件引脚原理以及时钟配置信息，我们需要通过 STM32CubeMX 工具对 ADC 进行配置。在工程根目录下的 board 文件夹中，找到 CubeMX_Config.ioc 文件。双击该图标启动 STM32CubeMX 工具。

如图 17 - 3 所示，选中 Analog 内的 ADC3，在 Mode 中选择 IN6，在 Configuration 部分的 Parameter Settings 中设置右对齐以及连续循环转换模式。

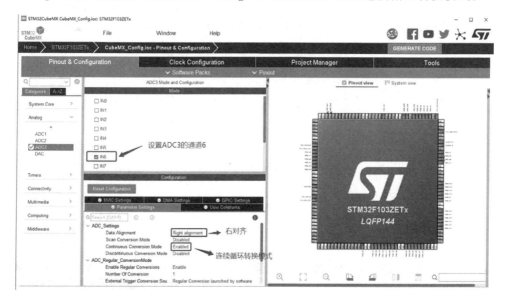

图 17 - 3　ADC 模式配置

如图 17 - 4 所示，在 Configuration 部分切换至 DMA Settings，点击 ADD 选项，选中 ADC3 后，选择循环转换，并设置数据宽度为半字节。随后，我们需要选中 System Core 内的 NVIC，如图 17 - 5 所示，关闭 DMA 的全局中断。

图 17 - 4　ADC 的 DMA 配置

在完成了 ADC 的引脚以及 DMA 配置后，我们需要按照上述分析的结论完成 ADC 的时钟配置。如图 17 - 6 所示，切换至 Clock Configuration 配置界面，在其右下角部分，设置 ADC 分频为 6，ADC 时钟周期为 12 MHz。

最后，需要点击 STM32CubeMX 工具右上角的 GENERATE CODE 按钮，将配

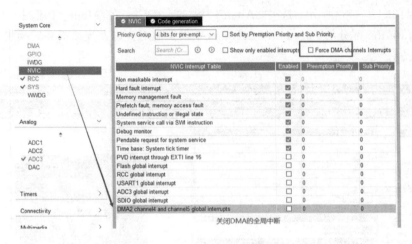

图 17 - 5　关闭 DMA 的全局中断

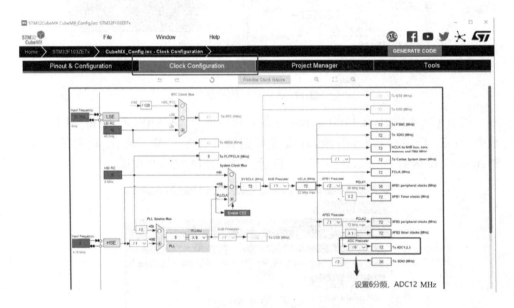

图 17 - 6　ADC 时钟配置

置信息导入项目工程中。至此,完成了 STM32CubeMX 的配置。

3) ENV 软件配置

为了能够在 ENV 工具中配置 ADC,需要在 Kconfig 文件中追加 ADC2、ADC3 的配置信息。RT - Thread 当中,不同文件层级会维护自身的 Kconfig 文件。这里,我们需要编辑的是根目录下"board"文件夹内的 Kconfig 文件。如图 17 - 7 所示,使用 Notepad++之类的文本编辑软件,打开 Kconfig 文件。在文件中找到 BSP_USING_ADC 部分,添加 ADC2 和 ADC3 的内容。

这里需要通过 ENV 工具的设置,确保在我们的项目工程中可以正确使用 ADC3

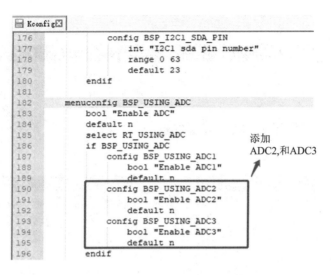

图 17 - 7 追加 ADC 的 Kconfig 配置信息

的功能。我们在项目工程的根目录下,右击菜单中选中 ConEmu Here 选项。在随后打开的命令行窗口内输入 menuconfig 命令,可以看到如图 17 - 8 所示的 ENV 配置工具的界面。

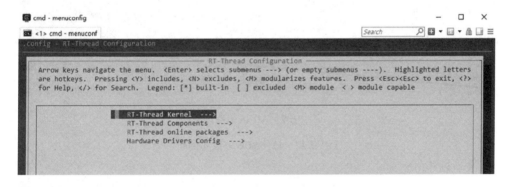

图 17 - 8 ENV 配置工具启动界面

接着我们通过键盘的方向键选择 Hardware Drivers Config 进入下一级菜单,如图 17 - 9 所示,逐级设置,完成对 ADC3 的使能配置。需要注意的是,需要先在 Kconfig 文件中追加 ADC3 信息。

完成 ENV 配置后,不要忘记保存配置信息退出后,通过 scons 命令"scons --target=mdk5"重新生成 MDK 工程,并确保编译后没有错误或者警告提示。

4) ADC 外设初始化

通过 STM32CubeMX 工具的配置,已经自动完成了 ADC 外设的初始化处理。我们需要将该初始化处理中的部分内容复制到 main.c 文件中。复制后的内容如例程 17 - 1 所示。

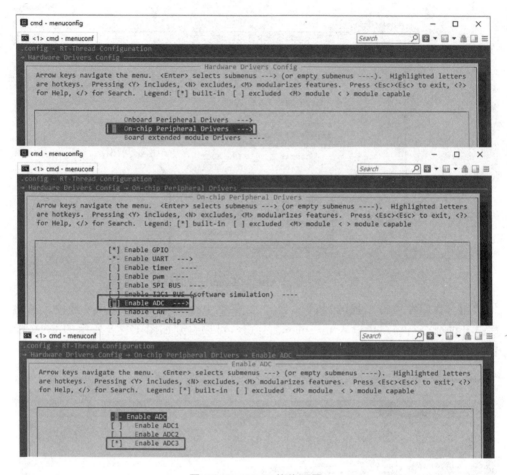

图 17 - 9　ADC3 使能配置

【例程 17 - 1】　ADC 外设初始化

```
static void MX_ADC3_Init(void)
{
    /* USER CODE BEGIN ADC3_Init 0 */
    /* USER CODE END ADC3_Init 0 */
    ADC_ChannelConfTypeDef sConfig = {0};
    /* USER CODE BEGIN ADC3_Init 1 */
    /* USER CODE END ADC3_Init 1 */
    /* * Common config */
    hadc3.Instance = ADC3;
    hadc3.Init.ScanConvMode = ADC_SCAN_DISABLE;
    hadc3.Init.ContinuousConvMode = ENABLE;
    hadc3.Init.DiscontinuousConvMode = DISABLE;
```

```
    hadc3.Init.ExternalTrigConv = ADC_SOFTWARE_START;

    hadc3.Init.DataAlign = ADC_DATAALIGN_RIGHT;

    hadc3.Init.NbrOfConversion = 1;

    if (HAL_ADC_Init(&hadc3) ! = HAL_OK)

    {

        Error_Handler();

    }

        /* Configure Regular Channel

    */

    sConfig.Channel = ADC_CHANNEL_5;

    sConfig.Rank = ADC_REGULAR_RANK_1;

    sConfig.SamplingTime = ADC_SAMPLETIME_1CYCLE_5;

    if (HAL_ADC_ConfigChannel(&hadc3, &sConfig) ! = HAL_OK)

    {

        Error_Handler();

    }

}

    /* Enable DMA controller clock

static void MX_DMA_Init(void)

{

    /* DMA controller clock enable */

    __HAL_RCC_DMA2_CLK_ENABLE();

}
```

5) 获取光敏传感器数值

完成了 ADC 的初始化处理之后,我们需要实现从 ADC 光敏电阻传感器获取环境光照强度的数值处理。在编码之前,需要先分析得到光照强度与传感器采集的电压值之间的关系式。光敏传感器的电路原理图如图 17-10 所示。

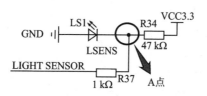

图 17-10　ADC3 使能配置

我们需要测量光敏传感器的电路图中 A 点的电位,进而测量光的强度,光强与 A 点电压的对应关系如下:

$$U_A = 3.3V - I \times R_{34} \tag{17-1}$$

当光敏二极管处于导通状态时,光照强度与 A 点的电流值呈正比关系,如下:

$$光照强度 \propto I_A \tag{17-2}$$

因此,不难得出 ADC 读取的传感器电压值的数字量(12 位,即最大值为 4 096)与光照强度之间的关系,如下:

$$\mathrm{LightValue} = \left(1 - \frac{ADC\ 数字量}{4\ 096}\right) \times 100 \tag{17-3}$$

注意,这里我们假设光照强度的最大值为 100。

基于 ADC 光敏电阻传感器的原理分析,编码实现对环境光照强度的采集处理。在 main.c 文件中实现的主要处理包括 ADC 初始化(MX_ADC3_Init)、DMA 初始化(MX_DMA_Init)、光照强度读取处理(Get_Light_Value)。实现内容如例程 17-2 所示。

【例程 17-2】 环境光强采集处理

```
# include <rtthread.h>
# include <rtdevice.h>
# include <board.h>

ADC_HandleTypeDef hadc3;
DMA_HandleTypeDef hdma_adc3;

static void MX_ADC3_Init(void);
static void MX_DMA_Init(void);
static void Get_Light_Value(void);

static uint16_t adc_data;
float light_value;

int main(void)
{
        MX_DMA_Init();
        MX_ADC3_Init();
        HAL_ADC_Start(&hadc3);
        HAL_ADC_Start_DMA(&hadc3,(uint32_t *)&adc_data,(uint32_t)1);

    while (1)
    {
```

```
            Get_Light_Value();

            rt_pin_write(LED0_PIN, PIN_HIGH);

            rt_thread_mdelay(500);

            rt_pin_write(LED0_PIN, PIN_LOW);

            rt_thread_mdelay(500);

        }

}


void Get_Light_Value(void)

{

            light_value = (1 - (adc_data/4096.0)) * 100;

            rt_kprintf("light value is: % d\r\n",(uint32_t)light_value);

        }


/* *

    * @brief ADC3 Initialization Function

    * @param None

    * @retval None

    * /

static void MX_ADC3_Init(void)

{

    /* USER CODE BEGIN ADC3_Init 0 */

    /* USER CODE END ADC3_Init 0 */


    ADC_ChannelConfTypeDef sConfig = {0};


    /* USER CODE BEGIN ADC3_Init 1 */

    /* USER CODE END ADC3_Init 1 */

    /* * Common config */

    hadc3. Instance = ADC3;

    hadc3. Init. ScanConvMode = ADC_SCAN_DISABLE;

    hadc3. Init. ContinuousConvMode = ENABLE;

    hadc3. Init. DiscontinuousConvMode = DISABLE;

    hadc3. Init. ExternalTrigConv = ADC_SOFTWARE_START;

    hadc3. Init. DataAlign = ADC_DATAALIGN_RIGHT;

    hadc3. Init. NbrOfConversion = 1;

    if (HAL_ADC_Init(&hadc3) ! = HAL_OK)

    {

        //Error_Handler();
```

```
    }
    /* * Configure Regular Channel * /
    sConfig.Channel = ADC_CHANNEL_6;
    sConfig.Rank = ADC_REGULAR_RANK_1;
    sConfig.SamplingTime = ADC_SAMPLETIME_1CYCLE_5;
    if (HAL_ADC_ConfigChannel(&hadc3, &sConfig) ! = HAL_OK)
    {
        //Error_Handler();
    }
    /* USER CODE BEGIN ADC3_Init 2 * /
    /* USER CODE END ADC3_Init 2 * /
}


/*
    * Enable DMA controller clock
    * /
static void MX_DMA_Init(void)
{
    /* DMA controller clock enable * /
    __HAL_RCC_DMA2_CLK_ENABLE();
}
```

(2) 温湿度数据采集

1) DHT11 硬件引脚原理

　　DHT11 传感器与单片机之间的典型应用连接方式如图 17 - 11 所示,建议连接线长度小于 20 m 时使用 5 kΩ 上拉电阻,大于 20 m 时根据实际情况使用合适的上拉电阻。通过查看战舰 V3 开发板的硬件电源原理图,选择 PB12 引脚连接 DHT11 传感器的数据引脚(DATA 引脚),而另外的电源引脚和接地引脚可以自由选择连接板载的 3.3 V 电源和接地引脚。

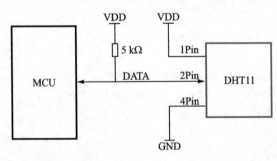

图 17 - 11　DHT11 与 MCU 典型电路连接

2）ENV 软件配置

DHT11 传感器可以通过 ENV 辅助工具的配置将其软件包加入项目工程中，对比裸机状态下，从头编写 DHT11 传感器驱动的方式具有更高的开发效率。在基础工程目录下，右击打开 ENV 辅助工具，输入 menuconfig 命令进入配置界面。如图 17 - 12 所示，逐级选择配置项。

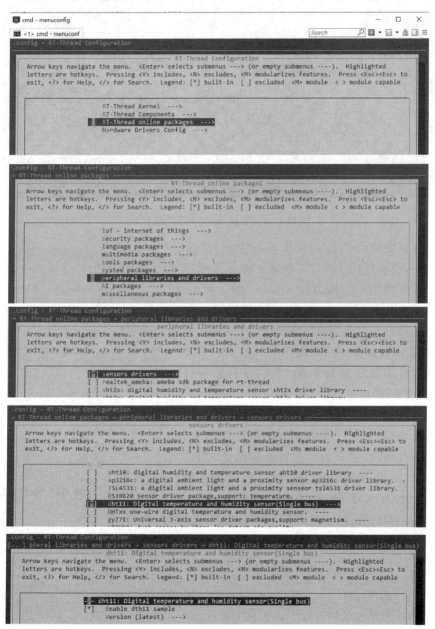

图 17 - 12　ENV 配置 DHT11 驱动

选中上述配置项后,保存返回至 ENV 命令行窗口,在保持联网状态下,如图 17-13 所示,输入软件包更新命令 pkgs--update,等待自动下载 DHT11 驱动软件包即可。

```
configuration written to .config

*** End of the configuration.
*** You can execute 'scons' to start the build or try 'scons -h'
*** If you want to generate the IDE's project file, you can use command:
*** 'scons --target=mdk/mdk4/mdk5/iar/cb -s'.
*** If you want to install rt-thread component online,try 'pkgs'.

> pkgs --update
Cloning into 'D:\01Class\2021-2022-2\lab\code\lab9dht11\packages\dht11-latest'...
remote: Enumerating objects: 19, done.
remote: Total 19 (delta 0), reused 0 (delta 0), pack-reused 19
Unpacking objects: 100% (19/19), 7.38 KiB | 6.00 KiB/s, done.
===============================> DHT11 latest is downloaded successfully.

===============================> dht11 update done

Operation completed successfully.
```

图 17-13   更新 DHT11 驱动软件包

软件包更新结束之后,需要重新生成 MDK 工程,才能将更新后的 DHT11 驱动文件加入项目工程中。输入 MDK 生成命令 scons--target=mdk5 等待自动生成工程后,如图 17-14 所示打开工程可以在工程目录内看到更新的 DHT11 驱动文件。

3) 获取温湿度传感器数值

温湿度采集线程是在图 17-14 中的 dht11_sample.c 文件中实现的,打开该文件,将 read_temp_entry 函数内部定义的局部 sensor_data 变量,改为全局变量。采集线程的入口函数如例程 17-3 所示,主要内容包括采集设备(DHT11 传感器)的查找、启动、读取等。

图 17-14   工程内的 DHT11 文件

【例程 17-3】   温湿度采集线程入口函数

```
static void read_temp_entry(void * parameter)
{
    rt_device_t dev = RT_NULL;
    rt_size_t res;
    rt_uint8_t get_data_freq = 1; /* 1Hz */
    dev = rt_device_find("temp_dht11");
```

```
    if (dev == RT_NULL)
    {
        return;
    }


    if (rt_device_open(dev, RT_DEVICE_FLAG_RDWR) != RT_EOK)
    {
        rt_kprintf("open device failed! \n");
        return;
    }


    rt_device_control(dev, RT_SENSOR_CTRL_SET_ODR, (void *)(&get_data_freq));


    while (1)
    {
        res = rt_device_read(dev, 0, &sensor_data, 1);

        if (res != 1)
        {
            rt_kprintf("read data failed! result is %d\n", res);
            rt_device_close(dev);
            return;
        }
        else
        {
            if (sensor_data.data.temp >= 0)
            {
                uint8_t temp = (sensor_data.data.temp & 0xffff) >> 0;  // get temp
                uint8_t humi = (sensor_data.data.temp & 0xffff0000) >> 16;
                                                            // get humi

                rt_kprintf("temp: %d, humi: %d\n" ,temp, humi);
            }
        }

        rt_thread_delay(1000);
    }
}
```

2. 环境信息显示

为了更好地呈现环境信息的实时变化效果,我们结合之前介绍的 LVGL 框架,实现了环境信息数据的 GUI 显示界面,用以显示环境信息的实时数据。整个过程主要包括 LVGL 移植、LVGL 配置、显示界面、显示线程四个部分。其中前两个部分请参考"12.4.1"~"12.4.6"小节的内容完成。这里着重介绍一下后两个部分的实现。

(1) 显示界面

基于 LVGL 框架,我们在文件 lv_test_theme_1. c 中实现了一个环境信息数据的显示界面。主要包括的控件有一个 tab 页、一个仪表控件、一个曲线图控件以及两个按钮控件,其中仪表控件显示光强数据,曲线控件显示温湿度数据(红色显示温度数据,蓝色显示湿度数据),两个按钮分别控制 LED 灯的开关。主要的实现内容如例程 17 - 4 所示。

【例程 17 - 4】 环境信息显示界面

```
//界面创建函数
void lv_test_theme_1(lv_theme_t * th)
{
    lv_theme_set_current(th);
    th = lv_theme_get_current();
    lv_obj_t * scr = lv_cont_create(NULL, NULL);
    lv_disp_load_scr(scr);

    lv_obj_t * tv = lv_tabview_create(scr, NULL);
    lv_obj_set_size(tv, lv_disp_get_hor_res(NULL), lv_disp_get_ver_res(NULL));
    lv_obj_t * tab1 = lv_tabview_add_tab(tv, "LVGL_Demo");

    //使能滑动
    lv_tabview_set_sliding(tv, RT_FALSE);
    lv_gauge_test_start(tab1);
}


//任务回调函数
void task_cb(lv_task_t * task)
{
    char buff1[40];
    char buff2[40];

        uint8_t temp = (sensor_data.data.temp & 0xffff) >> 0;        // get temp
        uint8_t humi = (sensor_data.data.temp & 0xffff0000) >> 16;  // get humi
```

```
    //往 series1 数据线上添加新的数据点
    lv_chart_set_next(chart1, series1, temp);

    //往 series2 数据线上添加新的数据点
    lv_chart_set_next(chart1, series2, humi);

    //设置指针的数值
    lv_gauge_set_value(gauge1, 0, (rt_int16_t)light_value * 10);
    //然后根据不同大小的数值显示出不同的文本颜色
    alarm_leval(buff1, buff2);
}


static rt_bool_t led1_flag = true, led2_flag = true;


//button 回调
static void event_handler(lv_obj_t * obj, lv_event_t event)
{
    if (event == LV_EVENT_CLICKED)
    {
        if(obj == btn1)
        {
            led1_flag =! led1_flag;
            rt_pin_write(LED0_PIN, led1_flag);
            if (onenet_mqtt_upload_digit("LED1_status", ! led1_flag) ! = RT_EOK)
            {
                rt_kprintf("upload has an error, stop uploading");
            }
            else
            {
                rt_kprintf("buffer : {\"LED1_status\": % d}", ! led1_flag);
            }
        }

        if(obj == btn2)
        {
            led2_flag =! led2_flag;
            rt_pin_write(LED1_PIN, led2_flag);
            if (onenet_mqtt_upload_digit("LED2_status", ! led2_flag) ! = RT_EOK)
            {
```

```
                    rt_kprintf("upload has an error, stop uploading");
            }
            else
            {
                rt_kprintf("buffer : {\"LED2_status\":%d}", ! led2_flag);
            }
        }
    }
}


void lv_gauge_test_start(lv_obj_t * parent)
{
    btn1 = lv_btn_create(parent, NULL);/* 创建 btn1 */
    lv_obj_set_event_cb(btn1, event_handler);/* 设置 btn1 回调函数 */
    lv_obj_align(btn1, NULL, LV_ALIGN_IN_BOTTOM_LEFT, 340, -100);
    lv_obj_set_size(btn1, 100, 50);

    label_btn1 = lv_label_create(btn1, NULL);/* btn1 内创建 label */
    lv_label_set_text(label_btn1, "LED1");

    btn2 = lv_btn_create(parent, NULL);/* 创建 btn2 */
    lv_obj_set_event_cb(btn2, event_handler);/* 设置 btn2 回调函数 */
    lv_obj_align(btn2, NULL, LV_ALIGN_IN_BOTTOM_LEFT, 340, -40);
    lv_obj_set_size(btn2, 100, 50);

    label_btn2 = lv_label_create(btn2, NULL);/* btn2 内创建 label */
    lv_label_set_text(label_btn2, "LED2");

    //1.创建自定义样式
    lv_style_copy(&gauge_style, &lv_style_pretty_color);
    gauge_style.body.main_color = LV_COLOR_MAKE(0x5F, 0xB8, 0x78);
                            //关键数值点之前的刻度线的起始颜色,为浅绿色
    gauge_style.body.grad_color =  LV_COLOR_MAKE(0xFF, 0xB8, 0x00);
                            //关键数值点之前的刻度线的终止颜色,为浅黄色
    gauge_style.body.padding.left = 13;//每一条刻度线的长度
    gauge_style.body.padding.inner = 8;//数值标签与刻度线之间的距离
    gauge_style.body.border.color = LV_COLOR_MAKE(0x33, 0x33, 0x33);
                                            //中心圆点的颜色
```

```
gauge_style.line.width = 4;                            //刻度线的宽度
gauge_style.text.color = LV_COLOR_WHITE;               //数值标签的文本颜色
gauge_style.line.color = LV_COLOR_OLIVE;               //关键数值点之后的刻度线的颜色

//2.仪表盘 1
gauge1 = lv_gauge_create(parent, NULL);                //创建仪表盘
lv_obj_set_size(gauge1, 300, 300);                     //设置仪表盘的大小
lv_gauge_set_style(gauge1, LV_GAUGE_STYLE_MAIN, &gauge_style);    //设置样式
lv_gauge_set_range(gauge1, 0, 50);                     //设置仪表盘的范围
needle_colors1[0] = LV_COLOR_TEAL;
lv_gauge_set_needle_count(gauge1, 1, needle_colors1);  //设置指针的数量和其颜色
lv_gauge_set_value(gauge1, 0, (rt_int16_t)light_value * 10);
                            //设置指针 1 指向的数值,我们把指针 1 当作速度指针吧
lv_gauge_set_critical_value(gauge1, 40);               //设置关键数值点
lv_gauge_set_scale(gauge1, 240, 41, 10);
                            //设置角度、刻度线的数量、数值标签的数量
lv_obj_align(gauge1, NULL, LV_ALIGN_IN_LEFT_MID, 50, 0);  //设置与屏幕居中对齐

//3.创建一个标签来显示指针 1 的数值
label1 = lv_label_create(parent, NULL);
lv_label_set_long_mode(label1, LV_LABEL_LONG_BREAK);   //设置长文本模式
lv_obj_set_width(label1, 80);  //设置固定的宽度
lv_label_set_align(label1, LV_LABEL_ALIGN_CENTER);     //设置文本居中对齐
lv_label_set_style(label1, LV_LABEL_STYLE_MAIN, &lv_style_pretty);  //设置样式
lv_label_set_body_draw(label1, true);                  //使能背景重绘制
lv_obj_align(label1, gauge1, LV_ALIGN_CENTER, 0, 60);  //设置与 gauge1 的对齐方式
lv_label_set_text(label1, "0.0 V/h");                  //设置文本
lv_label_set_recolor(label1, true);                    //使能文本重绘色

//1.创建样式
lv_style_copy(&chart_style, &lv_style_pretty);
chart_style.body.main_color = LV_COLOR_WHITE;          //主背景为纯白色
chart_style.body.grad_color = chart_style.body.main_color;
chart_style.body.border.color = LV_COLOR_BLACK;        //边框的颜色
chart_style.body.border.width = 3;                     //边框的宽度
chart_style.body.border.opa = LV_OPA_COVER;
chart_style.body.radius = 1;
```

```
chart_style.line.color = LV_COLOR_GRAY;//分割线和刻度线的颜色
chart_style.text.color = LV_COLOR_WHITE;//主刻度标题的颜色


//2.创建图表对象
chart1 = lv_chart_create(parent, NULL);
lv_obj_set_size(chart1, 250, 200);//设置图表的大小
lv_obj_align(chart1, NULL, LV_ALIGN_IN_RIGHT_MID, -70, -20);//设置对齐方式
lv_chart_set_type(chart1, LV_CHART_TYPE_LINE);
                                        //设置为折线点:LV_CHART_TYPE_POINT
lv_chart_set_series_opa(chart1, LV_OPA_80);
                        //设置数据线的透明度,不设置的话,则 LV_OPA_COVER 是默认值
lv_chart_set_series_width(chart1, 4);//设置数据线的宽度
lv_chart_set_series_darking(chart1, LV_OPA_80);//设置数据线的阴影效果
lv_chart_set_style(chart1, LV_CHART_STYLE_MAIN, &chart_style);//设置样式
lv_chart_set_point_count(chart1, POINT_COUNT);
                //设置每条数据线所具有的数据点个数,如果不设置的话,则默认值是 10
lv_chart_set_div_line_count(chart1, 4, 4);//设置水平和垂直分割线
lv_chart_set_range(chart1, 0, 100);//设置 y 轴的数值范围,[0,100]也是默认值
lv_chart_set_y_tick_length(chart1, 10, 3);
                                //设置 y 轴的主刻度线长度和次刻度线长度
lv_chart_set_y_tick_texts(chart1, "100\n90\n80\n70\n60\n50\n40\n30\n20\n10\
n0", 5, LV_CHART_AXIS_DRAW_LAST_TICK);
                                //设置 y 轴的主刻度标题和每个主刻度标题间的刻度数
lv_chart_set_x_tick_length(chart1, 10, 3);
                                //设置 x 轴的主刻度线长度和次刻度线长度
lv_chart_set_x_tick_texts(chart1, "0\n2\n4\n6\n8\n10", 5, LV_CHART_AXIS_DRAW_
LAST_TICK);//设置 x 轴的刻度数和主刻度标题
lv_chart_set_margin(chart1, 40);//设置刻度区域的高度
//2.1 往图表中添加第 1 条数据线
series1 = lv_chart_add_series(chart1, LV_COLOR_RED);//指定为红色
lv_chart_set_points(chart1, series1, (lv_coord_t *)series1_y);
                                                        //初始化数据点的值
//series1->points[1] = 70;//也可以采用直接修改的方式


//2.2 往图表中添加第 2 条数据线
series2 = lv_chart_add_series(chart1, LV_COLOR_BLUE);//指定为蓝色
lv_chart_set_points(chart1, series2, (lv_coord_t *)series2_y);
                                                        //初始化数据点的值
```

```
        lv_chart_refresh(chart1);    //如果是采用直接修改的方式,请最好调用一下刷新操作

        //3.创建一个任务来显示变化
        lv_task_create(task_cb, 1000, LV_TASK_PRIO_MID, NULL);
}
```

（2）显示线程

在本项目中,我们仍然创建文件 lv_bar_test.c 用来实现控制 GUI 的显示线程。主要内容包括 GUI 显示线程(lvgl_th_run)和时钟线程(lvgl_tick_run)两个部分。具体实现如例程 17 - 5 所示。

【**例程 17 - 5**】　环境信息显示线程

```
/ * * * * * * * * * * * * * * * * * * * * *
* 定时器超时函数
* * * * * * * * * * * * * * * * * * * */
static int _lv_init = 0;
static void lvgl_tick_run(void * p)
{
    if (_lv_init)
    {
        lv_tick_inc(1);
    }
}
/ * * * * * * * * * * * * * * * * * * * * *
* 心跳定时器
* * * * * * * * * * * * * * * * * * * */
static int lvgl_tick_handler_init(void)
{
    rt_timer_t timer = RT_NULL;
    int ret;

    timer = rt_timer_create("lv_tick",lvgl_tick_run, RT_NULL, 1, RT_TIMER_FLAG_
PERIODIC);

    if (timer == RT_NULL)
    {
        return RT_ERROR;
    }
    ret = rt_timer_start(timer);
    return ret;
}
```

```
/ *********************
*     显示线程入口函数
*********************/
static void lvgl_th_run(void * p)
{
    tp_dev.init();                                    //触摸屏初始化
    lv_init();                                        //lvgl 系统初始化
    lv_port_disp_init();                              //lvgl 显示接口初始化
    lv_port_indev_init();                             //lvgl 输入接口初始化
    _lv_init = 1;                                     //开启心跳
    lvgl_tick_handler_init();                         //心跳定时器
    lv_test_theme_1(lv_theme_night_init(210,NULL));   //实例化显示界面
    while(1)
    {
        tp_dev.scan(0);
        lv_task_handler();
        rt_thread_mdelay(5);
    }
}
/ *********************
*     显示线程主函数
*********************/
int rt_lvgl_init(void)
{
    rt_err_t ret = RT_EOK;
    rt_thread_t thread = RT_NULL;

    thread = rt_thread_create("lvgl", lvgl_th_run, RT_NULL, 2048, 15, 10);

    if(thread == RT_NULL)
    {
        return RT_ERROR;
    }
    rt_thread_startup(thread);

    return RT_EOK;
}
INIT_APP_EXPORT(rt_lvgl_init);
```

3. 异常信息存储

本项目中我们设置了温湿度的界限值,其中温度上限为 35 ℃,下限为 15 ℃。湿度上限为 85%,下限为 25%。当实时连续 8 次超过界限值时,认定为异常数据,并通过文件系统将异常数据存放在文件中。

RT - Thread 的文件系统是一套实现了数据的存储、分级组织、访问和获取等操作的抽象数据类型 ,是一种用于向用户提供底层数据访问的机制。RT - Thread 操作系统的 DFS 组件主要有以下功能特点,其系统结构如图 17 - 15 所示。

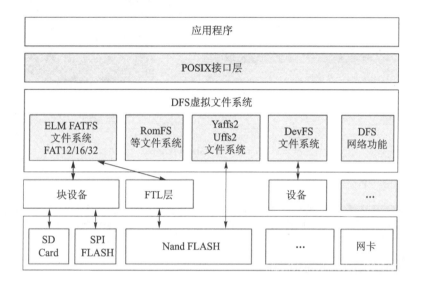

图 17 - 15 DFS 系统结构图

(1) CubeMX 硬件配置

首先需要使用 STM32CubeMX 工具配置文件系统要用的 SDIO。如图 17 - 16 所示,在 Connectivity 选项中选择 SDIO 配置,在 SDIO Mode and Configuration 中选择 SDIO 模式为 SD 4 bits Wide bus。随后点击 GENERATE CODE 生成工程代码。

文件系统需要开启 RTC 功能,如图 17 - 17 所示,在 Timers 选项中找到 RTC 配置项,点击 Activate Clock Source 激活 RTC 功能。

(2) ENV 软件配置

完成了硬件端口配置后,我们需要使用 ENV 辅助工具来配置挂载文件系统所需要的软件包,以及 DHT11 传感器需要使用的软件包。在基础工程根目录下,右击菜单中打开 ENV 辅助工具的命令行界面,随后输入 menuconfig 命令,打开 ENV 辅助工具的软件包配置界面,相关软件包的详细配置过程如下:

图 17 - 16　SDIO 配置

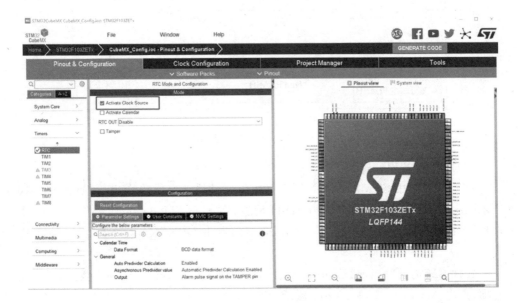

图 17 - 17　RTC 配置

1）FatFs 组件配置

首先使用 ENV 辅助工具来使能文件系统的组件配置，配置路径为 RT - Thread Components—Device virtual file system，配置选项如图 17 - 18 所示。

2）SDIO 端口配置

随后使用 ENV 辅助工具来使能 SDIO 端口驱动，配置路径为 Hardware Drivers

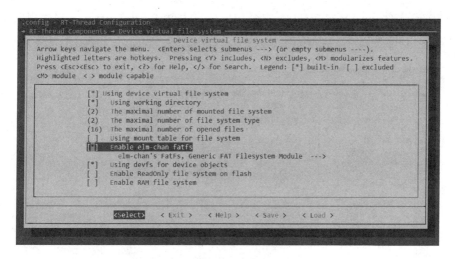

图 17 - 18　FatFS 使能配置

Config—On—chip Peripheral Drivers—Enable SDIO，配置选项如图 17 - 19 所示。

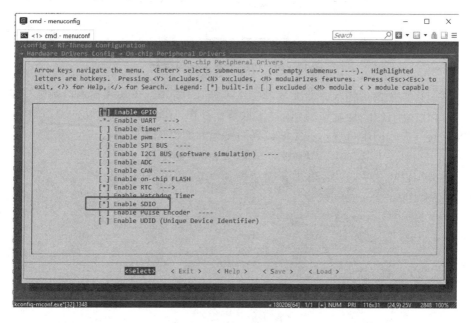

图 17 - 19　SDIO 驱动配置

(3) 文件相关开发

为了实现异常数据的存储，我们需要完成的开发任务包括文件挂载、文件写入与读取、DHT11 传感器采集等。详细过程如下：

1）文件挂载线程的实现

首先在工程目录中右击 Applications 文件夹，在弹出的右键菜单中选择 Add

New Item to Group Applications,在弹出的窗口中创建 FileSystem.c 文件用以实现文件挂载功能,如图 17 - 20 所示。

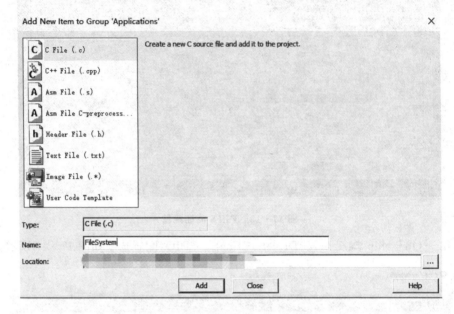

图 17 - 20　创建 FileSystem.c 文件

我们在 FileSystem.c 文件中创建一个文件挂载线程,在其线程入口函数中监视 SD 卡设备是否存在,如果检测到 SD 卡设备已存在,则输出挂载成功的串口信息,否则输出挂载失败的串口提示。关键代码的实现如例程 17 - 6 所示。

【例程 17 - 6】　文件挂载线程

```
/ * * * * * * * * * * * * * * * * * * * * * *
 * 文件挂载线程入口函数
 * * * * * * * * * * * * * * * * * * * * * /
svoid FlieSystem_entry(void * parameter)
{
    static rt_err_t result;

    rt_device_t dev;

    while(1)
    {
        dev = rt_device_find("sd0");

        if (dev ! = RT_NULL)
        {
```

```
                if (dfs_mount("sd0", "/", "elm", 0, 0) == RT_EOK)
                {
                    rt_kprintf("SD mount to / success\n");
                    break;
                }
                else
                {
                    rt_kprintf("SD mount to / failed\n");
                }
            }

            rt_thread_mdelay(500);
        }
}
/ * * * * * * * * * * * * * * * * * * * * *
 * 创建文件挂载线程
 * * * * * * * * * * * * * * * * * * * */
static int FileSystemInit(void)
{
    //创建文件挂载线程
    rt_thread_t thread_filesystem = rt_thread_create("file_sys",
    FlieSystem_entry,
    RT_NULL,
    1024,
    15,
    20);

    if (thread_filesystem ! = RT_NULL)
    {
        rt_thread_startup(thread_filesystem);
    }
}
```

2）文件读写的实现

在上述的 FileSystem.c 文件中我们添加了三个功能函数，分别实现 SD 卡文件数据的写入、SD 卡文件数据的读取、温湿度报警数据记录。实现过程中，使用 POSIX 方式操作文件，在 SD 卡文件数据写入处理中，会打开或者创建一个 Sensor.txt 文件，并向该文件中写入信息。当我们通过串口命令读取文件的时候，在 SD 卡文件数据读取处理中同样会使用 Sensor.txt 文件。当温湿度数据超过我们设置的界限值，并且经过多次防抖处理后仍然越界时，我们会调用 SD 卡文件数据写入函数将报警数据写入 SD 卡中的 Sensor. txt 文件。三个处理程序的实现如例程 17 - 7 所示。

【例程 17 - 7】 文件读写操作的实现

```
/ * * * * * * * * * * * * * * * * * * * * *
* SD 卡文件数据的写入处理
* * * * * * * * * * * * * * * * * * * * */
void Sensor_DataTo_SD(char * buff)
{
    / * 以创建和读写模式打开 /Sensor.txt 文件,如果该文件不存在则创建该文件 * /
    int fd;

    fd = open("Sensor.txt", O_RDWR | O_APPEND | O_CREAT, 0);

    if (fd >= 0)
    {
        write(fd, buff, strlen(buff));
        close(fd);
    }
    else
    {
        rt_kprintf("open file:% s failed! \n", buff);
    }
}
/ * * * * * * * * * * * * * * * * * * * * *
* SD 卡文件数据的读取处理
* * * * * * * * * * * * * * * * * * * * */
void Data_ReadFSD(void)
{
    struct dfs_fd fd;
    uint32_t length;
    char buffer[60];
    if (dfs_file_open(&fd, "Sensor.txt", O_RDONLY) < 0)
    {
        rt_kprintf("Open % s failed\n", "Sensor.txt");
        return;
    }

    do
    {
```

```
        memset(buffer, 0, sizeof(buffer));
        length = dfs_file_read(&fd, buffer, sizeof(buffer) - 1);

        if (length > 0)
        {
            rt_kprintf("%s", buffer);
        }
    }
    while (length > 0);
    rt_kprintf("\n");
    dfs_file_close(&fd);
}


/*********************
* 温湿度报警数据记录
********************/
void Save_Data_TOSD(float data1, float data2)
{
    static Detect_Logic detect_logic;

    if(data1 >= HIGHT_TEMPVALUE)
    {
        detect_logic.T_Count_Alarm++;
    }
    else
    {
        detect_logic.T_Count_Alarm--;

        if(detect_logic.T_Count_Alarm <= 0)
            detect_logic.T_Count_Alarm = 0;
    }

    if(detect_logic.T_Count_Alarm >= MAX_COUNTER)
    {
        detect_logic.T_Count_Alarm = MAX_COUNTER;
        rt_kprintf("temp over limit %d\n", detect_logic.T_Count_Alarm);
        memset((char *)detect_logic.Alarm_buff, 0x00, sizeof(detect_logic.Alarm_
buff));
```

```
        sprintf((char * )detect_logic.Alarm_buff,"Temp:%.2f,humi:%.2f\r\n",
data1,data2);
        Sensor_DataTo_SD((char * )detect_logic.Alarm_buff);
    }


    if(data2 >= HIGHT_HUMIVALUE)
    {
        detect_logic.H_Count_Alarm ++ ;
    }
    else
    {
        detect_logic.H_Count_Alarm -- ;

        if(detect_logic.H_Count_Alarm <= 0)
            detect_logic.H_Count_Alarm = 0;
    }

    if(detect_logic.H_Count_Alarm >= MAX_COUNTER)
    {
        detect_logic.H_Count_Alarm = MAX_COUNTER;
        rt_kprintf("humi over limit %d\n", detect_logic.H_Count_Alarm);
        memset((char * )detect_logic.Alarm_buff, 0x00, sizeof(detect_logic.Alarm_
buff));

         sprintf((char * )detect_logic.Alarm_buff,"Temp:%.2f,humi:%.2f\r\n",
data1,data2);
        Sensor_DataTo_SD((char * )detect_logic.Alarm_buff);
    }
}
```

4. 通信功能

本项目通过 Wi-Fi 方式实现系统的通信功能,采用了安信可公司的 ESP8266 通信模块。详细实现过程如下。

(1) AT 模组指令

AT 命令集是一种应用于 AT 服务器(AT Server)与 AT 客户端(AT Client)间 的设备连接与数据通信的方式,如图 17-21 所示。

AT 功能的实现需要 AT Server 和 AT Client 两个部分共同完成。前缀由字符 AT 构成,主体由命令、参数和可能用到的数据组成;结束符一般为'<CR><LF>' ("\r\n")。AT Server 和 AT Client 之间支持多种数据通信的方式(UART、SPI 等),最常用的是串口 UART 通信方式。常用的通信模组 AT 指令如表 17-2 所列。

图 17-21　AT 通信方式

表 17-2　AT 指令集

AT 指令	功能说明
AT+RST	复位模组
AT+GMR	查询版本信息
AT+CWMODE=1	开启模组透传
AT+CWJAP="Wi-Fi 名称","Wi-Fi 密码"	模组作为 STA 模式连接 Wi-Fi
AT+CIFSR	查看分配的 IP 地址
AT+CIPSTART="TCP","xxxxx",1883	使用 TCP 方式连接服务器
AT+CIPSEND	发送数据

（2）AT 模组硬件配置

　　查找战舰 V3 开发板的原理图,如图 17-22 所示,可以发现 Wi-Fi 模组使用到了串口 3,这里需要用跳线帽将串口 3 与 GBC 接口连接。

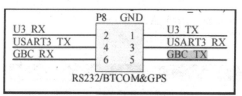

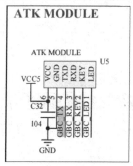

图 17-22　AT 模组引脚

　　根据上述电路原理图,我们需要利用 CubeMX 工具对 USART 3 端口进行配置。如图 17-23 所示,在 Connectivity 选项中找到 USART 3,在其 Mode 配置中选择 Asynchronous,同时关闭 Hardware Flow Control(RS232)。

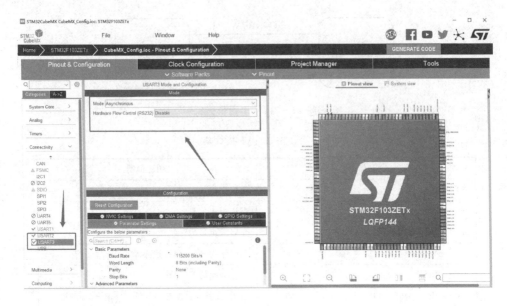

图 17 - 23　通信端口配置

完成上述配置后,点击 GENERATE CODE 按钮,重新生成工程。

(3) AT 模组软件配置

我们需要使用 ENV 辅助工具,完成对 AT 通信相关的软件配置,首先需要使能 USART 3 端口,如图 17 - 24 所示。配置路径为:Hardware Drivers Config－On－chip Peripheral Drivers－Enable UART。

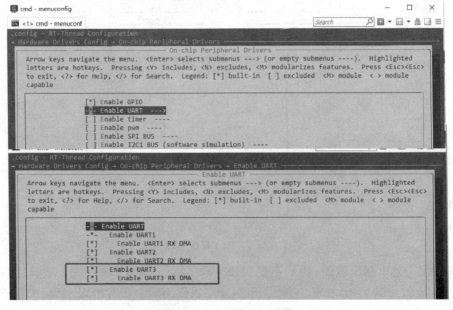

图 17 - 24　通信端口配置

随后下载支持 ESP8266 通信模块的软件包,在 ENV 辅助工具中,按如下路径选择软件包,RT－Thread online packages—IoT－internet of things,如图 17－25 所示。

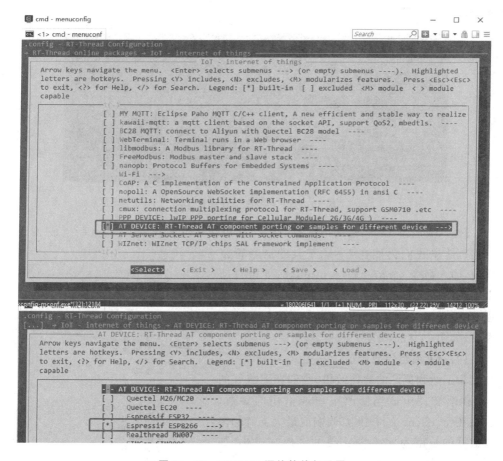

图 17－25　ESP8266 通信软件包设置

如图 17－26 所示,这里需要根据自己的 Wi－Fi 信息填写,包括 Wi－Fi 的账号、

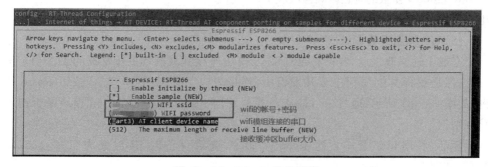

图 17－26　Wi－Fi 信息配置

密码。其中 Wi－Fi 模组连接的串口为 UART3，接收缓冲区大小默认 512。Wi－Fi 配置好之后，保存配置信息，退回到 ENV 辅助工具的命令行界面，保持联网状态，输入软件包下载命令 pkgs--update。等待自动下载 AT_DEVICE 模组软件包，如图 17－27 所示。

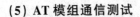

图 17－27　ESP8266 软件包下载

　　最后，完成了 ENV 辅助工具的全部配置和软件包下载后，需要重新生成 MDK 工程。这里我们仍然在 ENV 工具的命令行窗口内，输入命令 scons--target＝mdk5，等待自动生成新的工程即可。此时，重新打开 MDK 工程，在工程目录里可以查看到 AT 模组相关的文件夹，如图 17－28 所示。

（4）AT 模组代码修改

　　为了达到更好的通信效果，我们在下载好的 AT 模组文件中适当修改一些通信用的参数。首先在 at_client 文件中，修改响应最大支持的接收数据的长度为 128，防止缓冲区内存过小，如图 17－29 所示。

　　其次，在文件 at_device_esp8266.c 中，将 rt_thread_mdelay 函数的延迟时间修改成 1 000 ms，让 AT＋RST 指令有足够的时间来运行。修改内容如图 17－30 所示。

图 17－28　工程内的 AT 模组文件

（5）AT 模组通信测试

　　完成上述修改之后，我们将 ESP8266 模块连接到战舰 V3 开发板的 UART3 串口上；然后编译并烧写程序至开发板中，连接串口工具；打开串口后，按下 Reset 按键，如图 17－31 所示，通过串口信息查看 UART3 串口以及 ESP8266 模块是否初始化成功。

　　随后，在串口工具中发送 ifconfig 命令，查看设备的 IP 地址为"192. 168. 2. 104"，如图 17－32 所示。

```
at_client.c

355    *        -5 : no memory
356  - */
357    int at_client_obj_wait_connect(at_client_t client, rt_uint32_t timeout)
358  ⊟ {
359        rt_err_t result = RT_EOK;
360        at_response_t resp = RT_NULL;
361        rt_tick_t start_time = 0;
362        char *client_name = client->device->parent.name;
363
364        if (client == RT_NULL)
365  ⊟    {
366            LOG_E("input AT client object is NULL, please create or get AT Client object!");
367            return -RT_ERROR;
368        }
369
370        resp = at_create_resp(128, 0, rt_tick_from_millisecond(300));
371        if (resp == RT_NULL)
372  ⊟    {
373            LOG_E("no memory for AT client(%s) response object.", client_name);
374            return -RT_ENOMEM;
375        }
376
377        rt_mutex_take(client->lock, RT_WAITING_FOREVER);
378        client->resp = resp;
379
380        start_time = rt_tick_get();
381
```

图 17 - 29　调整接收数据缓冲区

```
at_device_esp8266.c

640  ⊟        {
641            LOG_E("no memory for resp create.");
642            return;
643        }
644
645        while (retry_num--)
646  ⊟    {
647            /* reset module */
648            AT_SEND_CMD(client, resp, "AT+RST");
649            /* reset waiting delay */
650            rt_thread_mdelay(1000);
651            /* disable echo */
652            AT_SEND_CMD(client, resp, "ATE0");
653            /* set current mode to Wi-Fi station */
```

图 17 - 30　调整 AT_RST 指令延时

```
[13:19:38.705]收←◆
 \ | /
- RT -     Thread Operating System
 / | \     4.0.3 build Jun  5 2021
 2006 - 2021 Copyright by rt-thread team

[13:19:38.765]收←◆□[32m[51] I/drv.lcd: LCD ID:5510
□[0m
[13:19:38.889]收←◆sram init ok!
□[32m[175] I/sal.skt: Socket Abstraction Layer initialize success.        ← 串口初始化成功
□[0m□[32m[183] I/at.clnt: AT client(V1.3.1) on device uart3 initialize success.
□[0m
[13:19:38.943]收←◆□[32m[233] I/SDIO: SD card capacity 30534656 KB.
□[0mfound part[0], begin: 4194304, size: 29.119GB

[13:19:39.402]收←◆SD mount to / success
                                                                        ← ESP8266模块初始化成功
[13:19:45.994]收←◆□[32m[7279] I/at.dev.esp: esp0 device wifi is connected.
□[0m□[32m[7285] I/at.dev.esp: esp0 device network initialize successfully.
□[0mmsh />
[13:19:46.123]收←◆CTP ID:9147
sram malloc success
```

图 17 - 31　初始化成功

　　最后,通过 ping 命令查看一下 AT 模组是否可以正常进行网络通信,如图 17 - 33 所示。我们尝试 ping 了百度的官网,在串口信息中查看到通信的数据显示通信正常。

```
[13:19:45.994]收←◆□[32m[7279] I/at.dev.esp: esp0 device wifi is connected
□[0m□[32m[7285] I/at.dev.esp: esp0 device network initialize successfully.
□[0mmsh />
[13:19:46.123]收←◆CTP ID:9147
sram malloc success

[13:20:28.777]发→◇ifconfig
□
[13:20:28.777]收←◆ifconfig
network interface device: esp0 (Default)
MTU: 1500
MAC: dc 4f 22 7d 46 1d
FLAGS: UP LINK UP INTERNET UP DHCP_ENABLE
ip address: 192.168.2.104
gw address: 192.168.2.1
net mask  : 255.255.255.0
dns server #0: 192.168.2.1
dns server #1: 0.0.0.0
msh />
msh />
```

图 17 - 32   查看 IP 地址

```
[13:23:22.829]发→◇ping www.baidu.com
□
[13:23:22.833]收←◆ping www.baidu.com

[13:23:23.796]收←◆32 bytes from 110.242.68.4 icmp_seq=0 time=29 ms

[13:23:25.821]收←◆32 bytes from 110.242.68.4 icmp_seq=1 time=19 ms

[13:23:27.885]收←◆32 bytes from 110.242.68.4 icmp_seq=2 time=20 ms

[13:23:28.821]收←◆32 bytes from 110.242.68.4 icmp_seq=3 time=20 ms

[13:23:29.825]收←◆msh />
msh />
```

图 17 - 33   网络通信确认

17.3.2   云平台部分的实现

在物联网项目中,应用端越来越多地采用云平台实现数据可视化、规则引擎配置、时序数据库存储、设备 OTA 升级等功能。在前面章节给大家介绍了主流的物联网云平台,本项目我们将设备接入 OneNET 云平台,基于 MQTT 协议实现设备与云平台之间的数据交互。

1. MQTT 与 HTTP 协议对比

在物联网系统中,数据通信具有自身的特点。所以相对于传统的计算机控制系统采用的 HTTP 数据通信协议,MQTT 通信协议优先考虑响应时间、吞吐量、更低的电池和带宽使用率,在间歇性连接的情况下,它也更具优势,因此更加适合物联网系统的设备数据通信需求。两种协议的具体对比如下:

(1) 协议设计与消息传递方式

MQTT 以数据为中心,而 HTTP 是以文档为中心的。HTTP 是用于客户端-服务器计算的请求-响应协议,并不总是针对移动设备进行优化。MQTT 在这些术语中的主要优点是具轻量级(MQTT 将数据作为字节数组传输)和发布/订阅模型,这使其非常适合资源受限的设备并有助于节省电池。

发布/订阅模型为客户提供了彼此独立的存在,增强了整个系统的可靠性。当一个客户端出现故障时,整个系统仍可继续正常工作。

（2）传输速度与交付方式

根据 3G 网络的测量结果，MQTT 的吞吐量比 HTTP 快 93 倍。与 HTTP 相比，MQTT 协议确保了高传输保证。有 3 个级别的服务质量：

- 最多一次：保证尽力交付。
- 至少一次：保证消息至少传送一次，但是消息也可以不止一次传递。
- 恰好一次：保证每个消息只被对方接收一次。

MQTT 还为用户提供 Last will&Testament 和 Retained 消息的选项。前者意味着在客户端意外断开连接的情况下，所有订阅的客户端都将从代理获得消息。后者意味着新订阅的客户端将立即获得状态更新。HTTP 协议没有这些功能。

（3）复杂性和消息大小

MQTT 具有相当短的规范。只有 CONNECT、PUBLISH、SUBSCRIBE、UNSUBSCRIBE 和 DISCONNECT 类型对开发人员很重要。而 HTTP 规范要长得多。MQTT 具有非常短的消息头，并且最小的包消息大小为 2 字节。通过 HTTP 协议使用文本消息格式允许它组成冗长的标题和消息。它有助于消除麻烦，因为它可以被人类阅读，但同时它对于资源受限的设备是不必要的。

2．MQTT 框架介绍

在 MQTT 通信框架中，主要包括客户端（Client）和服务端（Server）两个部分。一方为消费者（Client），另一方为供应商（Server），一旦和消费者产生了联系，那么供应商（Server）就会提供商品给消费者，同时消费者也可以向供应商提供意见。其框架结构如图 17－34 所示。

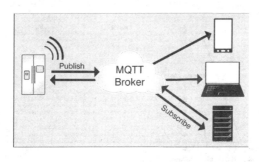

图 17－34　MQTT 通信框架

（1）客户端

使用 MQTT 的程序或设备，客户端总是通过网络连接到服务端。它可以发布应用消息给其他相关的客户端，订阅以请求接受相关的应用消息，取消订阅以移除接受应用消息的请求，从服务端断开连接。

（2）服务端

一个程序或设备，作为发送消息的客户端和请求订阅的客户端之间的中介。服务端接受来自客户端的网络连接，接受客户端发布的应用消息，处理客户端的订阅和取消订阅请求,转发应用消息给符合条件的已订阅客户端。

(3) 订　阅

订阅(Subscription)包含一个主题过滤器(Topic Filter)和一个最大的服务质量(QoS)等级。订阅与单个会话(Session)关联。会话可以包含多于一个的订阅。会话的每个订阅都有一个不同的主题过滤器。

QoS0,At most once,至多一次。Sender 发送的一条消息,Receiver 最多能收到一次,如果发送失败,也就算了。

QoS1,At least once,至少一次。Sender 发送的一条消息,Receiver 至少能收到一次,如果发送失败,会继续重试,直到 Receiver 收到消息为止,但 Receiver 有可能会收到重复的消息。

QoS2,Exactly once,确保只有一次。Sender 尽力向 Receiver 发送消息,如果发送失败,会继续重试,直到 Receiver 收到消息为止,同时保证 Receiver 不会因为消息重传而收到重复的消息。

3. MQTT 协议数据包结构

一个 MQTT 数据包由固定头(Fixed header)、可变头(Variable header)、有效载荷(payload)三部分构成。固定头存在于所有 MQTT 数据包中,表示数据包类型及数据包的分组类标识。可变头存在于部分 MQTT 数据包中,数据包类型决定了可变头是否存在及其具体内容。有效载荷存在于部分 MQTT 数据包中,表示客户端收到的具体内容。OneNET 的连接报文示例,如图 17 - 35 所示。

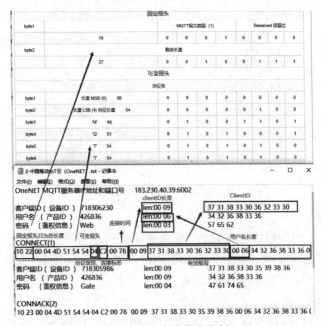

图 17 - 35　连接报文示例

4. 云平台创建产品与设备

首先，需要在 OneNET 云平台上创建产品和设备，打开 OneNET 云平台官网，注册并登录后进入控制台，如图 17-36 所示。

图 17-36　OneNET 控制台首页

选择"MQTT 物联网套件"模式后，选择"添加产品"，在弹出的产品信息表中根据实际需求添加产品信息后点击"确定"按钮完成产品创建。这里我们建立了一个示例产品"RTT"，用于后续的通信测试，如图 17-37 所示。

图 17-37　OneNET 创建产品

随后点击页面左侧的"设备列表"选项,在编辑区域点击"添加设备",在弹出的设备信息表中完善设备信息后,完成设备的创建,注意鉴权信息可以任意填写,但是产品内要保持唯一,如图 17-38 所示。

图 17-38 OneNET 创建设备

在设备列表中,点击"设备详情"可以显现设备的信息,例如设备 ID、APIKey 等信息,如图 17-39 所示。至此我们完成了产品和设备的创建,具备了跟设备连接的可能。接下来就需要对嵌入式端进行配置了。

图 17-39 设备信息

返回"产品概况"页面,可以查看到产品的相关信息,包括"产品 ID"、Master_key 等,如图 17-40 所示。

5. 云平台可视化界面与数据绑定

OneNET 云平台提供了比较方便的控件拖拽式的可视化界面开发方式,分为免费版和收费版两种。两者的开发流程是类似的。其中收费版的界面更为出色,用户可以免费体验一周,这里以收费版为例介绍一下可视化开发流程。

在 OneNET 云平台可视化页面开发中,第一步需要新建数据源,需要知道产品前面创建设备时生成的信息,包括设备的 ID、key 和名称。数据源管理配置如

图 17 - 40　产品信息

图 17 - 41 所示。

图 17 - 41　数据源管理

　　随后,需要完成控件与数据源的绑定,以及过滤器的设置。这里以用于显示环境数据的"基本折线图"为例。数据源绑定的操作如图 17 - 42 所示。

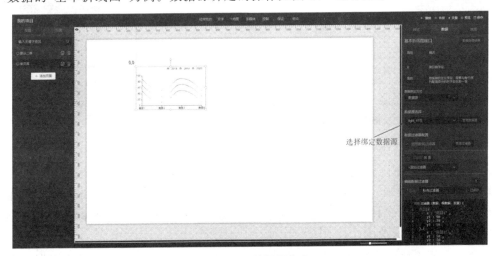

图 17 - 42　数据源绑定

绑定了正确的数据源之后，设置一个私有过滤器，对设备端上传的数据进行过滤，以确保显示的正确性，避免异常数据的影响。过滤器设置效果如图 17-43 所示。

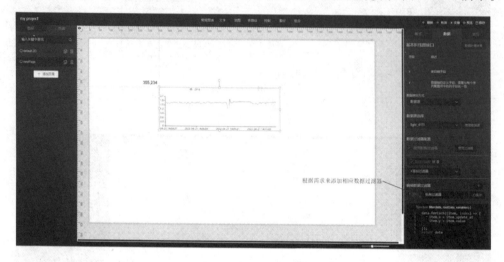

图 17-43　设置过滤器

为了更好地显示效果，我们可以根据自己项目的需要和 UI 设计风格，修改显示界面以及控件的样式。如图 17-44 所示，可以在样式页内调整。

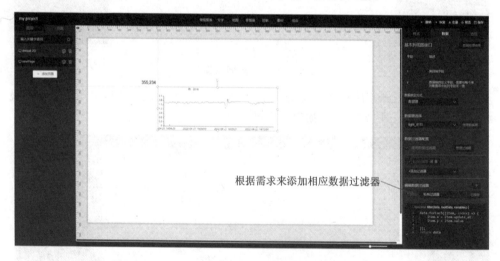

图 17-44　设置样式

最后，根据项目的需要，完成了所有控件的样式设置、数据绑定、数据过滤等设置后，我们就得到了一个应用端的可视化展示界面。OneNET 云平台同时提供了 Web 端和手机 App 端不同的可视化界面设计功能。我们项目的 Web 端界面如图 17-45 所示。

为了便于用户通过手机查看系统运行的状态，项目同时编辑了手机应用端的显

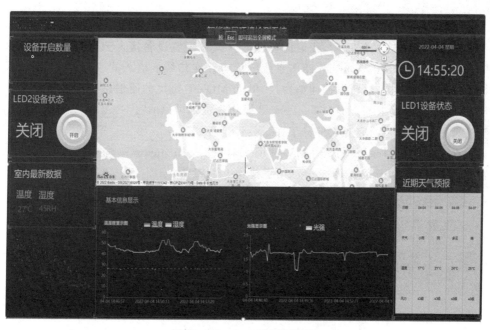

图 17 - 45 Web 端界面效果

示界面,其过程与 Web 类似,界面显示效果如图 17 - 46 所示。

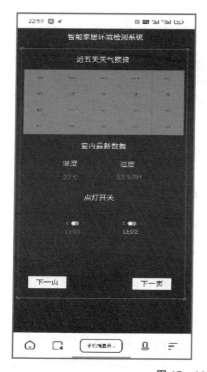
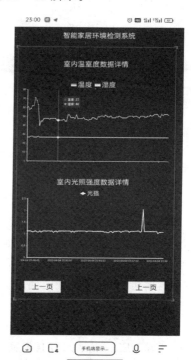

图 17 - 46 手机端界面效果

6. 嵌入式端配置云平台软件包

完成了云平台的配置后，我们需要在嵌入式端配置设备接入云平台的内容。这里再一次体现了 RT-Thread 操作系统的优势。在传统的嵌入式项目开发中，如果想支持云平台连接，需要根据通信协议，例如 MQTT 协议的通信格式编写程序来实现，过程是比较复杂的。而 RT-Thread 操作系统则可以通过 ENV 辅助工具下载相应的云平台软件包而完成大部分工作。具体过程如下。

在工程的根目录下，打开 ENV 辅助工具，输入 menuconfig 命令进入图形化配置界面，在 RT Online Packages 选项下找到 IoT 组件，如图 17-47 所示。

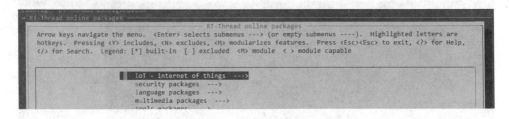

图 17-47　IoT 组件

如图 17-48 所示，在 IoT 组件界面内，选择 Paho 组件。Paho Eclipse 基金会下面的一个开源项目，是基于 MQTT 协议的客户端。

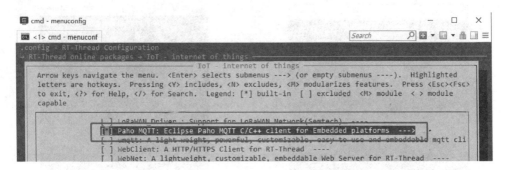

图 17-48　Paho 组件

如图 17-49 所示，在 language packages 选项中，进入 JSON 选项，选中 cJSON。JSON 是一种轻量级的数据交换格式，简洁和清晰的层次结构使得 JSON 成为理想的数据交换语言，易于人阅读和编写。cJSON 组件则可以对服务器端发来的 JSON 数据进行解析，相较于常规的使用 C 库解析字符串方式，cJSON 为我们封装好了解析方法，调用更加灵活方便。

如图 17-50 所示，在 IoT Cloud 选项内选中 OneNET 组件，在组件界面内选择 Enable OneNET sample，并且根据云平台上的产品和设备信息设置。

完成了上述配置后保存退出至命令窗口，输入 pkgs--update 下载选中的组件及配置到工程中，如图 17-51 所示。

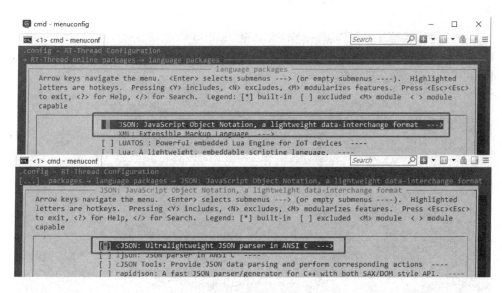

图 17 - 49　cJSON 组件

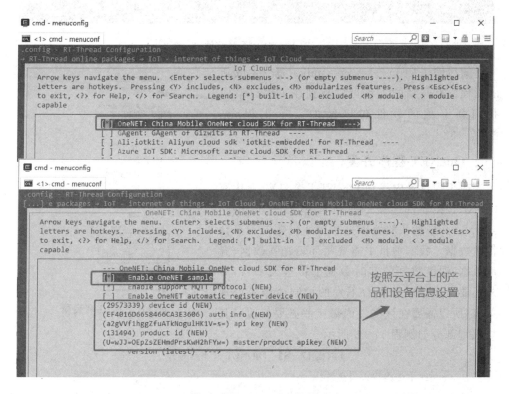

图 17 - 50　OneNET 组件

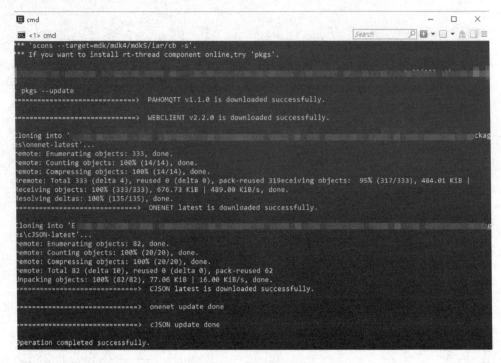

```
cmd                                                                    —  □  ×
<1> cmd                                           Search         🔍 ⊞ ▾ □ ▾ 🔒 □ ≡
*** 'scons --target=mdk/mdk4/mdk5/iar/cb -s'.
*** If you want to install rt-thread component online,try 'pkgs'.


 pkgs --update
=======================================> PAHOMQTT v1.1.0 is downloaded successfully.

=======================================> WEBCLIENT v2.2.0 is downloaded successfully.

Cloning into '                                                                  ckag
es\onenet-latest'...
remote: Enumerating objects: 333, done.
remote: Counting objects: 100% (14/14), done.
remote: Compressing objects: 100% (14/14), done.
Rremote: Total 333 (delta 4), reused 0 (delta 0), pack-reused 319eceiving objects:  95% (317/333), 484.01 KiB |
Receiving objects: 100% (333/333), 676.73 KiB | 489.00 KiB/s, done.
Resolving deltas: 100% (135/135), done.
=======================================> ONENET latest is downloaded successfully.

Cloning into 'E                                                                    g
es\cJSON-latest'...
remote: Enumerating objects: 82, done.
remote: Counting objects: 100% (20/20), done.
remote: Compressing objects: 100% (20/20), done.
remote: Total 82 (delta 10), reused 0 (delta 0), pack-reused 62
Unpacking objects: 100% (82/82), 77.06 KiB | 16.00 KiB/s, done.
=======================================> CJSON latest is downloaded successfully.

=======================================> onenet update done

=======================================> cJSON update done

Operation completed successfully.
```

图 17-51　下载组件

随后输入 scons--target=mdk5 命令生成新的工程。打开新的工程可以看到在工程目录内我们新下载的软件包已经加入了工程，见图 17-52。

7. OneNET 程序开发

在工程目录内找到 OneNET 文件夹，其中有 OneNET 云平台连接的示例程序文件 onenet_sample，其中默认的处理是产生随机数向云平台传送数据。我们项目中需要将环境光强数据、温度数据、湿度数据的实时数据上传至云平台，另外还要考虑接收云平台下发的控制命令等处理内容，所以需要在该文件内做一些必要修改。其中关键部分如例程 17-8 所示。

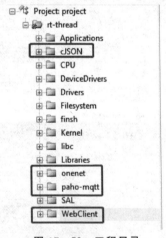

图 17-52　工程目录

【例程 17-8】　OneNET 云平台程序

```
/* OneNET 上传线程入口函数 */
static void onenet_upload_entry(void * parameter)
{
```

```
    //传感器数据结构体
    static rt_uint32_t e;
    while (1)
    {
        //ADC 数据接收事件
        if (rt_event_recv(Sensor_event, EVENT_ADC_FLAG, RT_EVENT_FLAG_OR | RT_EVENT_
FLAG_CLEAR, RT_WAITING_FOREVER, &e) ! = RT_EOK)
            continue;

        if (sensor_data.data.temp >= 0)
        {
            rt_uint8_t temp = (sensor_data.data.temp & 0xffff) >> 0;   // get temp
            rt_uint8_t humi = (sensor_data.data.temp & 0xffff0000) >> 16;
                                                                        // get humi

            if (onenet_mqtt_upload_digit("lux", (double)light_value) ! = RT_EOK)
            {
                LOG_E("upload has an error, stop uploading");
                goto ERR_SEND;
            }
            else
            {
                rt_thread_mdelay(5 * 200);
                printf("buffer : {\"lux\":%.2f} \n", (double)light_value);
            }

            if (onenet_mqtt_upload_digit("CTRL_status", (double)1) ! = RT_EOK)
            {
                rt_kprintf("upload has an error, stop uploading");
                goto ERR_SEND;
            }
            else
            {
                rt_thread_mdelay(5 * 200);
                printf("CTRL_status success \n");
            }

            if (onenet_mqtt_upload_digit("temperature", (double)temp) ! = RT_EOK)
```

```
                    {
                        LOG_E("upload has an error, stop uploading");
                        goto ERR_SEND;
                    }
                    else
                    {
                        rt_thread_mdelay(5 * 200);
                        printf("buffer : {\"temperature\": % .2f} \n", (double)temp);
                    }


                    if (onenet_mqtt_upload_digit("humidity", (double)humi) ! = RT_EOK)
                    {
                        LOG_E("upload has an error, stop uploading");
                        goto ERR_SEND;
                    }
                    else
                    {
                        rt_thread_mdelay(5 * 200);
                        printf("buffer : {\"humidity\": % .2f} \n", (double)humi);
                    }
                    rt_thread_mdelay(5 * 200);


ERR_SEND:
                    continue;
            }
        }
}
/ * OneNET 上传线程 * /
int onenet_upload_cycle(void)
{
    rt_thread_t tid;

    onenet_set_cmd_rsp(RT_NULL, RT_NULL);

    tid = rt_thread_create("onenet_send",
                            onenet_upload_entry,
                            RT_NULL,
                            5 * 1024,
                            20,
```

```
                              5);

    if (tid)
    {
        rt_thread_startup(tid);
    }

    return 0;
}
INIT_APP_EXPORT(onenet_upload_cycle);

/* MQTT 初始化线程入口函数 */
static void onenet_mqttinit_entry(void * parameter)
{
    int value = 0;

    while(1)
    {
        if(! onenet_mqtt_init())
        {
            rt_sem_release(mqttinit_sem);
            onenet_set_cmd_rsp(RT_NULL, RT_NULL);
                              //启动接收云平台指令并解析进行控制
            return;
        }

        rt_thread_mdelay(100);
        LOG_E("mqtt init fail...");
    }
}
/* MQTT 初始化线程 */
int onenet_mqtt_init_thead(void)
{
    rt_thread_t tid;

    mqttinit_sem = rt_sem_create("mqtt_sem", RT_NULL, RT_WAITING_FOREVER);
    RT_ASSERT(mqttinit_sem);

    tid = rt_thread_create("mqtt_init",
```

```
                            onenet_mqttinit_entry,
                            RT_NULL,
                            1 * 512,
                            15,
                            15);


    if (tid)
    {
        rt_thread_startup(tid);
    }


    return 0;
}
INIT_APP_EXPORT(onenet_mqtt_init_thead);


/* onenet mqtt command response callback function */
static void onenet_cmd_rsp_cb(uint8_t * recv_data, size_t recv_size, uint8_t
* * resp_data, size_t * resp_size)
{
    char res_buf[] = { "cmd is received! \n" };
    static uint8_t led_flag = 0;


    cJSON * cjson_test = NULL;
    cJSON * cjson_ctl = NULL;
    LOG_D("recv data is %.*s\n", recv_size, recv_data);
    char temp[] = {25};
    /* user have to malloc memory for response data */
    * resp_data = (uint8_t * )ONENET_MALLOC(strlen(res_buf));


    strncpy((char * ) * resp_data, res_buf, strlen(res_buf));


    * resp_size = strlen(res_buf);
    cjson_test = cJSON_Parse((char * )recv_data);
    cjson_ctl = cJSON_GetObjectItem(cjson_test, "LED1");
    printf("OneNet Command  %d\r\n", cjson_ctl ->valueint);


    if(cjson_test == RT_NULL)
    {
        rt_kprintf("No memory for cJSON root! \n");
```

```
        cJSON_Delete(cjson_test);
        return;
    }


    if (cjson_ctl ->valueint == 1)
    {
        rt_pin_write(LED0_PIN, PIN_LOW);
        led_flag = 1;
        printf("OneNet Command LED1 ON\r\n");

        if (onenet_mqtt_upload_digit("LED1_status", led_flag) ! = RT_EOK)
        {
            LOG_E("upload has an error, stop uploading");
        }
        else
        {
            LOG_D("buffer : {\"LED1_status\":ON}");
            rt_thread_mdelay(20);
        }
    }


    if (cjson_ctl ->valueint == 0)
    {
        rt_pin_write(LED0_PIN, PIN_HIGH);
        led_flag = 0;
        printf("OneNet Command LED1 OFF\r\n");

        if (onenet_mqtt_upload_digit("LED1_status", led_flag) ! = RT_EOK)
        {
            LOG_E("upload has an error, stop uploading");
        }
        else
        {
            LOG_D("buffer : {\"LED1_status\":OFF}");
            rt_thread_mdelay(20);
        }
    }

    //
```

```
        cjson_ctl = cJSON_GetObjectItem(cjson_test, "LED2");
        printf("OneNet Command  % d\r\n", cjson_ctl->valueint);


        if (cjson_ctl->valueint == 1)
        {
            rt_pin_write(LED1_PIN, PIN_LOW);
            led_flag = 1;
            printf("OneNet Command LED2 ON\r\n");

            if (onenet_mqtt_upload_digit("LED2_status", led_flag) ! = RT_EOK)
            {
                LOG_E("upload has an error, stop uploading");
            }
            else
            {
                LOG_D("buffer : {\"LED2_status\":ON}");
                rt_thread_mdelay(20);
            }
        }


        if (cjson_ctl->valueint == 0)
        {
            rt_pin_write(LED1_PIN, PIN_HIGH);
            led_flag = 0;
            printf("OneNet Command LED2 OFF\r\n");

            if (onenet_mqtt_upload_digit("LED2_status", led_flag) ! = RT_EOK)
            {
                LOG_E("upload has an error, stop uploading");
            }
            else
            {
                LOG_D("buffer : {\"LED2_status\":OFF}");
                rt_thread_mdelay(20);
            }
        }


        //
        cjson_ctl = cJSON_GetObjectItem(cjson_test, "CTRL");
```

```
        printf("OneNet Command   % d\r\n", cjson_ctl->valueint);

    if (cjson_ctl->valueint == 1)
    {
        rt_pin_write(CRTL_PIN, PIN_HIGH);
        led_flag = 1;
        CTRL_ONENET_FLAG = 1;
        printf("OneNet Command CTRL ON\r\n");

        if (onenet_mqtt_upload_digit("CTRL_status", led_flag) ! = RT_EOK)
        {
            LOG_E("upload has an error, stop uploading");
        }
        else
        {
            LOG_D("buffer : {\"CTRL_status\":ON}");
            rt_thread_mdelay(20);
        }
    }


    if (cjson_ctl->valueint == 0)
    {
        rt_pin_write(CRTL_PIN, PIN_LOW);
        led_flag = 0;
        CTRL_ONENET_FLAG = 0;
        printf("OneNet Command CTRL OFF\r\n");

        if (onenet_mqtt_upload_digit("CTRL_status", led_flag) ! = RT_EOK)
        {
            LOG_E("upload has an error, stop uploading");
        }
        else
        {
            LOG_D("buffer : {\"CTRL_status\":OFF}");
            rt_thread_mdelay(20);
        }
    }

    if (NULL ! = cjson_test)
```

```
    {
        cJSON_Delete(cjson_test);
        cjson_test = NULL;
    }
}
```

17.4 项目测试

本项目的测试从三个角度验证项目的运行效果,包括串口信息测试、LCD 界面测试以及云平台测试(网页以及手机界面)。

17.4.1 串口信息测试

本项目的串口信息测试,主要关注嵌入式设备与云平台之间基于 MQTT 协议的数据通信情况。按下 Reset 按键,即可在串口工具窗口内看到 MQTT 通信情况,如图 17-53 所示。

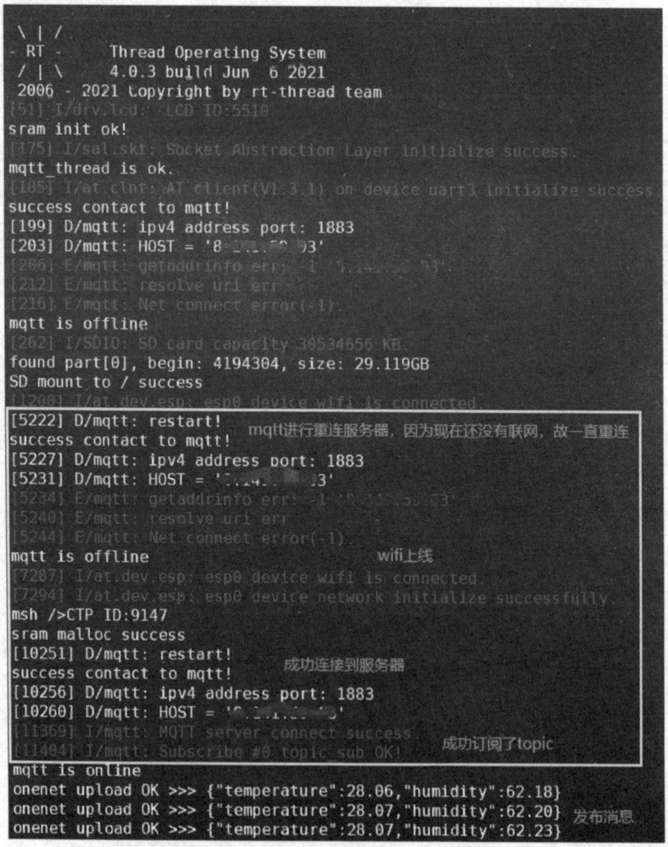

图 17-53 MQTT 通信情况

17.4.2　LCD 界面测试

编译项目工程代码,烧写至开发板中。按下 Reset 按键,即可在 LCD 屏幕上看到基于 LVGL 实现的"智能家居环境检测系统"界面,如图 17 - 54 所示。

图 17 - 54　智能家居环境检测系统 GUI 界面

17.4.3　云平台测试

通过 Web 端和手机 App 端分别查看数据可视化的效果。如图 17 - 55 所示,

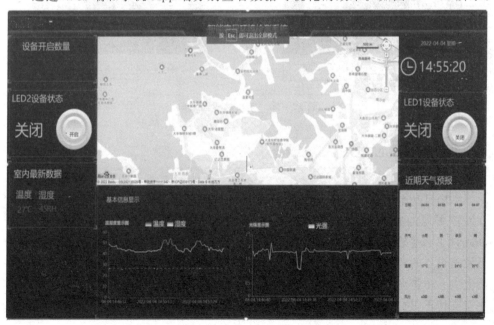

图 17 - 55　Web 端界面效果

Web 端可以伴随环境数据的实时变化而改变,同时两个 LED 灯的状态也与开发板上的实物同步,按下相应的按钮后可以将命令下发至设备,控制 LED 等的开关工作。

另外,通过手机查看环境数据以及 LED 灯的状态,其效果与 Web 类似,界面显示效果如图 17 - 56 所示。

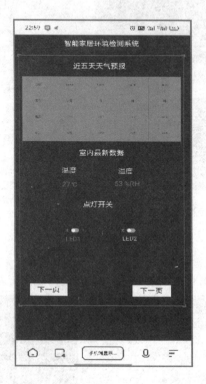
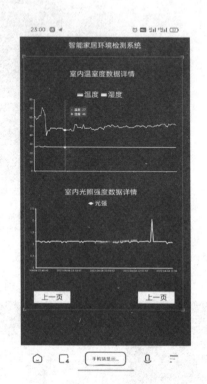

图 17 - 56   手机端界面效果

17.5   项目总结

本项目基本构建了一个小型的物联网"三端两流"控制系统,包括了由战舰 V3 开发板实现的感知层、利用 Wi - Fi 模块基于 MQTT 协议实现的通信层、采用 OneNET 云平台实现的应用层。同时实现了设备数据上传云平台,以及云平台命令下发至设备的双向数据流控制。当然,这里只是抛砖引玉,感兴趣的读者可以在此基础上进一步扩展和追加新的功能。相信在如此优秀的国产操作系统"RT - Thread"生态支持下,越来越多的优秀的物联网项目将会问世。

参考文献

［1］RT－Thread 官网. 文档中心［EB/OL］.

［2］艾瑞咨询官网. 2021 年中国物联网云平台发展研究报告［EB/OL］.

［3］阿里云官网. 阿里云物联网平台［EB/OL］.

［4］OneNET 官网. OneNET 物联网平台［EB/OL］.

［5］正点原子. 战舰 V3 STM32F103 开发板入门教程［DB/CD］.